Metodología para el Aprendizaje del
del
Cálculo Integral

Conforme al programa de estudio de Cálculo
Integral orientado a competencias del
Tecnológico Nacional de México

José Santos Valdez
y
Cristina Pérez

Cuarta edición

www.trafford.com
North America & international
toll-free: 1 888 232 4444 (USA & Canada)
fax: 812 355 4082

DEDICATORIA:

Mi verdad:

He de jurar ante las esencias de mi alma, que lo que se dice aquí,
es la verdad, o al menos mi verdad y por este instante.

Dedicatoria:

Todo lo que se produce es resultado de una serie de eventos, y el más importante
es el de la motivación y en este trabajo queda el vacío de la trascendencia personal
para dar paso a lo más sublime de la creación como lo son mis nietos y mis hijos.
De todos ellos espero su comprensión, por haber faltado a la ley fundamental de la
familia: "Siempre que sea posible, es más importante un sensible cariño que mil
declaraciones de afecto".
A mis hijas e hijos: Nancy, Esmeralda y Estrella; José Santos, David,
　　　　　　　Carlos Alberto, Eric y Carlos Aurelio.
A mis nietas y nietos: Jacqueline, Joseline, Johanna, Carolina, Melanie,
　　　　　　　Aimee, Victoria, Leah y Maya; Jhonatan, Alan, Irham,
　　　　　　　Karim, Luis, Cristofer, Cristian y Alejandro.

A mi Madre: María Pérez Alaníz
A mi Padre: Francisco Valdez García.

Mensaje a la humanidad:

La solución a los grandes problemas de las naciones, tienen su respuesta
en una educación de calidad.

AGRADECIMIENTOS:

He de agradecer a las Ciudades que cobijaron mi existencia y de las cuales guardo gratos recuerdos: A mi tierra Palma Grande, Nay.; Xalisco, Nay; Tepic, Nay; Morelia, Mich. cuna de mi cultura; Villahermosa, Tab. la inolvidable; Tehuacan Pue; Distrito Federal; Celaya Gto. y Saltillo, Coah.; De la misma forma a Delicias Chih., Mazatlán, Sin.; Querétaro, Qro.; y la ciudad del futuro; Chicago, USA.; por recibir el influjo de esas tierras de inspiración.

Me es imposible nombrar a tantas personas y organizaciones, quienes de algún modo influyeron en la realización de la presente obra; sin embargo, he de nombrar a las instituciones, directivos, mis maestros, compañeros de estudio y de trabajo, así como a mis exalumnos y a quienes les doy un profundo agradecimiento.

Instituciones: Instituto Tecnológico de Morelia, Instituto Tecnológico de Tepic, Instituto Tecnológico de Villahermosa, Instituto Tecnológico de Tehuacan, Instituto Politécnico Nacional, Escuela Normal Superior de Nayarit y a las instituciones donde actualmente laboramos:

Tecnológico Nacional de México

Instituto Tecnológico de Saltillo e Instituto Tecnológico de Celaya

Directivos: Max Novelo Ramírez, José Guerrero Guerrero, Juan Leonardo Sánchez Cuellar, Enriqueta González Aguilar, Carlos Fernández Pérez, Mario Valdés Garza, Javier Alonso Banda, Fidel Aguillón Hernández, Alejandro Guzmán Lerma, José Callejas Mejía, Isac Ornelas Inzunsa y David Hernández Ochoa.

Maestros: Heber Soto Fierro, Germán Maynes Meléndez, Sixto Murillo, Salvador Montoya Luján, Sergio Alaníz Mancera, Elisa Álvarez Constantino, Salvador Campa, Rosario Vitalle DiBenedeto, y Rachel Wise.

Compañeros de trabajo: Salvador Aarón Antuna García, Rodolfo Rosas Morales, Araceli Rodríguez Contreras, Isabel Piña Villanueva, Norma Hernández Flores, Romina Sánchez González, Mayra Maycotte de la Peña, Elizabeth Sorkee Quiroz, Ramón Tolentino Quilatan, Miguel Ángel Cabrera Navarro, Sergio Gaytán Aguirre, Olivia García Calvillo, Georgina Solís, Rosa María Hernández González, José Luís Quero Durán, Beatriz Barrón González, Noé Isaac García Hernández, Francisco Ruíz López, Roberto Wilson Alamilla, Jaime Edwald Montaño, José Luis Meneses Hernández; Antelmo Ventura Pérez, Rubén Medina Vilchis, Juan Manuel Nuché, y Alberto Gutiérrez Alcalá.

Compañeros de estudios: Bulmaro Fuentes Lemus, Jorge Maldonado Brizuela, Jaime Rebollo Rico, Mario Madrigal Lépiz, Cecilia Guzmán Hernández, Francisco Orizaga Espinosa, Miguel Espericueta Corro, Carlos Díaz Ramos, Juan Manuel Vargas Dimas, Fernando Aguilar Barragán, Delia Amador Gil, Rosalba Zambrano Puertas, Cristina Saez Conde, Jesenia Cacharuco, Greis Linda Salazar, Rosalba Zambrano Puertas, Cristina Márquez, y Mariana Farías.

Exalumnos: Martha Madero Estrada, Felicitas Cisneros Romero, Ma. Reyna Rivera Rivera, Fernando Treviño Montemayor, Enedina Sierra Ramos, Ema Aguilar Ibarra, Lizet Mancinas Pérez, Lucia Rosalía Paredes Hernández, Edgar Alonso Carrillo Quintero, Miriam Alcázar Ascacio, y Miriam Ávila García.

Así también a: Ricardo Llanos y Cecilia Guzmán; David Obregón y Yolanda Pérez, Jesús Ramos y Araceli Pérez, Sergio Esquivel y Liliana Pérez; Camerina Valdés y Rubén Saldaña; Andrés Valdés y Ma. de Jesús Guitrón; Jorge Pérez y Teresa Guevara; Gildardo Medina y Anita Pérez; Víctor Burciaga y Angélica Baena; Bernardo González Macías y Margarita Nava; Marcelino Mata y Patricia Ríos; Isabel y Sara Chávez Rico; Donaciano Quintero Salazar; Ivonne Muñoz, Ociel Ramírez, Sandra Herrera y Francisco Villaseñor; Leandro Ocampo López; Antonio Duarte Morales; Lupita Cárdenas Oyervides; Carolina Baez Olivo; Elizabeth Valdes Ceja, Irene Valdés; Eva Flores Rocha, Mario Manríquez Campos, David y Roberto Jaime González, Oscar Romero Rivera, Cecilio Carpizo y Javier Valdés.

Y A la Dra. Ma Cristina Irma Pérez Pérez; por ser coautora y haber contribuido a la revisión del original y al perfeccionamiento de la presente obra y sobre todo por ser la compañera de mi vida.

SOBRE EL LIBRO:

Escribir un libro de matemáticas en el área de cálculo integral, tiene poco sentido, ya que existen en el mercado varias decenas de libros escritos por autores de diferentes países, y la moda actual es que autores mexicanos por fin están elaborando libros y algunos de ellos de excelentes calidades en sus contenidos, pero pocos de ellos en sus métodos de presentación del conocimiento, y aún más escasos en la didáctica recomendada para el maestro y metodologías de aprendizaje para el alumno. Y es aquí en donde se encuentra un desierto y la aportación de un esfuerzo que intenta mitigar el vacío y donde el crédito si es que lo existe debe reconocerse. También debe citarse que el éxtasis de la presente obra se encuentra en la idea de crear un libro para cada programa de estudio y en específico para una Institución o bien para todo un sistema educativo.

El nivel de comprensión es para alumnos de inteligencia normal y aquellos que tienen leves problemas de aprendizajes, y de ninguna manera se ha escrito para alumnos de alto rendimiento a menos que su interés se concentre en la realización de ejercicios básicos de desarrollo de la creatividad, ya que los mismos alumnos descubrirán que el texto intencionalmente está muy lejos de provocar el conflicto cognitivo necesario para su evolución.

La estrategia de enseñanza y aprendizaje presentada en este texto, va dirigida a estudiantes que han iniciado una carrera profesional sin incluir las de licenciatura en matemáticas, ya que está orientado a la aplicación estructural de las matemáticas y algunas demostraciones son solamente intuitivas, y para nada se realiza un análisis matemático riguroso; Debemos de recordar que los métodos son para iniciar un aprendizaje que difícilmente lo podemos asimilar, pero una vez que se han tenido los fundamentos del conocimiento, los métodos deben desecharse porque de no ser así los mismos métodos nos limitaran. Aquí opera el principio fundamental que versa sobre la existencia de cada método para cada nivel de desarrollo cognitivo e intelectual.

La utilidad para los maestros se hace patente, cuando el docente domina los métodos y técnicas que se muestran, así como de un leve repertorio de dinámicas grupales; pero se debe entender que sin una actitud responsable como profesor todo deja de tener sentido. Como complemento de utilidad para los docentes se anexa al final del libro la instrumentación didáctica orientada a competencias del curso, y para el mismo objetivo se ha desarrollado y aplicado con gran éxito las técnicas de enseñanza-aprendizaje de la sopa, por justificandos, y por agrupamiento, como estrategia fundamental de desarrollo del curso.

La ciencia avanza enormemente día con día, y es menester señalar que la enseñanza con una estrategia metódica resulta más eficiente. Además, los medios son eso, sólo medios únicamente, como paráfrasis podríamos afirmar que para nada importan los procesos internos que una computadora realice, ese es problema de los profesionales en electrónica; lo que, si importa, son los resultados que se obtienen de la misma; Ahora bien y en nuestro caso son los aprendizajes que el alumno adquiere. En este sentido es oportuno señalar que intencionalmente se ha sacrificado la rigidez matemática por un intento de ser más amigable en la comprensión del conocimiento.

Motivos:

Se que existen tanto vacío en el universo como vacío escrito hay en las matemáticas, y este libro se ha elaborado pensando como maestro de la materia y no como matemático, puesto que, si pensara como tal, jamás lo hubiese escrito, y la razón principal es la infinidad de alumnos que desean hacer una carrera profesional y se encuentran con la muralla de los números y la escasa tutoría en su aprendizaje.

Podría señalar una larga lista de motivos y cualquiera de ellos sería suficiente para la emisión del presente trabajo; sin embargo aseguro, que cuando las sociedades se den cuenta que la educación ya no es solo problema de bienestar social o económico, sino de existencia humana en toda la extensión de la palabra, llámese a esta existencia individual, familiar, social, económica, institucional, de un sistema, de una Nación, de un Continente o Mundial, será entonces cuando habrá un viraje real y no simulado en el rumbo de las políticas públicas en materia educativa; y entenderemos que hacer la calidad educativa con discursos no tiene sentido.

Saltillo, Coah., Enero del año 2019.

José Santos Valdez y Cristina Pérez

PREFACIOS:

El perfeccionamiento, no es otra cosa más que el proceso de revisar y detectar actualizaciones, vacíos y errores; por lo que resulta natural, que lejos de la decepción surja el reto de hacer mejor lo que ya hemos hecho; después de todo, es válida la siguiente redundancia: "hacer constantemente lo mismo se recompensa con perfeccionar lo que siempre hemos hecho"; desde luego sin haber olvidado la sentencia "Trabajos perfectos a tiempos infinitos tienen valor cero"; Es así como en las ediciones se han realizado las siguientes mejoras.

Prefacio de la segunda edición:

En lo general: - Revisión general de las unidades.
Unidad 1:   - Las unidades 1 y 2 (Diferenciales y La integral indefinida) se unieron para formar esta unidad.
                - Los fundamentos cognitivos por temas de la unidad 1, se trasladaron a los anexos.
Unidad 2:   - Antes era la unidad 3.
Unidad 3:   - Antes era la unidad 4 y se sumó la unidad 5.
Unidad 4:   - Antes era la unidad 6.
Unidad 5:   - Se suma un nuevo contenido "Series"
Anexos: - Se suma el anexo "Fundamentos cognitivos del cálculo integral".
                - Dentro de los fundamentos cognitivos se desarrolló el tema: "Funciones y sus gráficas".
                - Perfeccionamiento y desarrollo de la instrumentación didáctica orientada a competencias.

Prefacio de la tercera edición:

En lo general: - Revisión general de las preliminares, unidades y anexos.
Unidad 1:   - Perfeccionamiento de la unidad y se amplió el tema sobre funciones.
Unidad 2:   - Perfeccionamiento de la unidad.
                - Se separó el tema de Técnica de integración de fracciones parciales en 2 clases.
                - Se separó el tema Técnica de integración por series de Maclaurin y Taylor en 2 clases.
Unidad 3:   - Perfeccionamiento de la unidad; Desarrollo del tema Principios de graficación de funciones;
                  y ampliación en la parte teórica.
Unidad 4:   - Perfeccionamiento de la unidad.
Unidad 5:   - Perfeccionamiento de la unidad
Anexos: - Perfeccionamiento de los anexos; Cambio del tema "Funciones y sus gráficas", por el tema
                "Técnicas de graficación" y se desarrolló "Solución a los ejercicios impares".

Prefacio de la cuarta edición:

En lo general: - Revisión general de las preliminares, unidades y anexos.
                - Se incluyó en cada tema los indicadores de evaluación.
                - Se anexó la solución de los ejercicios en los problemas impares ubicadas en los anexos.
                - Por jerarquía cognitiva la unidad 2 pasó a ser la unidad 4.
                - Se perfeccionó la evaluación de cada unidad.
Preliminares   - Se implementó la técnica de enseñanza-aprendizaje de la sopa.
Unidad 1:   - Perfeccionamiento de la unidad.
                - Se anexó el tema: Integración de funciones que contienen las formas $u^2 \pm a^2$
Unidad 2:   - Pasó a ser la unidad 4;
                - Perfeccionamiento de la unidad y
                - La Técnica de integración de funciones que contienen las formas $u^2 \pm a^2$ se pasó a la
                unidad 1 como "Integración de funciones que contienen las formas $u^2 \pm a^2$"
Unidad 3:   - Perfeccionamiento de la unidad; pasó a ser la unidad 2
Unidad 4:   - Perfeccionamiento de la unidad; pasó a ser la unidad 3
                - La técnica de integración de funciones que contienen las formas $u^2 \pm a^2$ se pasó a la
                unidad 1.
Unidad 5:   - Quedó igual.

CONTENIDO:

0.1 RECOMENDACIONES A LOS MAESTROS:

Este libro ha sido escrito en paralelo a desarrollos pedagógicos expresos para tal fin y de igual forma se han delineado teorías y técnicas aún en proceso de desarrollo, sin embargo, el máximo valor esperado, es el que tú como maestro le puedas adherir, mediante la apropiación y praxis de tales instrumentos, así como el de su enriquecimiento. Para un curso eficaz se han supuesto las siguientes condiciones pedagógicas:

1) Apegarse en la instrumentación didáctica, en lo general, y cada maestro en función de su experiencia y de su estilo personal, irá haciendo los cambios y adaptaciones correspondientes, sobre todo en el campo de los métodos y técnicas de enseñanza, así como en las dinámicas grupales.

2) Realizar las exposiciones globalizadas a través de proyecciones, máxime, cuando los aprendizajes sean de información extensa y/o sistematizada.

3) Crear confianza en los alumnos para que pregunten; la regla es ¡No hay preguntas tontas!

4) Paralelamente al curso se requieren acciones que permitan la educación en valores para que la educación sea integral, por lo que deben irse aprovechando los eventos institucionales y así tenemos: Honores a la bandera, actividades culturales y deportivas, congresos, acciones de solidaridad, etc.; De la misma forma y con propósitos educativos, continuamente se deberá observar la disciplina del grupo, así como las actitudes de cada uno de sus integrantes. En síntesis, debemos de comprender que en un curso no solo se aprenden conocimientos, sino que también se desarrollan capacidades intelectivas y cognitivas, valores, actitudes, Respeto, disciplina, sociabilidad, integración de grupos de trabajo, empatía, Manejo del estrés, control del tiempo, tolerancia, paciencia, etc., etc.

5) Tener conocimiento y control de los alumnos e identificación del grupo, para lo cual en los anexos se ha incluido un registro escolar y el formato de lista.

6) Inhibir la copia a través de hacer conciencia y en casos extremos aplicar las sanciones previamente establecidas e informadas al alumnado. En los anexos se encuentran dos formatos de examen y son con el propósito de ser utilizado en la presentación de exámenes cuando así se requiera.

7) No abusar de la aplicación de exámenes repetidos, para lo cual se sugiere elaborar una amplia batería de Evaluaciones de calificación rápida, ya que el alumno tiende a informarse de exámenes aplicados con anterioridad y confiarse en su posible aplicación, siendo ésta una de las causas de deficiencias en sus estudios.

0.2 RECOMENDACIONES A LOS ALUMNOS:

Tener en cuenta que en un curso de cálculo integral no solo se aprenden conocimientos, sino que también se desarrollan capacidades intelectivas y cognitivas, valores, actitudes, respeto, disciplina, sociabilidad, integración de grupos de trabajo, empatía, manejo del estrés, control del tiempo, tolerancia, paciencia, etc., etc.

Existe una técnica para obtener buenos resultados en un curso, y lo mejor de esa técnica es que tú ya la conoces. Se trata de la técnica "ege" que significa ¡échale ganas! esa es la clave. Las matemáticas son una disciplina y por lo mismo requiere de alumnos disciplinados en sus estudios, por lo que se requerirá de ti los siguientes condicionamientos mínimos:
1) Un espacio de estudio, en tu casa preferentemente.
2) Un horario de estudio, de al menos una hora de lunes a viernes y sólo para esta materia.
3) Reorganización de los conocimientos, el domingo en la noche o lunes en la mañana.
4) La técnica de estudio que deberás de aplicar es: Lectura de la teoría; Visualización de la estrategia empleada en la solución de ejemplos de tu libro. Resolución de los ejemplos ya resueltos en el libro. Toma en cuenta que es válido cuando te bloques echar una mirada, no sin antes preguntarte ¿Qué sigue?, ¿Qué hago?, ¿Qué se me ocurre?, etc., etc., etc. y finalmente; Solución a los ejercicios del libro.
5) Si te es posible, intenta trabajar en equipo integrado por no más de cinco de tus compañeros.
6) Recuerda: Tienes derecho a que se te desarrollen completamente los programas de estudio y a ser evaluado en tiempo, forma, contenido y nivel de lo que se te enseña.

En este libro se ha considerado que, si aún tus bases de conocimiento son deficientes, es posible tener un excelente curso, ya que se previeron en las cadenas de aprendizajes los fundamentos indispensables para ir avanzando, sin embargo, es de tu entera responsabilidad ser sistemático en tus estudios y si lo consideras necesario debes de consultar otras fuentes de información para el dominio correspondiente.

Se han desarrollado una serie de recursos pedagógicos para que tu aprendizaje sea más eficiente; así tenemos: Teorías del aprendizaje; Técnicas de enseñanza-aprendizaje y la Instrumentación didáctica, sin embargo, no tienes que preocuparte por aprender estos recursos pedagógicos, ya que el maestro te los irá mostrando en todo el curso, y a ti te corresponde en paralelo instruirte en su uso ya que de seguro te servirá en toda tu carrera.

0.3 TEORÍAS DE LOS APRENDIZAJES:

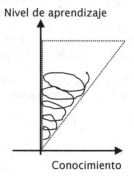

Nivel de aprendizaje

Conocimiento

Se ha supuesto que la generación del aprendizaje tiene un comportamiento helicoidal ascendente en forma de cono irregular invertido *"Teoría tornado"*. También se afirma que su desarrollo es cíclico y ascendente, porque a medida que se avanza se adquieren saberes similares a los anteriores pero a otro nivel y se adhieren nuevos conocimientos, por lo que es de suponer que las *"Corrientes pedagógicas constructivistas"* que describen la construcción del aprendizaje fundamentado en otros aprendizajes, se hacen presentes en cada momento; sin embargo también se han supuesto *"Teorías biogenéticas"* que insinúan que el conocimiento existe en cada ser humano y su aprendizaje es accesible.

De la misma manera y en forma constante, se deberá tener presente la *"Teoría de los aprendizajes equiparables"* que afirma: Todos los aprendizajes tienen el mismo grado de dificultad y son directamente proporcionales al grado cuantitativo y cualitativo de la información que se tenga del conocimiento. Así podemos afirmar que se aplica el mismo esfuerzo en apropiarse del conocimiento de cualquier ciencia, llámense estas ciencias sociales o exactas; la clave de nuestra visión es que en las ciencias exactas existe mucho conocimiento en poca información, por lo que en el campo del cálculo integral es necesario girar constantemente sobre la información disponible.

Otra teoría que se ha tomado en consideración y de aplicación práctica es la *"Teoría del bao cognitivo"* que infiere la existencia de un flujo constante y mutuo de energía cognitiva entre docentes y alumnos; de aquí la afirmación sobre la "Eternidad del Maestro"; y hace extensiva la generalidad de esta teoría infiriendo la existencia de flujos cognitivos universales, que se manifiestan en saberes similares adquiridos por las sociedades y las naciones en forma independiente.

Por supuesto que en su mayoría las diferentes teorías se encuentran en etapa de desarrollo, sin embargo y me consta que sus inferencias son aplicadas con resultados pedagógicos asombrosos. No entraremos en polémicas sobre estas teorías ya que no es el propósito de este curso, sin embargo, una simbiosis de tales teorías sería deseable en la praxis educativa.

0.4 TÉCNICAS DE ENSEÑANZA-APRENDIZAJE.

Técnica de enseñanza-aprendizaje de la sopa:

La práctica educativa generalmente utiliza esta técnica para exposición de conocimiento teórico y lleva su nombre por su similitud a la elaboración de la sopa que se hace en casa, y básicamente consiste en ir exponiendo los fundamentos cognitivos en forma secuenciada he ir precisando las definiciones y obtención de fórmulas necesarias en el tratamiento de un tema.

Técnica de enseñanza-aprendizaje de los justificandos:

Esta técnica se ha desarrollado con el propósito de ser más efectivos en el proceso enseñanza; su aplicación en las matemáticas y en la física ha sido exitosa, por lo que no es de extrañarse que también sea extensible al campo de otras ciencias, por lo que aquí se presenta la dinámica de su proceso.

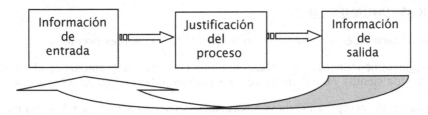

Información de entrada: Es el problema que se plantea y es sujeto a ser resuelto.
Justificación del proceso: Son todos los elementos necesarios para justificar un resultado.
Información de salida: Es el resultado fundamentado en la justificación de un proceso.

El proceso se caracteriza por ser cíclico, progresivo, repetitivo y cada vez que esto sucede avanza, ya que la información de salida automáticamente se convierte en información de entrada hasta obtener el resultado final.

Ejemplo: Por la fórmula de integración de funciones algebraicas que contienen x^n y la propiedad de la constante, integrar la siguiente función:

Entrada		Proceso		Salida	
Problema	Justificación	Resultado intermedio	Justificación	Resultado intermedio	Resultado final

$$\int\left(2x^4\right)dx = \left\langle \begin{array}{l} propiedad \\ \int k\,f(x)\,dx = k\int f(x)\,dx \end{array}\right\rangle = 2\int\left(x^4\right)dx = \left\langle \begin{array}{l} fórmula \\ \int\left(x^n\right)dx = \dfrac{x^{n+1}}{n+1}+c \end{array}\right\rangle = (2)\left(\dfrac{x^5}{5}+c\right) = \dfrac{2x^5}{5}+c$$

Técnica de enseñanza-aprendizaje por agrupamiento:

El propósito de esta técnica es que el alumno aprenda a un determinado nivel de conocimientos, el cual incluye un eficiente dominio de las operaciones, entendiéndose estas rápidas y directas, además de mantener sensible el resultado esperado; las etapas que deberán cubrirse las podríamos delinear de la siguiente forma:
1) Análisis del problema.
2) Identificación de las propiedades y fórmulas que nos van a dar la solución y la identificación de sus partes.
3) Procesamiento directo de las propiedades y fórmulas utilizando paréntesis.
4) Presentación de resultados (Eliminación de paréntesis y simplificación).

Ejemplo: Obtener la diferencial de la función: $y = 3\,sen\,2x$

Paso 1)   Paso 2)   Paso 3)   Paso 4)

$$d\left(3\,sen\,2x\right) = \left\langle \begin{array}{l} propiedad : \left(kf(x)\right) = k\,d\left(f(x)\right) \\ fórmula : d\left(sen\,u\right) = \cos u\,du \end{array}\right\rangle = (3)(\cos 2x)(2dx) = 6\cos 2x\,dx$$

0.5 INSTRUMENTACIÓN DIDÁCTICA:

Para este curso se ha elaborado en particular la instrumentación didáctica orientada a competencias, que se adjunta en uno de sus anexos, y toda su estructura tiene como base los trabajos realizados sobre "Metodología para la instrumentación didáctica orientada a competencias", misma que previamente se desarrolló en exclusivo para tal fin: Lo importante de esta instrumentación didáctica, es que nos resuelve las siguientes preguntas: ¿qué?, ¿cómo?, ¿cuándo?, ¿con qué?, ¿para qué? y cuantas clases hay que desarrollar para obtener un curso de calidad, en el entendido de que toda calidad educativa deja mucho que desear si la misma no permea en la labor docente y en última instancia en el aprendizaje de los alumnos.

0.6 PREMISAS PEDAGOGICAS FUNDAMENTALES:

Durante el proceso de la elaboración del texto se tuvieron presentes las siguientes premisas:

1) La ciencia y la tecnología tienen un avance potencialmente creciente, sin embargo, el desarrollo de la naturaleza del ser humano tarda cientos y quizá miles de años para asimilar un pequeño progreso.

2) En los programas de estudio se incorporan cada vez más nuevos conocimientos, a tal grado que la cantidad de saberes que se estudian actualmente, representa al menos el doble de los saberes que se estudiaban en una década anterior, sin embargo, el tiempo de 10 semestres en promedio que tarda un estudiante en realizar su carrera profesional no se ha incrementado, por lo que la administración educativa tendrá que crear simbiosis de las siguientes alternativas:
  2.1) Incrementar el tiempo de realización de una carrera profesional, lo que hace más costosa a la educación y sus resultados no garantizan ser favorables.
  2.2) Quitar conocimientos de los programas de estudios, que quizá sería un error al romperse las cadenas cognitivas.
  2.3) Tender a una especialización de las carreras profesionales, seleccionando aquellas áreas cognitivas específicas de mayor interés, siendo esta una opción a medias.
  2.4) Hacer eficiente la labor pedagógica, a través de la teoría fundamentada en las cuatro potencialidades del docente:
    1a) Conocimiento: Dominio del conocimiento requerido por los programas de estudio.
    2a) Didáctica: Capacitación en métodos, técnicas, dinámicas grupales y estrategias de enseñanza-aprendizaje que incidan en la instrumentación didáctica orientada a competencias.
    3a) Ética docente: Crear los lineamientos individuales, departamentales, institucionales y del sistema en que se deba de ubicar la labor docente. Aquí se incluye la libertad de cátedra, la seguridad personal, los materiales, el apoyo administrativo y las condiciones que el Maestro debe poseer en su espacio laboral.
    4a) Filosofía de vida: Proporcionar la cultura de aplicación práctica y operativa para que los docentes en función de sus intereses tengan alternativas de su existencia promoviendo un humanismo propio del Modelo Educativo orientado a competencias.

3) Un indicador importante son los altos índices de reprobación en los primeros semestres, y un factor de disminución lo es aplicando exámenes de admisión más selectivos, prestando atención   en:
  1o) Fundamentos en el conocimiento previo necesario.
  2o) Vocación probada en el campo de la profesión elegida.
  3o) Actitudes para aminorar la siguiente sentencia: Cuando el alumno no desea estudiar el pedagogo más hábil fracasa.

4) Necesitamos entender y actuar en consecuencia que existen enormes vacíos no escritos en las matemáticas y que por lo general los docentes erróneamente los damos como entendidos y dominados por los educandos, por lo que se requiere minimizar los efectos de estos vacíos y esto se logra a través de la elaboración de rutas pedagógicas que le permitan al educando desarrollar su madurez cognitiva.

5) También es necesario reubicar el nivel en que se imparte la educación pública superior asignando el supuesto de que este tipo de educación es para alumnos de inteligencia normal y por lo tanto se requiere de una pedagogía para alumnos de este nivel.

6) Para finalizar tenemos que darnos cuenta de que aún no ha sido posible inventar un MODEM que permita al ser humano acceder a los archivos akásicos de las ciencias, y esto es una fantasía al menos en un futuro cercano.

Al leer este libro se verá que existen errores incluyendo hasta los errores de dedo, sin embargo, he creído que sería un error aún más grande el no tener el valor de haberlo editado y sin importar que el mismo acuse de ignorancia. En la práctica docente he observado que en el cajón del escritorio de cada maestro existe un libro que espera ser publicado, tengo la esperanza en la satisfacción de leer uno de los libros escritos por mis compañeros, que de seguro tendrá el éxito esperado.

En la presente como en todas las obras, el conocimiento tiene sus límites, sólo basta observar, lo escaso de las aplicaciones prácticas o bien la aplicación de programas específicos de cómputo, pero insisto, lo primero siempre será lo primero y lo demás serán el resultado de la completes, enriquecimiento y perfeccionamiento de la presente obra en futuras ediciones.

Los alumnos requieren de una disciplina y una moral muy elevada para poder acceder al éxtasis del conocimiento.

José Santos Valdez Pérez

UNIDAD 1. LA INTEGRAL INDEFINIDA.

Clase: 1.1 Funciones.

1.1.1 Introducción.
1.1.2 El plano rectangular.
1.1.3 Definición de función.
1.1.4 Característica gráfica de las funciones.
1.1.5 Clasificación de las funciones.

1.1.6 Estructuras de las funciones.
1.1.7 Evaluación de funciones.
- Ejemplos.
- Ejercicios.

1.1.1 Introducción:

Es de esperarse que el tema "Funciones" no haya sido contemplado en el programa de estudio por considerarse que el alumno ya lo conoce y domina, sin embargo, la práctica docente ha encontrado situaciones diferentes, por lo que aquí se trata dada su importancia, y su propósito es el de cubrir las posibles deficiencias cognitivas antecedentes y fundamentales de este curso.

1.1.2 El plano rectangular R².

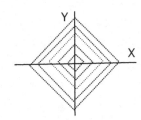

Sean:
- X una recta numérica horizontal.
- Y una recta numérica vertical con punto en común con "X".
  ∴ **El plano rectangular**; es el conjunto cerrado de puntos que se encuentran en el plano generado por las rectas "X" e "Y".
  Elementos del plano rectangular: Origen; Ejes; Coordenadas y Cuadrantes.

1.1.3 Definición de función en R².

Es un conjunto de puntos generados por la relación entre dos variables $"x" e "y"$ del plano rectangular, cuya regla de correspondencia consiste en asignar a cada elemento $"x"$ uno y solamente un elemento $"y"$. A todas las ecuaciones (modelos matemáticos) que obedecen esta regla se les llaman funciones, y se denotan por: $y = f(x)$.

1.1.4 Característica gráfica de las funciones:

Las funciones tienen una característica gráfica, que la especificaremos mediante la siguiente afirmación:
"Toda recta vertical toca la gráfica de una ecuación a lo más una sola vez". Ejemplos:

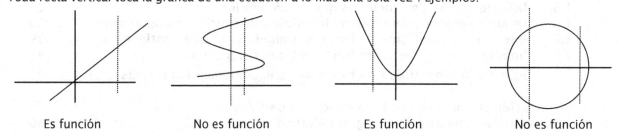

Es función   No es función   Es función   No es función

1.1.5 Clasificación de las funciones.

Antes de iniciar el proceso de obtención de diferenciales, daremos una mirada a las dos clasificaciones de funciones sujetas a nuestro interés y su organización tiene razones pedagógicas ya que obedece a la completes y fluidez didáctica en el proceso de enseñanza aprendizaje.

La primera clasificación obedece al grado de complejidad de las funciones y las hemos observado de la siguiente manera:
  1) Funciones elementales.
  2) Funciones básicas.
  3) Funciones metabásicas.

Las **funciones elementales** las hemos concebido como las funciones que contienen en su estructura una constante o bien una variable, y para nuestro caso nos referiremos a la "k" y a la variable "x".

Ejemplos: $y = 4;$ $y = \dfrac{1}{x};$ $y = sen\, x;$ $etc..$

Las **funciones básicas** las definiremos como las funciones que contienen en su estructura un binomio de la forma: $y = ax + b$ $\forall a, b \in k$ y $a \neq 0$

Ejemplos: $y = 3x + 2;$ $y = \ln(2x + 1);$ $y = \cos(x + 1);$ $etc..$

Y, por último; las funciones **metabásicas** las podemos inferir como aquellas que contienen en su estructura un polinomio de la forma: $y = p(x) = ax^n + bx^{n-1} + \cdots + z$ $\forall a, b, \cdots z \in k$ y $n \in Z^+$

Ejemplo: $y = x^3 - 3x^2 + 2$

La <u>segunda clasificación</u> presenta el universo de funciones en que opera el cálculo integral y por lo mismo en cada etapa de aprendizaje se trata de globalizar el conocimiento atendiendo a este orden.

1) Funciones algebraicas.
2) Funciones exponenciales.
3) Funciones logarítmicas.
4) Funciones trigonométricas.

5) Funciones trigonométricas inversas.
6) Funciones hiperbólicas.
7) Funciones hiperbólicas inversas.

1.1.6 Estructuras de las funciones.

Función	Nombre	Estructura Elementales	Estructura Básicas	Estructura Metabásicas
Algebraicas	Constante	$y = k$		
	Identidad	$y = x$		
	Binómica		$y = ax + b$	
	Polinómica			$y = p(x)$
	Raíz	$y = \sqrt{x}$	$y = \sqrt{ax+b}$	$y = \sqrt{p(x)}$
	Racional	$y = \dfrac{1}{x}$	$y = \dfrac{1}{ax+b}$	$y = \dfrac{1}{p(x)}$
	Racional raíz.	$y = \dfrac{1}{\sqrt{x}}$	$y = \dfrac{1}{\sqrt{ax+b}}$	$y = \dfrac{1}{\sqrt{p(x)}}$
Exponenciales	Exponencial de base "e"	$y = e^x$	$y = e^{(ax+b)}$	$y = e^{p(x)}$
	Exponencial de base "a"	$y = a^x$ $\forall a \in R^+$	$y = a^{(ax+b)}$	$y = a^{p(x)}$
Logarítmicas	Logaritmo de base "e"	$y = \ln x$	$y = \ln(ax+b)$	$y = \ln p(x)$
	Logarítmica de base "a"	$y = \log_a x$ $\forall a \in R^+$	$y = \log_a(ax+b)$	$y = \log_a p(x)$
Trigonométricas	Seno	$y = sen\, x$	$y = sen(ax+b)$	$y = sen\, p(x)$
	Coseno	$y = \cos x$	$y = \cos(ax+b)$	$y = \cos p(x)$
	Tangente	$y = \tan x$	$y = \tan(ax+b)$	$y = \tan p(x)$
	Cotangente	$y = \cot x$	$y = \cot(ax+b)$	$y = \cot p(x)$
	Secante	$y = \sec x$	$y = \sec(ax+b)$	$y = \sec p(x)$
	Cosecante	$y = \csc x$	$y = \csc(ax+b)$	$y = \csc p(x)$

Trigonométricas inversas	Arco seno	$y = arc\,sen\,x$	$y = arc\,sen(ax+b)$	$y = Arc\,sen\,p(x)$
	Arco coseno	$y = arc\cos x$	$y = arc\cos(ax+b)$	$y = Arc\cos p(x)$
	Arco tangente	$y = arctan x$	$y = arctan(ax+b)$	$y = Arc\tan p(x)$
	Arco cotangente	$y = arc\cot x$	$y = arc\cot(ax+b)$	$y = Arc\cot p(x)$
	Arco secante	$y = arc\sec x$	$y = arc\sec(ax+b)$	$y = Arc\sec p(x)$
	Arco cosecante	$y = arc\csc x$	$y = arc\csc(ax+b)$	$y = Arc\csc p(x)$
Hiperbólicas	Seno hiperbólico	$y = senh\,x$	$y = senh(ax+b)$	$y = senh\,p(x)$
	Coseno hiperbólico	$y = \cosh x$	$y = \cosh(ax+b)$	$y = \cosh p(x)$
	Tangente hiperbólica	$y = \tanh x$	$y = \tanh(ax+b)$	$y = \tanh p(x)$
	Cotangente hiperbólica	$y = \coth x$	$y = \coth(ax+b)$	$y = \coth p(x)$
	Secante hiperbólica	$y = \sec h\,x$	$y = \sec h(ax+b)$	$y = \sec h\,p(x)$
	Cosecante hiperbólica	$y = \csc h\,x$	$y = \csc h(ax+b)$	$y = \csc h\,p(x)$
Hiperbólicas inversas	Arco seno hiperbólico	$y = arcsenh\,x$	$y = arcsenh(ax+b)$	$y = arcsenh\,p(x)$
	Arco coseno hiperbólico	$y = arc\cosh x$	$y = arc\cosh(ax+b)$	$y = arc\cosh p(x)$
	Arco tangente hiperbólico	$y = arc\tanh x$	$y = arc\tanh(ax+b)$	$y = arc\tanh p(x)$
	Arco cotangente hiperbólico	$y = arc\coth x$	$y = arc\coth(ax+b)$	$y = arc\coth p(x)$
	Arco secante hiperbólico	$y = arc\sec h\,x$	$y = arc\sec h(ax+b)$	$y = arc\sec h\,p(x)$
	Arco cosecante hiperbólico	$y = arc\csc h\,x$	$y = arc\csc h(ax+b)$	$y = arc\csc h\,p(x)$

1.1.7 Evaluación de funciones.

La evaluación de una función $y = f(x)$ es calcular el valor de "y" a partir de un valor dado a "x".

Ejemplos; Evaluar las siguientes funciones:

1) Sí $y = 2x+1$ evaluar en $x = 4$ Solución: $f(4) = 2(4)+1 = 8+1 = 9$

2) Sí $y = e^x$ evaluar en $x = 2$ Solución: $f(2) = e^{(2)} \approx 7.3890$

3) Sí $y = 2\ln 3x$ evaluar en $x = 2$ Solución: $f(2) = 2\ln 3(2) \approx 3.5835$

4) Sí $y = 3\cos 2x$ evaluar en $x = \pi$ Solución: $f(\pi) = 3\cos 2\pi = 3$

Ejercicios:

1.1.7.1 Evaluar las siguientes funciones.					
1)	$y = 2$ $f(1) = ?$ $R = 2$	4)	$y = \sqrt{2x}$ $f\,4) = ?$	7)	$y = 3\ln x$ $f(5) = ?$ $R = 4.8283$
2)	$y = \sqrt{2-5x}$ $f(-1) = ?$	5)	$y = \sqrt{1-x}$ $f(-8) = ?$ $R = 3$	8)	$y = 5\cos x$ $f\left(\frac{\pi}{2}\right) = ?$
3)	$y = \dfrac{1-x}{2}$ $f(2) = ?$ $R = -\frac{1}{2}$	6)	$y = 3e^x$ $f(2) = ?$	9)	$y = 2\tan x$ $f\left(\frac{\pi}{4}\right) = ?$ $R = 2$

Clase: 1.2 Diferenciales.

1.2.1 Definición de la diferencial.
1.2.2 Propiedades de las diferenciales.
1.2.3 Introducción a las diferenciales por fórmulas.

- Ejemplos.
- Ejercicios.

1.2.1 Definición.

Sean:

- R^2 un plano rectangular.
- f la gráfica de una función $y = f(x)$ con límite en un
  punto $P(x, f(x))$.
- $P(x, f(x))$ y $Q((x+\Delta x), f(x+\Delta x))$ dos puntos en f.
- S una recta secante de $f \in P$ y Q.
- T una recta tangente de $f \in P$.
- m_S y m_T las pendientes de S y de T respectivamente.
- W el punto común de la ordenada $x + \Delta x$ y la recta T
- Z un punto con coordenadas $(x + \Delta x, f(x)$
- dy la distancia entre los puntos W y Z
- $dx = \Delta x$ cuando $\Delta x \to 0$
- $\Delta x = (x + \Delta x) - x$ es el **incremento de** "x".
- $\Delta y = f(x + \Delta x) - f(x)$ es el **incremento de** "y".
- $m_s = \dfrac{\Delta y}{\Delta x}$

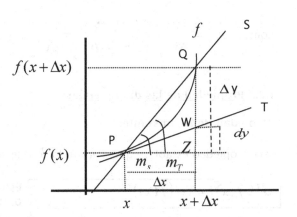

Antes de seguir adelante hagamos un análisis de las 5 tendencias siguientes::

1) Tendencias laterales de puntos móviles "x" a un punto fijo "c" en una recta:

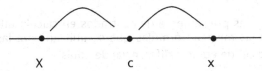

| X | c | x |

Punto móvil   Punto fijo   Punto móvil
Tiende al punto   Tiende al punto
fijo "c" por la izquierda   fijo "c" por la derecha

De la misma manera hagamos el análisis de las 4 tendencias siguientes:

2) Tendencia de un punto móvil "Q" a un punto fijo "P" en la curva:

3) Tendencia del giro de una recta móvil "S" a una recta fija "T" en el punto "P".

4) Tendencia de un incremento "Δy" a una diferencial "dy".

5) Tendencia del ángulo de una pendiente móvil "m_S" al ángulo de una pendiente fija "m_T":

De este análisis de tendencia podemos inferir que:

Si $\Delta x \to 0$ $\therefore$ $Q \to P$; S gira hacia T; $\Delta y \to dy$; y $m_S \to m_T$ entonces:

$$\lim_{\Delta x \to 0} m_S = m_T = \lim_{\Delta x \to 0} \frac{f(x+\Delta x) - f(x)}{\Delta x} = \left\langle \begin{matrix} llamada\ la\ derivada\ de\ la \\ función\ y = f(x)\ en\ el\ punto\ "P" \end{matrix} \right\rangle \left\langle \begin{matrix} Existen\ otras \\ notaciónes \end{matrix} \right\rangle \left\langle \begin{matrix} \frac{dy}{dx}; f'(x); \\ f'; y'; D_x \end{matrix} \right\rangle$$

Como: $m_T = \frac{dy}{\Delta x} = \left\langle \begin{matrix} Sí\ \Delta x \to 0 \\ \therefore \Delta x = dx \end{matrix} \right\rangle = \frac{dy}{dx} = f'(x)$ $\therefore$ $dy = f'(x)dx$ llamada diferencial de "y".

1.2.2 Propiedad de las diferenciales:

Propiedad de la constante:

Esta propiedad establece que: Para todo k que sea una constante y $f(x)$ una función, se cumple lo siguiente:

$$\boxed{d(k\,f(x)) = k\,d(f(x))}$$

Esto nos sugiere y según nos convenga, ubicar la constante dentro o fuera de la diferencial.

Propiedad de la suma y/o diferencia de funciones:

Esta propiedad nos indica que: Para $f(x)$ y $g(x)$ que sean funciones, se cumple lo siguiente:

$$\boxed{d(f(x) \pm g(x)) = d(f(x)) \pm d(g(x))}$$

Entendiendo lo anterior como: "la diferencial de la suma y/o diferencia de dos funciones es igual a la suma y/o diferencia de sus diferenciales".

1.2.3 Introducción a las diferenciales por fórmulas:

Las fórmulas de diferenciales se fundamentan en teoremas previamente demostrados en cálculo diferencial. De lo anterior y al revisar su análisis se observa que son las mismas fórmulas que se utilizan para las derivadas, excepto que se multiplican ambos lados por "dx"(se dice "de equis o diferencial de equis").

Como punto de partida tenemos que aceptar por principio didáctico y por norma de jerarquía cognitiva, que el objetivo principal del estudiante de cualquiera de las licenciaturas es el aprendizaje del proceso de obtención de las diferenciales, y no necesariamente el análisis matemático en el proceso de demostración de fórmulas, propiedades y reglas, muy propio de los aspirantes a profesionales del área de las matemáticas específicamente, sin que con esto se afirme que deba existir un total desconocimiento por parte de los aspirantes a profesionales de áreas ajenas.

De lo anterior y en lo sucesivo, iniciaremos cada aprendizaje con la aplicación directa de las propiedades y fórmulas, y sólo en algunos casos haremos su demostración intuitiva.

1.2.4 Operaciones fundamentales en las diferenciales:

A continuación, se muestran las operaciones más importantes que se realizan en el proceso de resolver un problema durante la aplicación del método de obtención de diferenciales y a los cuales estaremos haciendo referencia constantemente.

1) <u>Análisis de la función</u>: Si tenemos $d\big(f(x)\big)$ observaremos que la función es $y = f(x)$

Ejemplos: $d\big(\sqrt{x}\big)$ la función es $y = \sqrt{x}$;   Es una función algebraica y elemental.

$d\big(\ln 2x\big)$ la función es $y = \ln 2x$; Es una función logarítmica y básica.

2) Identificación de la fórmula: Hay una relación muy útil entre el problema a resolver y la identificación de la fórmula que vamos a aplicar:

| **Ejemplo 1):** $d\big(\cos x\big)$ | Al analizar la función vemos que se trata de una función trigonométrica y por lo tanto vamos a nuestro formulario y observamos que disponemos de las siguientes fórmulas:

$d\big(sen\ x\big) = \cos x\ dx \qquad d\big(ctg\ x\big) = -\csc^2 x\ dx$

$d\big(\cos x\big) = -sen\ x\ dx \qquad d\big(\sec x\big) = \sec x\ \tan x\ dx$

$d\big(\tan x\big) = \sec^2 x\ dx \qquad d\big(\csc x\big) = -\csc x\ ctgx\ dx$ | De donde decidimos que la formula a identificar es:

$d\big(\cos x\big) = -sen\ x\ dx$ |

3) Acoplamiento del problema a la fórmula: Es muy probable que en el problema que vamos a resolver no se identifique una fórmula específica que nos indique su aplicación directa, por lo que es necesario primero acoplar el problema a resolver a la fórmula que vamos a aplicar y esto se logra aplicando alguna de las propiedades de las diferenciales:

Fórmulas y propiedades posibles a aplicar	Identificación de la fórmula y la propiedad	Acoplamiento del problema a la fórmula
Ejemplo 1) $d\big(2x\big)$ 1) $d\big(k\big) = 0 \qquad$ 3) $d\big(\sqrt{x}\big) = \dfrac{1}{2\sqrt{x}}dx$ 2) $d\big(x\big) = dx \qquad$ 4) $d\Big(\dfrac{1}{x}\Big) = -\dfrac{1}{x^2}dx$ Las propiedades disponibles son: $d\big(k(f(x))\big) = kd\big(f(x)\big)$ $d\big(f(x) \pm g(x)\big) = d\big(f(x)\big) \pm d\big(g(x)\big)$	Fórmula: $d\big(x\big) = dx$ Propiedad: $d\big(k(f(x))\big) = kd\big(f(x)\big)$	$d\big(2x\big) = 2d\big(x\big)$ Nota: a esta operación se le llama echar la constante para afuera
Ejemplo 2) $d\big(3\cos x\big)$ Fórmulas: 1) $d\big(senx\big) = \cos x\,dx$ 2) $d\big(\cos x\big) = -senx\,dx$ 3) $d\big(\tan x\big) = \sec^2 x\,dx$ 4) $d\big(\cot x\big) = -\csc^2 x\,dx$ 5) $d\big(\sec x\big) = \tan x \sec x\,dx$ 6) $d\big(\csc x\big) = -\cot x \csc x\,dx$	Fórmula: $d\big(\cos x\big) = -senx\,dx$ Propiedad: $d\big(k(f(x))\big) = kd\big(f(x)\big)$	$d\big(3\cos x\big) = 3d\big(\cos x\big)$

4) Aplicación de la fórmula: Es el acto de procesar nuestro problema a la estructura específica de la fórmula identificada.

Ejemplo 1)

$$d\left(\frac{2}{3x}\right) = \left\langle \begin{array}{l} Analizar\ la\ función \\ Identificar\ la\ fórmula \\ Identificar\ la\ propiedad \\ Acoplar\ el\ problema\ a\ la\ fórmula \end{array} \right\rangle = \frac{2}{3}d\left(\frac{1}{x}\right) = \left\langle \begin{array}{l} Aplicación \\ de\ la\ fórmula \end{array} \right\rangle = \left(\frac{2}{3}\right)\left(-\frac{1}{x^2}dx\right)$$

Ejemplo 2): $d\left(2x^3\right) = \left\langle Acoplar\ la\ función \right\rangle = 2d\left(x^3\right) = \left\langle \begin{array}{l} Aplicar\ la\ fórmula \\ d\left(x^n\right) = nx^{n-1}dx \end{array} \right\rangle = (2)\left(3x^{(3-1)}dx\right)$

5) Presentación del resultado final: Existen lineamientos para la presentación del resultado final y algunas de ellas son:

5.1) El resultado debe reducirse a su mínima expresión:

Ejemplo: Sí el resultado intermedio es $(2x + x)\,dx$ entonces el resultado final es $3x\,dx$

Ejemplo: Sí el resultado intermedio es $\dfrac{5x - x}{3x^2}\,dx$ entonces el resultado final es $\dfrac{4}{3x}\,dx$

5.2) Reducir a un mínimo de paréntesis:

Ejemplo: Sí el resultado intermedio es $(2)\left(x^3 dx\right)$ entonces el resultado final es $2x^3 dx$

Ejemplo: Sí el resultado intermedio es $(2)(\ln x)\left(3x^2 dx\right)$ entonces el resultado final es $6x^2 \ln x\,dx$

5.3) Sólo se permite una potencia:

Ejemplo: Sí el resultado intermedio es $x^{(2)(3)} dx$ entonces el resultado final es $x^6 dx$

Ejemplo: Sí el resultado intermedio es $2x^{(4-1)}dx$ entonces el resultado final es $2x^3 dx$

5.4) No se permiten potencias fraccionarias:

Ejemplo: Sí el resultado intermedio es $x^{\left(\frac{1}{2}\right)}dx$ entonces el resultado final es $\sqrt{x}\,dx$

Ejemplo: Sí el resultado intermedio es $x^{\frac{3}{2}}dx$ entonces el resultado final es $\sqrt{x^3}\,dx$

5.5) No se permiten potencias negativas:

Ejemplo: Si el resultado intermedio es $2x^{-3}$ entonces el resultado final es $\dfrac{2}{x^3}$

5.6) Sólo se permite un cociente:

Ejemplo: Sí el resultado intermedio es $\dfrac{2}{\sqrt{\dfrac{2x-1}{4}}}\,dx$ entonces el resultado final es $\dfrac{4}{\sqrt{2x-1}}\,dx$

Ejemplos de aplicación del resultado final:

Ejemplo 1)

$$d\left(\frac{2}{3x}\right) = \left\langle \begin{array}{l} \text{Analizar la función} \\ \text{Identificar la fórmula} \\ \text{Identificar la propiedad} \\ \text{Acoplar el problema a la fórmula} \end{array} \right\rangle = \frac{2}{3} d\left(\frac{1}{x}\right) = \left\langle \begin{array}{l} \text{Aplicación} \\ \text{de la fórmula} \\ d\left(\frac{1}{x}\right) = -\frac{1}{x^2} dx \end{array} \right\rangle = \left(\frac{2}{3}\right)\left(-\frac{1}{x^2} dx\right)$$

$$= \left\langle \begin{array}{l} \text{Presentación} \\ \text{del resultado final} \end{array} \right\rangle = -\frac{2}{3x^2} dx$$

Ejemplo 2):

$$d\left(2x^3\right) = \left\langle \begin{array}{l} \text{Analizar la función} \\ \text{Identificar la fórmula} \\ \text{Identificar la propiedad} \\ \text{Acoplar el problema a la fórmula} \end{array} \right\rangle = 2 d\left(x^3\right) = \left\langle \begin{array}{l} \text{Aplicación} \\ \text{de la fórmula} \\ d\left(x^n = nx^{n-1} dx\right) \end{array} \right\rangle = (2)\left(3x^2 dx\right)$$

$$= \left\langle \begin{array}{l} \text{Presentación} \\ \text{del resultado final} \end{array} \right\rangle = 6x^2 dx$$

6) Recomendaciones: Las siguientes recomendaciones son de interés para el estudiante de diferenciales y del cálculo integral en lo general:

6.1) Siempre deben de traer el formulario; recuerde que las matemáticas no se aprenden de memoria.

6.2) Para que su aprendizaje sea efectivo dedíquele al menos una hora diaria excepto el fin de semana.

6.3) Primero comprenda la teoría, después revise los ejemplos resueltos en clase, a continuación, resuelva los ejemplos resueltos en su libro sin verlos y finalmente resuelva los ejercicios propuestos; en los anexos vienen los ejercicios impares resueltos.

6.4) Estudie en equipo tanto físicamente como por vía internet.

6.5) Confirme la solución de los ejercicios resueltos con algún software; la propuesta es que utilice el software Mathematica en su versión más actualizada, por ser a mi entender el más amigable.

6.6) Recuerde que en matemáticas no hay preguntas tontas así que pregúntele cualquier duda a su Maestro.

6.7) Observe que en matemáticas generalmente en clases de una hora; en los primeros 15 minutos se presenta la Teoría; en los siguientes 30 minutos se presentan ejemplos y en el tiempo restante se confirma el aprendizaje; ya en extraclase se resuelven los ejercicios.

6.8) El dilema respecto a que es más importante entre la teoría y la práctica está resuelto; ambas son importantes, ya que, sin un fundamento sólido de la teoría, la práctica no es efectiva.

Clase: 1.3 Diferenciación de funciones elementales.

1.3.1 Método de diferenciación de funciones.   - Ejemplos.
1.3.2 Diferenciación de funciones elementales algebraicas.   - Ejercicios.
1.3.3 Diferenciación de funciones elementales exponenciales.
1.3.4 Diferenciación de funciones elementales logarítmicas.
1.3.5 Diferenciación de funciones elementales trigonométricas.
1.3.6 Diferenciación de funciones elementales trigonométricas inversas.
1.3.7 Diferenciación de funciones elementales hiperbólicas.
1.3.8 Diferenciación de funciones elementales hiperbólicas inversas.

1.3.1 Método de diferenciación de funciones:

1) Identifique la función
2) Identifique la constante, la propiedad y la fórmula.
3) Aplique la propiedad.
4) Aplique la fórmula.
5) Presente el resultado final

Indicadores a evaluar:

1) Identifica y aplica las propiedades.
2) Identifica y aplica las fórmulas.
3) Obtiene la diferencial.
4) Presenta el resultado final.

1.3.2 Diferenciación de funciones elementales algebraicas.

Es de observarse que existe una infinidad de funciones elementales algebraicas, sin embargo y según sea el caso, sólo mencionaremos las que sean de nuestro interés; y es así como ahora consideramos las siguientes:

Función	Nombre	Fórmulas de diferenciales
1) $y = k$	Constante	$d(k) = 0$
2) $y = x$	Identidad	$d(x) = dx$
3) $y = \sqrt{x}$	Raíz	$d(\sqrt{x}) = \dfrac{1}{2\sqrt{x}} dx$
4) $y = \dfrac{1}{x}$	Inversa de "x"	$d\left(\dfrac{1}{x}\right) = -\dfrac{1}{x^2} dx$

Ejemplos:

1) $d(2)$ Paso 1) La función es: $y = 2$

Paso 2) La constante es 2; No se necesitan propiedades; La fórmula a aplicar es: $d(k) = 0$

Paso 3) No se requiere.

Paso 4) Aplicando la fórmula queda: $d(2) = (0)$

Paso 5) El resultado final es: $d(2) = 0$

2) $d(pancho) = 0$ Observe que todo lo que no sea "x" es constante.

3) $d(2x) = 2dx = (2)(dx) = 2dx$ Es de observarse que estamos aplicando la propiedad de la constante.

4) $d(sixto) = sito\, d(x) = sito\, dx$ Aquí hemos aprendido que todo lo que no sea "x" es constante.

5) $d(5x - 4) = d(5x) - d(4) = 5d(x) - d(4)$ Aquí hemos aplicado la propiedad de la diferencia de funciones.
$= (5)(dx) - (0) = 5dx$

6) $d\left(2\sqrt{x}\right) = 2d\left(\sqrt{x}\right) = (2)\left(\dfrac{1}{2\sqrt{x}}dx\right) = \dfrac{1}{\sqrt{x}}dx$

7) $d\left(\dfrac{\sqrt{x}}{3}\right) = \dfrac{1}{3}d\left(\sqrt{x}\right) = \left(\dfrac{1}{3}\right)\left(\dfrac{1}{2\sqrt{x}}dx\right) = .\dfrac{1}{6\sqrt{x}}dx$

8) $d\left(\sqrt{2x}\right) = \sqrt{2}d\left(\sqrt{x}\right) = \left(\sqrt{2}\right)\left(\dfrac{1}{2\sqrt{x}}dx\right) = .\dfrac{\sqrt{2}}{2\sqrt{x}}dx = \dfrac{1}{\sqrt{2}\sqrt{x}}dx = \dfrac{1}{\sqrt{2x}}dx$

9) $d\left(\dfrac{2x}{\sqrt{x}}\right) = 2d\left(\dfrac{x}{\sqrt{x}}\right) = 2d\left(\sqrt{x}\right) = (2)\left(\dfrac{1}{2\sqrt{x}}dx\right) = \dfrac{1}{\sqrt{x}}dx$

10) $d\left(\dfrac{2}{3x}\right) = \dfrac{2}{3}d\left(\dfrac{1}{x}\right) = \left(\dfrac{2}{3}\right)\left(-\dfrac{1}{x^2}dx\right) = .-\dfrac{2}{3x^2}dx$

Ejercicios:

1.3.2.1 Obtener la diferencial por fórmula de las siguientes funciones elementales algebraicas:					
1)	$d(2x) \quad R = 2dx$	5)	$d\left(\dfrac{\sqrt{2x}}{2}\right) \quad R = \dfrac{1}{2\sqrt{2x}}dx$	9)	$d\left(\dfrac{2-x}{2x}\right) \quad R = -\dfrac{1}{x^2}dx$
2)	$d\left(\dfrac{x}{4}\right)$	6)	$d\left(\dfrac{2}{3x}\right)$	10)	$d\left(\dfrac{x+1}{3x}\right)$
3)	$d\left(\dfrac{3x}{4}\right) \quad R = \dfrac{3}{4}dx$	7)	$d\left(\dfrac{2x}{\sqrt{x}}\right) \quad R = \dfrac{1}{\sqrt{x}}dx$	11)	$d\left(\dfrac{3x-4}{4x}\right) \quad R = \dfrac{1}{x^2}dx$
4)	$d\left(2\sqrt{x}\right)$	8)	$d\left(\dfrac{1+x}{2}\right)$	12)	$d\left(\dfrac{5x+2}{8x}\right)$

1.3.3 Diferenciación de funciones elementales exponenciales:

Función	Nombre	Fórmulas de diferenciales
1) $y = e^x$	Exponencial de base e	$d\left(e^x\right) = e^x dx \qquad \forall e \approx 2.71828....$
2) $y = a^x \quad \forall a > 0 \neq 1$	Exponencial de base a	$d\left(a^x\right) = a^x \ln a\, dx \quad \forall a > 0 \neq 1$

Ejemplos:

1) $d\left(\dfrac{e^x}{\sqrt{2}}\right) = \dfrac{1}{\sqrt{2}}d\left(e^x\right) = \left(\dfrac{1}{\sqrt{2}}\right)\left(e^x dx\right) = \dfrac{e^x}{\sqrt{2}}dx$

2) $d\left(2^x + 3\right) = d\left(2^x\right) + d(3) = \left(2^x \ln 2\, dx\right) + 0 = 2^x \ln 2\, dx$

Ejercicios:

1.3.3.1 Obtener la diferencial por fórmula de las siguientes funciones elementales exponenciales:			
1) $\quad d\left(\dfrac{e^x}{3}\right) \quad R = \dfrac{1}{3}e^x dx$	2) $\quad d\left(\dfrac{5\left(5^x\right)}{4}\right)$	3) $\quad d\left(2e^x + 4\right) \quad R = 2e^x dx$	4) $\quad d\left(\dfrac{x+e^x}{3}\right)$

1.3.4 Diferenciación de funciones elementales logarítmicas:

Función	Nombre	Fórmulas de diferenciales
1) $y = \ln x$	Logaritmo de base e (logaritmo natural)	$d\left(\ln x\right) = \dfrac{1}{x}\,dx \quad \forall\; x > 0$
2) $y = \log_a x$	Logaritmo de base a	$d\left(\log_a x\right) = \dfrac{1}{x \ln a}\,dx$

Ejemplos:

1) $d\left(\dfrac{2\ln x}{5}\right) = \dfrac{2}{5}\,d\left(\ln x\right) = \left(\dfrac{2}{5}\right)\left(\dfrac{1}{x}\,dx\right) = \dfrac{2}{5x}\,dx$

2) $d\left(4\log_{10} x\right) = 4\dfrac{d}{dx}\left(\log_{10} x\right)dx = \dfrac{4}{x\ln 10}\,dx$

Ejercicios:

1.3.4.1 Obtener la diferencial por fórmula de las siguientes funciones elementales logarítmicas:			
1) $d\left(\dfrac{2\ln x}{9}\right)$ $R = \dfrac{2}{9x}\,dx$	2) $d\left(3\log_{10} x\right)$	3) $d\left(\dfrac{-\ln x}{5}\right)$ $R = -\dfrac{1}{5x}\,dx$	4) $d\left(\dfrac{\log_{10} x}{4}\right)$

1.3.5 Diferenciación de funciones elementales trigonométricas:

Función	Nombre	Fórmulas de diferenciales
1) $y = sen\,x$	Seno	$d\left(sen\,x\right) = \cos x\,dx$
2) $y = \cos x$	Coseno	$d\left(\cos x\right) = -sen\,x\,dx$
3) $y = \tan x$	Tangente	$d\left(\tan x\right) = \sec^2 x\,dx$
4) $y = \cot x$	Cotangente	$d\left(ctg\,x\right) = -\csc^2 x\,dx$
5) $y = \sec x$	Secante	$d\left(\sec x\right) = \sec x \tan x\,dx$
6) $y = \csc x$	Cosecante	$d\left(\csc x\right) = -\csc x\,ctgx\,dx$

Ejemplos:

1) $d\left(\dfrac{\cos x}{2}\right) = \left(\dfrac{1}{2}\right)\left(-sen\,x\right) = -\dfrac{1}{2}sen\,x$

2) $d\left(\dfrac{\sqrt{2}\tan x}{3}\right) = \dfrac{\sqrt{2}}{3}\,d\left(\tan x\right) = \left(\dfrac{\sqrt{2}}{3}\right)\left(\sec^2 x\,dx\right) = \dfrac{\sqrt{2}\sec^2 x}{3}\,dx$

3) $d\left(\dfrac{2}{\cos x}\right) = 2d\left(\dfrac{1}{\cos x}\right) = 2d\left(\sec x\right) = 2\sec x \tan x\,dx$

Ejercicios:

1.3.5.1 Obtener la diferencial por fórmula de las siguientes funciones elementales logarítmicas:			
1) $d\left(-3\cos x\right)$ $R = 3sen\,x\,dx$	2) $d\left(\dfrac{\tan x}{2}\right)$	3) $d\left(\dfrac{3\cot x}{-4}\right)$ $R = \dfrac{3\csc^2 x}{4}\,dx$	4) $d\left(\dfrac{2}{3}\csc x\right)$

1.3.6 Diferenciación de funciones elementales trigonométricas inversas:

Función	Nombre	Fórmulas de diferenciales
1) $y = arc\,sen\,x$	Seno inverso	$d\left(arc\,sen\,x\right) = \dfrac{1}{\sqrt{1-x^2}}\,dx$
2) $y = arc\cos x$	Coseno inverso	$d\left(arc\cos x\right) = -\dfrac{1}{\sqrt{1-x^2}}\,dx$
3) $y = arc\tan x$	Tangente inversa	$d\left(arc\tan x\right) = \dfrac{1}{1+x^2}\,dx$
4) $y = arc\cot x$	Cotangente inversa	$d\left(arc\cot x\right) = -\dfrac{1}{1+x^2}\,dx$
5) $y = arc\sec x$	Secante inversa	$d\left(arc\sec x\right) = \dfrac{1}{x\sqrt{x^2-1}}\,dx$
6) $y = arc\csc x$	Cosecante inversa	$d\left(arc\csc x\right) = -\dfrac{1}{x\sqrt{x^2-1}}\,dx$

Ejemplos:

1) $d\left(3arcsenx\right) = 3\,d\left(arcsenx\right) = (3)\left(\dfrac{1}{\sqrt{1-x^2}}\,dx\right) = \dfrac{3}{\sqrt{1-x^2}}\,dx$

2) $d\left(\dfrac{-2arc\cot x}{3}\right) = \dfrac{-2}{3}\,d\left(arc\cot x\right) = \left(\dfrac{-2}{3}\right)\left(-\dfrac{1}{1+x^2}\,dx\right) = \dfrac{2}{3\left(1+x^2\right)}\,dx$

3) $d\left(\dfrac{arc\sec x}{\sqrt{2}}\right) = \dfrac{1}{\sqrt{2}}\,d\left(arc\sec x\right) = \left(\dfrac{1}{\sqrt{2}}\right)\left(\dfrac{1}{x\sqrt{x^2-1}}\,dx\right) = \dfrac{1}{x\sqrt{2}\sqrt{x^2-1}}\,dx = \dfrac{1}{x\sqrt{2\left(x^2-1\right)}}\,dx = \dfrac{1}{x\sqrt{2x^2-2}}\,dx$

Ejercicios:

1.3.6.1 Obtener la diferencial por fórmula de las siguientes funciones elementales trigonométricas inversas.			
1) $d\left(2arcsenx\right)$ $R = \dfrac{2}{\sqrt{1-x^2}}\,dx$	2) $d\left(\dfrac{3\arctan x}{8}\right)$	3) $d\left(2arc\sec x\right)$ $R = \dfrac{2}{x\sqrt{x^2-1}}\,dx$	4) $d\left(\dfrac{2}{3}arc\csc x\right)$

1.3.7 Diferenciación de funciones elementales hiperbólicas:

Función	Nombre	Fórmulas de diferenciales
1) $y = senh\,x$	Seno hiperbólico	$d\left(senh\,x\right) = \cosh x\,dx$
2) $y = \cosh x$	Coseno hiperbólico	$d\left(\cosh x\right) = senhx\,dx$
3) $y = \tanh x$	Tangente hiperbólica	$d\left(\tanh x\right) = \sec h^2 x\,dx$
4) $y = \coth x$	Cotangente hiperbólica	$d\left(\coth x\right) = -\csc h^2 x\,dx$
5) $y = \sec h\,x$	Secante hiperbólica	$d\left(\sec h\,x\right) = -\tanh x\,\sec h\,x\,dx$
6) $y = \csc h\,x$	Cosecante hiperbólica	$d\left(\csc h\,x\right) = -\coth x\,\csc h\,x\,dx$

Ejemplos:

1) $d\left(2\cosh x\right)=2\,d\left(\cosh x\right)=\left(2\right)\left(senh\,x\,dx\right)=2senh\,x\,dx$

2) $d\left(\dfrac{3\tanh x}{4}\right)=\left(\dfrac{3}{4}\right)d\tanh x=\left(\dfrac{3}{4}\right)\left(\sec h^{2}x\,dx\right)=\dfrac{3}{4}\sec h^{2}x\,dx$

Ejercicios:

1.3.7.1 Obtener la diferencial por fórmula de las siguientes funciones elementales hiperbólicas.			
1) $d\left(-2\cosh x\right)$ 1) $-2senh\,x\,dx$	2) $d\left(\dfrac{5\tanh x}{-4}\right)$	3) $d\left(3\sec h\,x\right)$ 3) $-3\tanh x\,\sec h\,x\,dx$	4) $d\left(\dfrac{3}{\sqrt{2}}\csc hx\right)$

1.3.8 Diferenciación de funciones elementales hiperbólicas inversas:

Función	Nombre	Fórmulas de diferenciales
1) $y=arc\,senh\,x$	Seno hiperbólico inverso	$d\left(arcsenh\,x\right)=\dfrac{1}{\sqrt{x^{2}+1}}\,dx$
2) $y=arc\cosh x$	Coseno hiperbólico inverso	$d\left(arc\cosh x\right)=\dfrac{1}{\sqrt{x^{2}-1}}\,dx\quad\forall\,x>1$
3) $y=arc\tanh x$	Tangente hiperbólico inverso	$d\left(arc\tanh x\right)=\dfrac{1}{1-x^{2}}\,dx\quad\forall\,|x|<1$
4) $y=arc\coth x$	Cotangente hiperbólico inverso	$d\left(arc\coth x\right)=\dfrac{1}{1-x^{2}}\,dx\quad\forall\,|x|>1$
5) $y=arc\sec h\,x$	Secante hiperbólico inverso	$d\left(arc\sec h\,x\right)=-\dfrac{1}{x\,\sqrt{1-x^{2}}}\,dx\quad\forall\,0<x<1$
6) $y=arc\csc h\,x$	Cosecante hiperbólico inverso	$d\left(arc\csc h\,x\right)=-\dfrac{1}{|x|\,\sqrt{1+x^{2}}}\,dx\quad\forall\,x\ne0$

Ejemplos:

1) $d\left(\sqrt{2}\,arc\tanh x\right)=\left(\sqrt{2}\right)\left(\dfrac{1}{1-x^{2}}\,dx\right)=\dfrac{\sqrt{2}}{1-x^{2}}\,dx$

2) $d\left(\dfrac{2\,arc\csc h\,x}{3}\right)=\dfrac{2}{3}\,d\left(arc\csc h\,x\right)=\left(\dfrac{2}{3}\right)\left(-\dfrac{1}{|x|\,\sqrt{1+x^{2}}}\,dx\right)=-\dfrac{2}{3|x|\,\sqrt{1+x^{2}}}\,dx$

Ejercicios:

1.3.8.1 Obtener la diferencial por fórmula de las siguientes funciones elementales hiperbólicas inversas.			
1) $d\left(\dfrac{2\,arcsenh\,x}{3}\right)$ $R=\dfrac{2}{3\sqrt{x^{2}+1}}\,dx$	2) $d\left(\dfrac{arc\cosh x}{10}\right)$	3) $d\left(\dfrac{3\,arc\sec h\,x}{2}\right)$ $R=-\dfrac{3}{2x\sqrt{1-x^{2}}}\,dx$	4) $d\left(5\,arc\csc h\,x\right)$

Clase: 1.4 Diferenciación de funciones algebraicas que contienen x^n.   - Ejemplos.
1.4.1 Diferenciación de funciones algebraicas que contienen x^n.   - Ejercicios.

1.4.1 Diferenciación de funciones algebraicas que contienen x^n.

Función	Nombre	Fórmula de diferencial
1) $\quad y = x^n$	De la potencia de x	$d\left(x^n\right) = n x^{n-1} dx$

Ejemplos:

1) $\quad d\left(x^3\right) = \left\langle \begin{array}{l} d\left(x^n\right) = nx^{n-1}dx \\ n = 3 \\ n-1 = 2 \end{array} \right\rangle = (3)\left(x^{(2)}\, dx\right) = 3x^2 dx$

2) $\quad d\left(2x^4\right) = (2)(4)(x)^3(dx) = 8x^3 dx$

3) $\quad d\left(\sqrt{x}\right) = d\left(x^{\frac{1}{2}}\right) = \left(\tfrac{1}{2}\right)(x)^{-\frac{1}{2}}(dx) = \dfrac{1}{2\sqrt{x}} dx$

4) $\quad d\left(\dfrac{2}{3\sqrt{x^3}}\right) = d\left(\dfrac{2}{3}x^{-\frac{3}{2}}\right) = \left(\dfrac{2}{3}\right)\left(-\dfrac{3}{2}\right)(x)^{-\frac{5}{2}}(dx) = -\dfrac{1}{\sqrt{x^5}} dx$

5) $\quad d\left(\dfrac{4x^2}{3\sqrt{x}}\right) = d\left(\dfrac{4}{3}\dfrac{x^2}{x^{\frac{1}{2}}}\right) = d\left(\dfrac{4}{3}x^2 x^{-\frac{1}{2}}\right) = d\left(\dfrac{4}{3}x^{2-\frac{1}{2}}\right) = d\left(\dfrac{4}{3}x^{\frac{3}{2}}\right) = \left(\dfrac{4}{3}\right)\left(\dfrac{3}{2}\right)(x)^{\frac{1}{2}}(dx) = 2\sqrt{x}\, dx$

6) $\quad d\left(\dfrac{7x}{\sqrt[3]{x^4}}\right) = d\left(\dfrac{7x^1}{x^{\frac{4}{3}}}\right) = d\left(7x^1 x^{-\frac{4}{3}}\right) = d\left(7x^{1-\frac{4}{3}}\right) = d\left(7x^{-\frac{1}{3}}\right) = (7)\left(-\dfrac{1}{3}\right)(x)^{-\frac{4}{3}}(dx) = -\dfrac{7}{3\sqrt[3]{x_4}} dx$

7) $\quad d\left(\dfrac{x+1}{3\sqrt{2x}}\right) = \dfrac{1}{3\sqrt{2}} d\left(\dfrac{x+1}{\sqrt{x}}\right) = \dfrac{1}{3\sqrt{2}} d\left(\dfrac{x}{\sqrt{x}} + \dfrac{1}{\sqrt{x}}\right) = \dfrac{1}{3\sqrt{2}} d\left(x^{\frac{1}{2}} + x^{-\frac{1}{2}}\right)$

$\qquad = \left(\left(\dfrac{1}{3\sqrt{2}}\right)\left(\dfrac{1}{2}\right)(x)^{-\frac{1}{2}} + \left(\dfrac{1}{3\sqrt{2}}\right)\left(-\dfrac{1}{2}\right)(x)^{-\frac{3}{2}}\right) dx = \left(\dfrac{1}{6\sqrt{2x}} - \dfrac{1}{6\sqrt{2x^3}}\right) dx$

Ejercicios:

1.4.1.1 Obtener la diferencial por fórmula de las siguientes funciones algebraicas que contienen x^n:		
1) $\quad d\left(\sqrt{2x}\right) \quad R = \dfrac{1}{\sqrt{2x}} dx$	5) $\quad d\left(\dfrac{3x^3}{5\sqrt{x^5}}\right) \quad R = \dfrac{3}{10\sqrt{x}} dx$	9) $\quad d\left(4 - \sqrt{x}\right) \quad R = -\dfrac{1}{2\sqrt{x}} dx$
2) $\quad d\left(8\sqrt[3]{x^2}\right)$	6) $\quad d\left(\dfrac{7x}{\sqrt[3]{x^4}}\right)$	10) $\quad d\left(\dfrac{5-2x}{3}\right)$
3) $\quad d\left(\dfrac{2}{\sqrt{2x}}\right) \quad R = \dfrac{-2}{\sqrt{8x^3}} dx$	7) $\quad d\left(2x - 4\right) \quad R = 2\, dx$	11) $\quad d\left(\dfrac{3x - x^2}{x}\right) \quad R = -dx$
4) $\quad d\left(\dfrac{2x}{\sqrt{x}}\right)$	8) $\quad d\left(x^2 - 3x\right)$	12) $\quad d\left(\dfrac{2 - 3x}{\sqrt{x}}\right)$

Clase: 1.5 Diferenciación de funciones que contienen u.

1.5.1 Diferenciación de funciones que contienen u.   - Ejemplos.
1.5.2 Diferenciación de funciones algebraicas que contienen u.   - Ejercicios.
1.5.3 Diferenciación de funciones exponenciales que contienen u.
1.5.4 Diferenciación de funciones logarítmicas que contienen u.
1.5.5 Diferenciación de funciones trigonométricas que contienen u.
1.5.6 Diferenciación de funciones trigonométricas inversas que contienen u.
1.5.7 Diferenciación de funciones hiperbólicas que contienen u.
1.5.8 Diferenciación de funciones hiperbólicas inversas que contienen u.
1.5.9 Diferenciación de productos y cocientes de funciones.

1.5.1 Diferenciación de funciones que contienen u:

Sí u es cualquier función (elemental, básica o metabásica) y n es un número real se cumplen las siguientes fórmulas de diferenciales:

1.5.2 Diferenciación de funciones algebraicas que contienen u.

Función	Fórmulas de diferenciales	Función	Fórmulas de diferenciales	Función	Fórmulas de diferenciales
1) $y=u^n$	$d\left(u^n\right)=nu^{n-1}du$	2) $y=\sqrt{u}$	$d\left(\sqrt{u}\right)=\dfrac{1}{2\sqrt{u}}\,du$	3) $y=\dfrac{1}{u}$	$d\left(\dfrac{1}{u}\right)=-\dfrac{1}{u^2}\,du$

Ejemplos:

1)
$$d(x^5)= \begin{cases} \Rightarrow \text{Por la fórmula} \\ \text{que contiene}"x^n" \end{cases} = \begin{cases} d(x^n)=nx^{n-1} \\ n=5 \\ n-1=4 \end{cases} = 5x^4dx$$

$$= \begin{cases} \Rightarrow \text{Por la fórmula} \\ \text{que contiene}"u" \end{cases} = \begin{cases} d(u^n)=nu^{n-1}du \\ n=5; \quad n-1=4 \\ u=x; \quad du=d(x)=dx \end{cases} = (5)(x^{(4)})(dx)=5x^4dx \quad\Bigg\} = 5x^4dx$$

2) $d\left(5\left(4x+2\right)^3\right)= \begin{cases} d(u^n)=nu^{n-1}\,du; \quad k=5; \quad n=3; \\ n-1=2; \quad u=4x+2; \quad du=4\,dx \end{cases} = (5)(3)(3x+2)^2(4\,dx)=60(4x+2)^2\,dx$

3) $d\left(\dfrac{2\sqrt{4x^3+5}}{3}\right)= \begin{cases} d(\sqrt{u})=\dfrac{1}{2\sqrt{u}}\,du \\ u=4x^3+5; \quad du=12\,x^2dx \end{cases} = \left(\dfrac{2}{3}\right)\left(\dfrac{1}{2\sqrt{4x^3+5}}\right)(12\,x^2dx)=\dfrac{4x^2}{\sqrt{4x^3+5}}\,dx$

Ejercicios:

1.5.2.1 Obtener la diferencial por fórmula de las siguientes funciones algebraicas que contienen "u":							
1)	$d\left(4x-1\right)^5$ $R=20(4x-1)^4dx$	3)	$d\sqrt{3x^2+2}$ $R=\dfrac{3x}{\sqrt{3x^2+3}}dx$	5)	$d\left(\dfrac{3}{2\sqrt{1-2x}}\right)$ $R=\dfrac{3}{2\sqrt{(1-2x)^3}}dx$	7)	$d\left(\dfrac{2x-3\sqrt{x}}{3x}\right)$ $R=\dfrac{1}{2\sqrt{x^3}}dx$
2)	$d\left(1-2x\right)^3$	4)	$d\left(\sqrt{3-2x}\right)$	6)	$d\left(\dfrac{4\sqrt{1-3x}}{5}\right)$	8)	$d\left(\dfrac{1-2\sqrt{x}}{\sqrt{x}}\right)$

1.5.3 Diferenciación de funciones exponenciales que contienen u:

Función	Fórmulas de diferenciales
1) $y = e^u$	$d\left(e^u\right) = e^u\, du$
2) $y = a^u$	$d\left(a^u\right) = a^u \ln a\, du$

Ejemplo:

1) $d\left(e^{\frac{2x}{3}}\right) = \left(e^{\frac{2x}{3}}\right)\left(\dfrac{2}{3}\, dx\right) = \dfrac{2}{3} e^{\frac{2x}{3}}\, dx$

Ejercicios:

1.5.3.1 Obtener la diferencial de las siguientes funciones exponenciales que contienen "u":							
1)	$d\left(e^{2x}\right)$ $R = 2e^{2x} dx$	3)	$d\left(2e^{\frac{x}{2}}\right)$ $R = e^{\frac{x}{2}} dx$	5)	$d\left(2e^{\sqrt{x}}\right)$ $R = \dfrac{e^{\sqrt{x}}}{\sqrt{x}}\, dx$	7)	$d\left(3^{2x}\right)$ $R = 2\left(3^{2x}\right)\ln 3\, dx$
2)	$d\left(2e^{3x}\right)$	4)	$d\left(5e^{\frac{2}{3x}}\right)$	6)	$d\left(10^{-\frac{2x}{3}}\right)$	8)	$d\left(2^{\frac{2}{x}}\right)$

1.5.4 Diferenciación de funciones logarítmicas que contienen u:

Función	Fórmulas de diferenciales
1) $y = \ln u$	$d\left(\ln u\right) = \dfrac{1}{u}\, du$
2) $y = \log_a u$	$d\left(\log_a u\right) = \dfrac{1}{u \ln a}\, du$

Ejemplo:

1) $d\left(5\ln(1-2x)\right) = 5d\left(\ln(1-2x)\right) = (5)\left(\dfrac{1}{1-2x}\right)(-2\,dx) = -\dfrac{10}{1-2x}\, dx$

Ejercicios:

1.5.4.1 Obtener por fórmula la diferencial de las siguientes funciones logarítmicas que contienen "u":							
1)	$d\left(\ln 2x\right)$ $R = \dfrac{1}{x} dx$	3)	$d\left(\ln \dfrac{x}{5}\right)$ $R = \dfrac{1}{x} dx$	5)	$d\left(\dfrac{\ln 5x}{2}\right)$ $R = \dfrac{1}{2x} dx$	7)	$d\left(\log_{10} 3x\right)$ $R = \dfrac{\log_{10} e}{x}\, dx$
2)	$d\left(3\ln 2x\right)$	4)	$d\left(3\ln \dfrac{x}{4}\right)$	6)	$d\left(5\ln \dfrac{1}{2x}\right)$	8)	$d\left(2\log_{10} \dfrac{3x}{5}\right)$

1.5.5 Diferenciación de funciones trigonométricas que contienen u:

Función	Fórmulas de diferenciales	Función	Fórmulas de diferenciales
1) $y = sen\,u$	$d\left(sen\,u\right) = \cos u\,du$	4) $y = \cot u$	$d\left(\cot u\right) = -\csc^2 u\,du$
2) $y = \cos u$	$d\left(\cos u\right) = -sen\,u\,du$	5) $y = \sec u$	$d\left(\sec u\right) = \sec u\,\tan u\,du$
3) $y = \tan u$	$d\left(\tan u\right) = \sec^2 u\,du$	6) $y = \csc u$	$d\left(\csc u\right) = -\csc u\,\cot u\,du$

Ejemplos:

1) $d\left(\cos 2x\right) = \begin{cases} d\left(\cos u\right) = -sen\,u\,du \\ u = 2x \\ du = 2dx \end{cases} = \left(-sen\,2x\right)\left(2dx\right) = -2sen\,2x\,dx$

2) $d(2\tan(1-3x)) = 2\sec^2(1-3x)(-3dx) = -6\sec^2(1-3x)\,dx$

3) $d\left(\csc\dfrac{x}{2}\right) = \left(-\cot\dfrac{x}{2}\csc\dfrac{x}{2}\right)\left(\dfrac{1}{2}dx\right) = -\dfrac{1}{2}\cot\dfrac{x}{2}\csc\dfrac{x}{2}\,dx$

Ejercicios:

1.5.5.1 Obtener la diferencial por fórmula de las siguientes funciones trigonométricas que contienen "u":							
1)	$d\left(sen\,2x\right)$ $R = 2\cos 2x\,dx$	3)	$d\left(\dfrac{2\cos 3x}{5}\right)$ $R = -\dfrac{6}{5}sen\,3x\,dx$	5)	$d\left(3\cos\dfrac{2}{3x}\right)$ $R = -\dfrac{2}{x^2}sen\dfrac{2}{3x}\,dx$	7)	$d\left(\cot x^2\right)$ $R = -2x\csc^2 x^2\,dx$
2)	$d\left(5sen\dfrac{x}{2}\right)$	4)	$d\left(\cos\sqrt{x}\right)$	6)	$d\left(5\tan\dfrac{2}{3x}\right)$	8)	$d\left(\sec 3x^2\right)$

1.5.6 Diferenciación de funciones trigonométricas inversas que contienen u:

Función	Fórmulas de diferenciales	Función	Fórmulas de diferenciales
1) $y = arc\,sen\,u$	$d\left(arc\,sen\,u\right) = \dfrac{1}{\sqrt{1-u^2}}\,du$	4) $y = arc\cot u$	$d\left(arc\cot u\right) = -\dfrac{1}{1+u^2}\,du$
2) $y = arc\cos u$	$d\left(arc\cos u\right) = -\dfrac{1}{\sqrt{1-u^2}}\,du$	5) $y = arc\sec u$	$d\left(arc\sec u\right) = \dfrac{1}{u\sqrt{u^2-1}}\,du$
3) $y = arc\tan u$	$d\left(arc\tan u\right) = \dfrac{1}{1+u^2}\,du$	6) $y = arc\csc u$	$d\left(arc\csc u\right) = -\dfrac{1}{u\sqrt{u^2-1}}\,du$

Ejemplos:

1) $d\left(arc\cos(4x)\right) = \left(-\dfrac{1}{\sqrt{1-(4x)^2}}\right)(4\,dx) = -\dfrac{4}{\sqrt{1-16x^2}}\,dx$

2) $d\left(arc\sec(x^2)\right) = \left(\dfrac{1}{\left(x^2\right)\sqrt{\left(x^2\right)^2-1}}\right)(2x\,dx) = \dfrac{2}{x\sqrt{x^4-1}}\,dx$

Ejercicios:

1.5.6.1 Obtener la diferencial por fórmula de las siguientes funciones trigonométricas inversas que contienen "u":							
1)	$d\left(\operatorname{arcsen}3x\right)$ $R=\dfrac{3}{\sqrt{1-9x^2}}dx$	3)	$d\left(\arctan 3x\right)$ $R=\dfrac{3}{1+9x^2}dx$	5)	$d\left(2\operatorname{arc}\cot\dfrac{1}{2x}\right)$ $R=\dfrac{4}{4x^2+1}dx$	7)	$d\left(2\operatorname{arc}\sec\sqrt{2x}\right)$ $R=\dfrac{1}{x\sqrt{2x-1}}dx$
2)	$d\left(\operatorname{arc}\cos\dfrac{1}{5x}\right)$	4)	$d\left(2\arctan\sqrt{3x}\right)$	6)	$d\left(\operatorname{arc}\sec 4x\right)$	8)	$d\left(\operatorname{arc}\csc\dfrac{3x}{2}\right)$

1.5.7 Diferenciación de funciones hiperbólicas que contienen u:

Función	Fórmulas de diferenciales	Función	Fórmulas de diferenciales
1) $y=\operatorname{senh}u$	$d\left(\operatorname{senh}u\right)=\cosh u\,du$	4) $y=\coth u$	$d\left(\coth u\right)=-\csc h^2\,u\,du$
2) $y=\cosh u$	$d\left(\cosh u\right)=\operatorname{senh}u\,du$	5) $y=\sec h u$	$d\left(\sec h u\right)=-\tanh u\sec h u\,du$
3) $y=\tanh u$	$d\left(\tanh u\right)=\sec h^2\,u\,du$	6) $y=\csc h u$	$d\left(\sec h u\right)=-\coth u\csc h u\,du$

Ejemplos:

1) $d\left(\operatorname{senh}(x^2-1)\right)=\left\langle\begin{array}{l}d\left(\operatorname{senh}u=\cosh u\,du\right.\\u=x^2-1;\quad du=2x\,dx\end{array}\right\rangle=\left(\cosh(x^2-1)\right)(2x\,dx)=2x\cosh(x^2-1)\,dx$

2) $d\left(\cosh(2x)\right)=\left\langle\begin{array}{l}d\left(\cosh u=\operatorname{senh}u\,du\right.\\u=2x;\quad du=2\,dx\end{array}\right\rangle=\left(\operatorname{senh}2x\right)(2\,dx)=2\operatorname{senh}2x\,dx$

3) $d\left[\coth(1-2x)\right]=\left\langle\begin{array}{l}d\left(\coth u\right)=-\csc h^2u\,du\\u=1-2x;\quad du=-2\,dx\end{array}\right\rangle=-\csc h^2(1-2x)(-2\,dx)=2\csc h^2(1-2x)\,dx$

Ejercicios:

1.5.7.1 Obtener la diferencial de las siguientes funciones hiperbólicas:			
1) $d\left(\operatorname{senh}2x\right)$ $R=2\cosh 2x\,dx$	2) $d\left(3\cosh\sqrt{2x}\right)$	3) $d\left(\dfrac{2\tanh 3x}{5}\right)$ $R=\dfrac{6}{5}\sec h^2 3x\,dx$	4) $d\left(\sec h\dfrac{1}{2x}\right)$

1.5.8 Diferenciación de funciones hiperbólicas inversas que contienen u:

Función	Fórmulas de diferenciales	Función	Fórmulas de diferenciales
1) $y=\operatorname{arc}\operatorname{senh}u$	$d\left(\operatorname{arcsenh}u\right)=\dfrac{1}{\sqrt{u^2+1}}\,du$	4) $y=\operatorname{arc}\coth u$	$d\left(\operatorname{arc}\coth u\right)=\dfrac{1}{1-u^2}\,du$
2) $y=\operatorname{arc}\cosh u$	$d\left(\operatorname{arccosh}u\right)=\dfrac{1}{\sqrt{u^2-1}}\,du$	5) $y=\operatorname{arc}\sec h u$	$d\left(\operatorname{arc}\sec h u\right)=-\dfrac{1}{u\sqrt{1-u^2}}\,du$
3) $y=\operatorname{arc}\tanh u$	$d\left(\operatorname{arctanh}u\right)=\dfrac{1}{1-u^2}\,du$	6) $y=\operatorname{arc}\csc h u$	$d\left(\operatorname{arc}\csc h u\right)=-\dfrac{1}{u\sqrt{1+u^2}}\,du$

Ejemplos:

1) $d\left(2\arccos h\,5x\right) = \left\langle \begin{array}{l} d\left(\arccos h\,u\right) = \dfrac{1}{\sqrt{u^2-1}}\,du \\[2mm] u = 5x; \quad du = 5\,dx \end{array} \right\rangle = \left(2\right)\left(\dfrac{1}{\sqrt{(5x)^2-1}}\left(5\,dx\right)\right) = \dfrac{10}{\sqrt{25x^2-1}}\,dx$

2) $d\left(arc\sec h\left(1-2x\right)\right) = \left\langle \begin{array}{l} d\left(arc\sec h\right) = -\dfrac{1}{u\sqrt{1-u^2}}\,du \\[2mm] u = 1-2x; \quad du = -2\,dx \end{array} \right\rangle = -\dfrac{1}{(1-2x)\sqrt{1-(1-2x)^2}}\left(-2\,dx\right)$

$= \dfrac{2}{(1-2x)\sqrt{1-(1-4x+4x^2)}}\,dx = \dfrac{2}{(1-2x)\sqrt{4x-4x^2}}\,dx = \dfrac{1}{(1-2x)\sqrt{x-x^2}}\,dx$

Ejercicios:

1.5.8.1 Obtener la diferencial de las siguientes funciones hiperbólicas inversas:			
1) $d\left(\arccos h\,2x\right)$ $R = \dfrac{2}{\sqrt{4x^2+1}}\,dx$	2) $d\left(\arccos h\,\dfrac{x}{2}\right)$	3) $d\left(\arctan h\sqrt{3x}\right)$ $R = \dfrac{3}{2\sqrt{3x}\left(1-3x\right)}\,dx$	4) $d\left(arc\csc h\,3x\right)$

1.5.9 Diferenciación de productos y cocientes de funciones:

Funciones	Fórmulas de diferenciales
$y = uv$	1) $d\left(uv\right) = u\,dv + v\,du$
$y = \dfrac{u}{v}$	2) $d\left(\dfrac{u}{v}\right) = \dfrac{v\,du - u\,dv}{v^2}$

Ejemplos:

1) $d\left(2x\,e^{3x}\right) = \left(2x\right)\left(3e^{3x}\,dx\right) + \left(e^{3x}\right)\left(2\,dx\right) = 6x\,e^{3x}\,dx + 2e^{3x}\,dx = 2e^{3x}\left(3x+1\right)dx$

2) $d\left(\dfrac{\ln 2x}{2x}\right) = \dfrac{\left(2x\right)\left(\dfrac{1}{x}\,dx\right) - \left(\ln 2x\right)\left(2\,dx\right)}{\left(2x\right)^2} = \dfrac{2\,dx - 2\ln 2x\,dx}{4x^2} = \left(\dfrac{1-\ln 2x}{2x^2}\right)dx$

Ejercicios:

1.5.9.1 Obtener la diferencial por fórmula de productos y cociente de las siguientes funciones:							
1) $d\left(2x\sqrt{3x}\right)$ $R = 3\sqrt{3x}\,dx$	3)	$d\left(2x\ln\dfrac{2}{x}\right)$ $R = \left(-2 + 2\ln\dfrac{2}{x^2}\right)dx$	5)	$d\left(2x\cos 3x\right)$ $R = \left(\begin{array}{c}-6x\,sen3x \\ +2\cos 3x\end{array}\right)dx$	7)	$d\left(\dfrac{2x}{3e^{2x}}\right)$ $R = \dfrac{2e^{2x}-4x\,e^{2x}}{3e^{4x}}\,dx$	
2) $d\left(2x\ln\sqrt{x}\right)$	4)	$d\left(3x\,sen2x\right)$	6)	$d\left(2x\,arcsen3x\right)$	8)	$d\left(\dfrac{\ln 2x}{\sqrt{2x}}\right)$	

Clase: 1.6 La antiderivada e integración indefinida de funciones elementales.

1.6.1 Familia de funciones: Es un conjunto de funciones que difieren en una constante.

Ejemplo:

Familia de funciones:

1) $y = x^2$

2) $y = x^2 + 2$

3) $y = x^2 - 5$

Observación 1) La derivada de una familia de funciones es la misma para cada función.
Observación 2) El ángulo de la pendiente en un punto donde las rectas verticales tocan a la gráfica es el mismo.

Observe: que al trazar la recta "L" (perpendicular al eje de las Xs) esta toca a las curvas en los puntos donde las pendientes "T" son iguales en todos los puntos que se tocan.

Estas tres funciones representan una familia de funciones puesto que difieren en una constante.

$$d\left\{\begin{array}{l} x^2 \\ x^2 + 2 \\ x^2 - 5 \end{array}\right\} = 2x$$

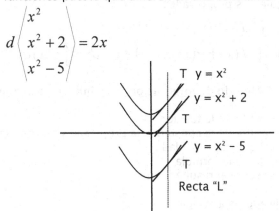

1.6.2 Antiderivada de una función:

De la familia de funciones que se presenta a continuación observe lo siguiente:
a) A cada función de la familia se llama función primitiva.
b) De cada función primitiva se obtiene su derivada (observe que la derivada es la misma para todas las funciones primitivas).
c) De la derivada se obtiene su antiderivada; de donde antiderivada y función primitiva son lo mismo, sólo que en la antiderivada aparece la constante como "c".
d) De cada antiderivada se obtiene su diferencial.
e) De cada diferencial se infiere su integral que es la función primitiva, sólo que en lugar del número aparece una "c" (constante).

Función primitiva	Derivada	Antiderivada	Diferencial	Integral
$y = x^2$ $y = x^2 + 2$ $y = x^2 - 5$	$\dfrac{dy}{dx} = 2x$	$y = x^2 + c$	$dy = 2x\,dx$	$\displaystyle\int 2x\,dx = x^2 + c$

Conclusión:

Sí $y = f(x) + c$ $\qquad \dfrac{dy}{dx} = f'(x) \qquad y = f(x) + c \qquad dy = f'(x)dx \qquad \displaystyle\int f'(x)\,dx = f(x) + c$

1.6.3 Definición de la integral indefinida: Del análisis anterior podemos definir la integral indefinida, como el proceso de encontrar la familia de antiderivadas de una función. A partir de aquí y a menos que otra cosa se indique, cuando tratemos las integrales nos estaremos refiriendo a la integral indefinida de funciones.

Para efectos prácticos, haremos los siguientes cambios: La integral $\int f'(x)\,dx = f(x) + c$ la concebiremos de la siguiente forma: $\int f(x)\,dx = F(x) + c \quad \forall\, F'(x) = f(x)$ donde $f(x)$ es la función a integrar y $F(x) + c$ es su resultado.

Notación:
$$\int f(x)\,dx = F(x) + c$$

Donde:

$\int$	Es el signo de integración.
$f(x)\,dx$	Es el integrando.
x	Es la variable de integración.
$F(x) + c$	Es la familia de antiderivadas.
c	Es la constante de integración.

1.6.4 Propiedades de la integral indefinida:

Sí f y g son funciones de una misma variable, continuas e integrables y k es una constante, se cumplen las siguientes propiedades:

1) $\int k\,f(x)\,dx = k \int f(x)\,dx$ Del producto constante y función.

2) $\int \big(f(x) \pm g(x)\big)\,dx = \int f(x)\,dx \pm \int g(x)\,dx$ De la suma y/o diferencia de funciones.

1.6.5 Método de integración indefinida de funciones:

1) Identifique la función
2) Identifique la constante, la propiedad y la fórmula.
3) Aplique la propiedad.
4) Aplique la fórmula.
5) Presente el resultado final

Indicadores a evaluar:

1) Identifica y aplica las propiedades.
2) Identifica y aplica las fórmulas.
3) Obtiene la integral.
4) Presenta el resultado final.

1.6.6 Integración indefinida de funciones elementales algebraicas:

Fórmulas de integración indefinida de funciones elementales algebraicas: Para el propósito de integración se han considerado únicamente las siguientes integrales de funciones algebraicas elementales:

1) $\int dx = x + c$	2) $\int x\,dx = \dfrac{x^2}{2} + c$	3) $\int \dfrac{1}{x}\,dx = \ln|x| + c$

Nota: Como cualquier operación básica entre constantes el resultado es otra constante, entonces aceptaremos que: $n + c = c$; $\quad n - c = c$; $\quad nc = c$; $\quad c/n = c \quad \forall n \in R..$

Ejemplos:

1) $\int dx = x + c$

2) $\int 3\,dx = 3\int dx = (3)(x + c) = 3x + 3c = \begin{Bmatrix} como \\ 3c = c \end{Bmatrix} = 3x + c$

3) $\int 5x\,dx = 5\int x\,dx = (5)\dfrac{x^2}{2} + c = \dfrac{5x^2}{2} + c$

4) $\int \dfrac{1}{2x}\,dx = \dfrac{1}{2}\int \dfrac{1}{x}\,dx = \left(\dfrac{1}{2}\right)\left(\ln|x| + c\right) = \dfrac{1}{2}\ln|x| + c$

5) $\int \dfrac{3x}{2}\,dx = \dfrac{3}{2}\int x\,dx = \left(\dfrac{3}{2}\right)\dfrac{x^2}{2} + c = \dfrac{3x^2}{4} + c$

6) $\int \dfrac{2}{3x}\,dx = \dfrac{2}{3}\int \dfrac{1}{x}\,dx = \left(\dfrac{2}{3}\right)\left(\ln|x| + c\right) = \dfrac{2}{3}\ln|x| + c$

7) $\int \dfrac{2x+5}{3}\,dx = \int\left(\dfrac{2x}{3} + \dfrac{5}{3}\right)dx = \dfrac{2}{3}\int x\,dx + \dfrac{5}{3}\int dx = \left(\dfrac{2}{3}\right)\left(\dfrac{x^2}{2}\right) + \left(\dfrac{5}{3}\right)(x) + c = \dfrac{x^2}{3} + \dfrac{5x}{3} + c$

8) $\int \dfrac{2-3x}{x}\,dx = \int\left(\dfrac{2}{x} - \dfrac{3x}{x}\right)dx = \int \dfrac{2}{x}\,dx - \int \dfrac{3x}{x} = 2\int \dfrac{1}{x}\,dx - 3\int dx = 2\ln|x| - 3x + c$

9) $\int \sqrt{x^2 - 4x + 4}\,dx = \int \sqrt{(x-2)^2}\,dx = \int(x-2)\,dx = \int x\,dx - \int 2\,dx = \dfrac{x^2}{2} - 2x + c$

Ejercicios:

1.6.6.1 Por las fórmulas de integración indefinida de funciones elementales algebraicas; obtener:			
1) $\int dx$ $R = x + c$	4) $\int \dfrac{x}{3}\,dx$	7) $\int (1-3x)\,dx$ $R = x - \dfrac{3x^2}{2} + c$	10) $\int \dfrac{x+4}{x}\,dx$
2) $\int 2\,dx$	5) $\int \dfrac{1}{4x}\,dx$ $R = \dfrac{1}{4}\ln|x| + c$	8) $\int \dfrac{5}{x}\,dx$	11) $\int \dfrac{5x^2+2}{3x}\,dx$ $R = \dfrac{5x^2}{6} + \dfrac{2}{3}\ln|x| + c$
3) $\int 2x\,dx$ $R = x^2 + c$	6) $\int \dfrac{2}{3x}\,dx$	9) $\int\left(2x - \dfrac{1}{x} + 1\right)dx$ $R = x^2 - \ln|x| + x + c$	12) $\int\left(\dfrac{4x-1}{2x}\right)dx$

1.6.7 Integración indefinida de funciones elementales exponenciales:

Fórmulas de integración indefinida de funciones elementales exponenciales:

1) $\int e^x\,dx = e^x + c$	2) $\int a^x\,dx = \dfrac{a^x}{\ln a} + c$

Ejemplos:

1) $\int 2e^x dx = 2e^x + c$
2) $\int \frac{3e^x}{4} dx = \frac{3e^x}{4} + c$
3) $\int \frac{3^x}{2} dx = \frac{3^x}{2\ln 3} + c$

Ejercicios:

1.6.7.1 Por las fórmulas de integración indefinida de funciones elementales exponenciales; obtener:

1) $\int 5e^x dx = ?$

$R = 5e^x + c$

2) $\int \frac{3e^x}{5} dx = ?$

3) $\int \frac{2^x}{3} dx = ?$

$R = \frac{2^x}{3\ln 2} + c$

4) $\int \frac{3(5)^x}{10} dx$

1.6.8 Integración indefinida de funciones elementales logarítmicas:

Fórmulas de integración indefinida de funciones elementales logarítmicas:

1) $\int \ln x\, dx = x\left(\ln\|x\| - 1\right) + c$	2) $\int \log_a x\, dx = x\left(\log_a \frac{\|x\|}{e}\right) + c$

Ejemplos:

1) $\int 3\ln x\, dx = 3x\left(\ln\|x\| - 1\right) + c$

2) $\int \frac{\log_{10} x}{3} dx = \frac{x}{3}\left(\log_{10} \frac{\|x\|}{e}\right) + c$

Ejercicios:

1.6.8.1 Por las fórmulas de integración indefinida de funciones elementales logarítmicas; obtener:			
1) $\int \frac{\ln x}{8} dx$ $R = \frac{1}{8}x\left(\ln\|x\| - 1\right) + c$	2) $\int \frac{3\ln x}{5} dx$	3) $\int 2\log_{10} x\, dx$ $R = 2x\left(\log_{10} \frac{\|x\|}{e}\right) + c$	4) $\int \frac{3\log_{10} x}{4} dx$

1.6.9 Integración indefinida de funciones elementales trigonométricas:

Fórmulas de integración indefinida de funciones elementales trigonométricas:

1) $\int \operatorname{sen} x\, dx = -\cos x + c$		4) $\int \cot x\, dx = \ln\|\operatorname{sen} x\| + c$	
2) $\int \cos x\, dx = \operatorname{sen} x + c$		5) $\int \sec x\, dx = \ln\|\sec x + \tan x\| + c$	
3) $\int \tan x\, dx = -\ln\|\cos x\| + c$		6) $\int \csc x\, dx = \ln\|\csc x - \cot x\| + c$	

Ejemplos:

1) $\int 2\cos x\, dx = 2\int \cos x\, dx = (2)(\operatorname{sen} x + c) = 2\operatorname{sen} x + c$

2) $\int \frac{2\cot x}{3} dx = \frac{2}{3}\int \cot x\, dx = \left(\frac{2}{3}\right)(\ln\|\operatorname{sen} x\| + c) = \frac{2}{3}\ln\|\operatorname{sen} x\| + c$

3) $\displaystyle\int \frac{\sec x}{5}\,dx = \left(\frac{1}{5}\right)\int \sec x\,dx = \left(\frac{1}{5}\right)\left(\ln\left|\sec x + \tan x\right| + c\right) = \frac{1}{5}\ln\left|\sec x + \tan x\right| + c$

4) $\displaystyle\int (4\,sen^2 x + 4\cos^2)\,dx = \int 4(sen^2 x + \cos^2 x)dx = \left\langle \begin{array}{c} identidad\ trigonométrica \\ sen^2 x + \cos^2 x = 1 \end{array} \right\rangle = 4\int dx = 4x + c$

Ejercicios:

1.6.9.1 Por las fórmulas de integración indefinida de funciones elementales trigonométricas; obtener:						
1) $\displaystyle\int 5\,sen\,x\,dx$ $R = -5\cos x + c$	2)	$\displaystyle\int \frac{3\cos x}{5}\,dx$	3)	$\displaystyle\int \frac{\tan x}{8}\,dx$ $R = -\dfrac{1}{8}\ln\left|\cos x\right| + c$	4)	$\displaystyle\int\left(\frac{\csc x}{5}\right)dx$

1.6.10 Integración indefinida de funciones elementales trigonométricas inversas:

Fórmulas de integración indefinida de funciones elementales trigonométricas inversas:

1) $\displaystyle\int arc\,sen\,x\,dx = x\,arc\,sen x + \sqrt{1-x^2} + c$	4) $\displaystyle\int arc\cot x\,dx = x\,arc\cot x + \frac{1}{2}\ln\left|x^2+1\right| + c$
2) $\displaystyle\int arc\cos x\,dx = x\,arc\cos x - \sqrt{1-x^2} + c$	5) $\displaystyle\int arc\sec x\,dx = x\,arc\sec x - \ln\left|x + \sqrt{x^2-1}\right| + c$
3) $\displaystyle\int arc\tan x\,dx = x\,arc\tan x - \frac{1}{2}\ln\left|x^2+1\right| + c$	6) $\displaystyle\int arc\csc x\,dx = x\,arc\csc x + \ln\left|x + \sqrt{x^2-1}\right| + c$

Ejemplos:

1) $\displaystyle\int 2\arccos x\,dx = 2\left(x\arccos x - \sqrt{1-x^2} + c\right) = 2x\arccos x - 2\sqrt{1-x^2} + c$

2) $\displaystyle\int \frac{3\,arc\sec x}{5}\,dx = \frac{3}{5}\left(x\,arc\sec x - \ln\left|x + \sqrt{x^2-1}\right| + c\right) = \frac{3}{5}x\,arc\sec x - \frac{3}{5}\ln\left|x + \sqrt{x^2-1}\right| + c$

Ejercicios:

1.6.10.1 Por las fórmulas de integración indefinida de funciones elementales trigonométricas inversas; obtener:						
1) $\displaystyle\int 2arcsen\,x\,dx$ $R = 2x\,arcsenx$ $+\,2\sqrt{1-x^2} + c$	2)	$\displaystyle\int \frac{\arctan x}{10}\,dx$	3)	$\displaystyle\int 4arc\cot x\,dx$ $R = 4x\,arc\cot x$ $+\,2\ln\left|x^2+1\right| + c$	4)	$\displaystyle\int \frac{arc\csc x}{6}\,dx$

1.6.11 Integración indefinida de funciones elementales hiperbólicas:

Fórmulas de integración indefinida de funciones elementales hiperbólicas:

1) $\displaystyle\int senh\,x\,dx = \cosh x + c$	4) $\displaystyle\int \coth x\,dx = \ln\left|senh\,x\right| + c$
2) $\displaystyle\int \cosh x\,dx = senh\,x + c$	5) $\displaystyle\int \sec h\,x\,dx = 2\arctan\left(\tanh\frac{x}{2}\right) + c$
3) $\displaystyle\int \tanh x\,dx = \ln\left|\cosh x\right| + c$	6) $\displaystyle\int \csc hx\,dx = \ln\left|\tanh\frac{x}{2}\right| + c$

Ejemplos:

1) $\displaystyle\int 2\cosh x \, dx = 2\,senh\,x + c$

2) $\displaystyle\int \frac{\tanh x}{3}\, dx = \frac{1}{3}\ln(\cosh x) + c$

3) $\displaystyle\int \frac{2}{3\csc hx}\, dx = \frac{2}{3}\int \frac{2}{3\csc h\,x}\, dx = \left\langle \begin{array}{c} Identida\ hiperbólica \\ \dfrac{1}{\csc h\,x} = senh\,x \end{array} \right\rangle = \frac{2}{3}\int senh\,x\, dx = \frac{2}{3}\cosh x + c$

Ejercicios:

1.6.11.1 Por las fórmulas de integración indefinida de funciones elementales hiperbólicas; obtener:							
1)	$\displaystyle\int 5\,senh\,x\, dx$ $R = 5\cosh x + c$	2)	$\displaystyle\int \left(\frac{senhx}{3}\right) dx$	3)	$\displaystyle\int \frac{\tanh x}{2}\, dx$ $R = \frac{1}{2}\ln\lvert \cosh x\rvert + c$	4)	$\displaystyle\int \frac{3}{5\cosh x}\, dx$

1.6.12 Integración indefinida de funciones elementales hiperbólicas inversas:

Fórmulas de integración indefinida de funciones elementales hiperbólicas inversas:

1) $\displaystyle\int arcsenhx\,dx = x\,arcsenhx - \sqrt{x^2+1} + c$	4) $\displaystyle\int arc\coth x\, dx = x\,arc\coth x + \frac{1}{2}\ln\lvert x^2-1\rvert + c$
2) $\displaystyle\int arc\cos hx\,dx = x\,arc\cos hx - \sqrt{x^2-1} + c$	5) $\displaystyle\int arc\sec hx\, dx = x\,arc\sec hx - \arctan\left(\frac{x}{x^2-1}\right) + c$
3) $\displaystyle\int \arctan hx\, dx = x\,\arctan hx + \frac{1}{2}\ln\lvert x^2-1\rvert + c$	6) $\displaystyle\int arc\csc chx\,dx = x\,arc\csc hx + \ln\lvert x + \sqrt{x^2+1}\rvert + c$

Ejemplos:

1) $\displaystyle\int 3arcsenh\,x\, dx = 3\int arcsenh\,x\, dx = (3)\left(x\,arcsenh\,x - \sqrt{x^2+1} + c\right) = 3x\,arcsenh\,x - 3\sqrt{x^2+1} + c$

2) $\displaystyle\int \frac{arc\csc hx}{2}\, dx = \frac{1}{2}\int arc\csc h\,x\, dx = \frac{1}{2}\left(x\,arc\csc h\,x + \ln\lvert x + \sqrt{x^2+1}\rvert + c\right) = \frac{x}{2}arc\csc h\,x + \frac{1}{2}\ln\lvert x + \sqrt{x^2+1}\rvert + c$

Ejercicios:

1.6.12.1 Por las fórmulas de integración indefinida de funciones elementales hiperbólicas inversas; obtener:							
1)	$R = \frac{3}{5}x\,arc\cos hx$ $-\frac{3}{5}\sqrt{x^2-1} + c$	2)	$\displaystyle\int 4\arctan h\,x\, dx$	3)	$\displaystyle\int 2arc\coth x\, dx$ $R = 2x\,arc\coth x$ $+ \ln\lvert x^2-1\rvert + c$	4)	$\displaystyle\int \frac{2arc\csc hx}{3}\, dx$

Clase: 1.7 Integración indefinida de funciones algebraicas que contienen x^n.
1.7.1 Fórmula de integración indefinida de funciones algebraicas que contienen x^n.
- Ejemplos.
- Ejercicios.

1.7.1 Fórmula de integración indefinida de funciones algebraicas que contienen x^n.

1) $\displaystyle \int x^n dx = \frac{x^{n+1}}{n+1} + c \quad \forall\, (n+1) \neq 0$

Ejemplos:

1) $\displaystyle \int x^2\, dx = \left\langle \begin{array}{c} \int x^n dx = \frac{x^{n+1}}{n+1} + c \\ n = 2; \quad n+1 = 3 \end{array} \right\rangle = \frac{x^{2+1}}{2+1} + c = \frac{x^3}{3} + c$

2) $\displaystyle \int \frac{2x^3}{5}\, dx = \frac{2}{5}\int x^3 dx = \left(\frac{2}{5}\right)\left(\frac{x^4}{4}\right) + c = \frac{1}{10}x^4 + c$

3) $\displaystyle \int (3x^2 + 2x)\, dx = \int 3x^2 dx + \int 2x\, dx = 3\int x^2 dx + 2\int x\, dx = (3)\left(\frac{x^3}{3}\right) + c + (2)\left(\frac{x^2}{2}\right) + c = x^3 + x^2 + c$

4) $\displaystyle \int \left(\frac{x^2}{3} - \sqrt{x}\right) dx = \int \frac{x^2}{3}\, dx - \int \sqrt{x}\, dx = \frac{1}{3}\int x^2 dx - \int x^{\frac{1}{2}} dx = \left(\frac{1}{3}\right)\left(\frac{x^3}{3}\right) - \frac{x^{\frac{3}{2}}}{\frac{3}{2}} + c = \frac{1}{9}x^3 - \frac{2}{3}\sqrt{x^3} + c$

5) $\displaystyle \int \sqrt{2x}\, dx = \sqrt{2}\int \sqrt{x}\, dx = \sqrt{2}\int x^{\frac{1}{2}} dx = \left(\sqrt{2}\right)\frac{x^{\frac{3}{2}}}{\frac{3}{2}} + c = \frac{2\sqrt{2}}{3}\sqrt{x^3} + c = \frac{2}{3}\sqrt{2x^3} + c$

6) $\displaystyle \int \left(\frac{x+1}{\sqrt{x}}\right) dx = \int \frac{x}{\sqrt{x}}\, dx + \int \frac{1}{\sqrt{x}}\, dx = \int x^{\frac{1}{2}} dx + \int x^{-\frac{1}{2}} dx = \frac{x^{\frac{3}{2}}}{\frac{3}{2}} + \frac{x^{\frac{1}{2}}}{\frac{1}{2}} + c = \frac{2}{3}\sqrt{x^3} + 2\sqrt{x} + c$

7) $\displaystyle \int \left(\frac{3\sqrt{x} - 5}{4x^2}\right) dx = \frac{3}{4}\int x^{-\frac{3}{2}} dx - \frac{5}{4}\int x^{-2} dx = \left(\frac{3}{4}\right)\left(\frac{x^{-\frac{1}{2}}}{-\frac{1}{2}}\right) - \left(\frac{5}{4}\right)\left(\frac{x^{-1}}{-1}\right) + c = -\frac{3}{2\sqrt{x}} + \frac{5}{4x} + c$

Ejercicios:

1.7.1.1 Por la fórmula de integración indefinida de funciones algebraicas que contienen x^n; obtener:							
1)	$\displaystyle \int \frac{2x^2}{3}\, dx$ $R = \dfrac{2x^3}{9} + c$	3)	$\displaystyle \int \frac{\sqrt{2x}}{3}\, dx$ $R = \dfrac{2\sqrt{2x^3}}{9} + c$	5)	$\displaystyle \int \frac{5}{3\sqrt{x}}$ $R = \dfrac{10}{3}\sqrt{x} + c$	7)	$\displaystyle \int \left(\frac{3x - 2x^2}{4\sqrt{x}}\right) dx$ $R = \dfrac{\sqrt{x^3}}{2} - \dfrac{\sqrt{x^5}}{5} + c$
2)	$\displaystyle \int \left(\frac{4x}{3\sqrt{2x}}\right) dx$	4)	$\displaystyle \int (1 - 2\sqrt{x})\, dx$	6)	$\displaystyle \int \left(\frac{2x^2}{3} + 2\right) dx$	8)	$\displaystyle \int \left(\frac{2x - 4}{5\sqrt{x}}\right) dx$

Clase: 1.8 Integración indefinida de funciones que contienen u.

1.8.1 Integración indefinida de funciones algebraicas que contienen u.   - Ejemplos.
1.8.2 Integración indefinida de funciones exponenciales que contienen u.   - Ejercicios.
1.8.3 Integración indefinida de funciones logarítmicas que contienen u.
1.8.4 Integración indefinida de funciones trigonométricas que contienen u.
1.8.5 Integración indefinida de funciones trigonométricas inversas que contienen u.
1.8.6 Integración indefinida de funciones hiperbólicas que contienen u.
1.8.7 Integración indefinida de funciones hiperbólicas inversas que contienen u.

1.8.1 Integración indefinida de funciones algebraicas que contienen u.

Para toda "u" que sea cualquier función (elemental, básica, o metabásica); se cumplen las siguientes fórmulas de integración:

Fórmulas de integración indefinida de funciones algebraicas que contienen u.

1) $\int (u)^n\, du = \dfrac{(u)^{n+1}}{n+1} + c \quad \forall\, (n+1) \neq 0$	2) $\int \dfrac{1}{u}\, du = \ln\|u\| + c$

Vamos ahora a introducir una nueva operación llamada "ajuste" que consiste en completar "du" ya que, si analizamos las fórmulas 1 y 2 observamos, que para que se cumplan las fórmulas, éstas deben de contener "du" surgida de la función "u"; Ejemplo: sí $u = 5x + 2 \;\therefore\; du = 5\,dx$ y por lo tanto agregaríamos un 5 a $"dx"$ y lo quitaríamos dividiendo entre 5.

Ejemplos:

1) $\displaystyle\int (2+5x)^3\, dx = \left\langle \begin{array}{l} \int u^n du = \dfrac{u^{n+1}}{n+1} + c \\ u = (2+5x);\ du = 5dx \\ n = 3;\ \ n+1 = 4 \end{array} \right\rangle = \int (2+5x)^3 \left(\dfrac{5\,dx}{5}\right) = \dfrac{1}{5}\int (2+5x)^3 (5\,dx)$

$$= \left(\dfrac{1}{5}\right)\left(\dfrac{(2+5x)^4}{4}\right) + c = \dfrac{(2+5x)^4}{20} + c$$

2) $\displaystyle\int \dfrac{2}{1-3x}\, dx = 2\int \dfrac{1}{1-3x}\, dx = \left\langle \begin{array}{l} k = 2 \\ \int \dfrac{1}{u}\, du = \ln|u| + c \\ u = 1-3x;\quad du = -3\,dx \end{array} \right\rangle \begin{array}{l} = 2\int \dfrac{1}{1-3x}\left(\dfrac{-3dx}{-3}\right) = 2\left(\dfrac{1}{-3}\right)\int \dfrac{1}{1-3x}(-3dx) \\ = \left(-\dfrac{2}{3}\right)\left(\ln|1-3x| + c\right) = -\dfrac{2}{3}\ln|1-3x| + c \end{array}$

Ejercicios:

1.8.1.1 Por las fórmulas de integración indefinida de funciones algebraicas que contienen u; obtener:							
1)	$\int (2x+1)^5 dx$ $R = \dfrac{1}{12}(2x+1)^6 + c$	3)	$\int \left(\sqrt{\dfrac{3x}{2}} + 5\right) dx$ $R = \dfrac{4}{9}\sqrt{\left(\dfrac{3x}{2}+5\right)^3} + c$	5)	$\int \left(\dfrac{2}{\sqrt{1-3x}}\right) dx$ 7) $-\dfrac{4}{3}\sqrt{1-3x} + c$	7)	$\int \dfrac{3}{4x+1} dx$ $R = \dfrac{3}{4}\ln\|4x+1\| + c$
2)	$\int \dfrac{2(3+5x)^5}{5} dx$	4)	$\int \dfrac{5\sqrt{1-3x}}{4} dx$	6)	$\int \dfrac{4}{3\sqrt{2x+5}} dx$	8)	$\int \dfrac{5}{1-2x} dx$

Nota: A continuación, se presentan casos donde es necesario implementar métodos de integración, y a medida que el alumno conoce los más usuales, este va adquiriendo experiencia para resolver nuevos problemas y de mayor complejidad.

Caso 1) Integración de un producto de funciones donde una de las cuales es " x " y la otra función

es "u" que contiene " x^2 "

Método de integración de funciones donde "x" es parte de la diferencial:

1) Sacar la constante.
2) Desplazar la "x" hacia la diferencial y que forme parte de "du".

3) Acoplar la función a una integral del tipo: $\int u^n du$.

4) Haga el ajuste.
5) Integre.

Ejemplo:

$$\int 2x\left(1-3x^2\right)^5 dx = 2\int\left(1-3x^2\right)^5 x dx = (2)\left(\frac{1}{-6}\right)\int\left(1-3x^2\right)^5\left(-6x\,dx\right) = -\left(\frac{1}{3}\right)\left(\frac{\left(1-3x^2\right)^6}{6}\right)+c = -\frac{\left(1-3x^2\right)^6}{18}+c$$

Ejercicios:

1.8.1.2 Por las fórmulas de integración indefinida de funciones algebraicas que contienen u; obtener:						
1)	$\int 5x\left(1-x^2\right)^3 dx$ $R=\frac{5}{8}\left(1-x^2\right)^4+c$	2)	$\int 2x\sqrt{x^2+1}\,dx$	3)	$\int\frac{4x}{\sqrt{x^2+1}}dx$ $R=4\sqrt{x^2+1}+c$	4) $\int 2x\left(\frac{4x^2}{3}-1\right)^4 dx$

Caso 2) Integración de un producto de funciones donde una de las cuales es " x^n " y la otra función

es "u" que contiene " x^{n+1} "

Método de integración de funciones donde "xⁿ" es parte de la diferencial

1) Sacar la constante.
2) Desplazar la "xⁿ" hacia la diferencial y que forme parte de "du".

3) Acoplar la función a una integral del tipo: $\int u^n du$

4) Haga el ajuste.
5) Integre.

Ejemplo:

$$\int\frac{7x^2}{2\sqrt{\frac{x^3}{5}+2}}dx = \frac{7}{2}\int\left(\frac{x^3}{5}+2\right)^{-\frac{1}{2}}x^2 dx = \frac{7}{2}\left(\frac{5}{3}\right)\int\left(\frac{x^3}{5}+2\right)^{-\frac{1}{2}}\left(\frac{3}{5}\right)x^2 dx = \frac{35}{6}\frac{\left(\frac{x^3}{5}+2\right)^{\frac{1}{2}}}{\frac{1}{2}}+c = \frac{35}{3}\sqrt{\frac{x^3}{5}+2}+c$$

Ejercicios:

1.8.1.3 Por las fórmulas de integración indefinida de funciones algebraicas que contienen u; obtener:						
1)	$\int 3x^2\left(2x^3+1\right)^4 dx$ $R=\frac{1}{10}\left(2x^3+1\right)^5+c$	2)	$\int 4x^3\sqrt{1-x^4}\,dx$	3) $\int 4x^2\sqrt{1-\frac{x^3}{3}}\,dx$ $R=-\frac{8}{3}\sqrt{\left(1-\frac{x^3}{3}\right)^3}+c$	4)	$\int\frac{2x^2}{\sqrt{3x^3-2}}dx$

Caso 3) Integración de un producto de funciones donde una de las cuales es $"\dfrac{1}{\sqrt{x}}"$

y la otra función es "u" que contiene $"\sqrt{x}"$

<u>Método de integración de funciones donde $"\dfrac{1}{\sqrt{x}}"$ es parte de la diferencial:</u>

1) Sacar la constante.

2) Desplazar la $"\dfrac{1}{\sqrt{x}}"$ hacia la diferencial y que forme parte de "du".

3) Acoplar la función a una integral del tipo: $\int u^n du$

4) Haga el ajuste.
5) Integre.

Ejemplo:

$$\int \frac{3\left(2-3\sqrt{x}\right)^4}{5\sqrt{x}}\,dx = \frac{3}{5}\int\left(2-3\sqrt{x}\right)^4\frac{1}{\sqrt{x}}\,dx = \frac{3}{2}\left(-\frac{2}{3}\right)\int\left(2-3\sqrt{x}\right)^4\left(-\frac{3}{2}\right)\left(\frac{1}{\sqrt{x}}\,dx\right) = -\frac{\left(2-3\sqrt{x}\right)^5}{5}+c$$

Ejercicios:

1.8.1.4 Por las fórmulas de integración indefinida de funciones algebraicas que contienen u; obtener:							
1)	$\int\dfrac{4\left(3\sqrt{x}-2\right)^3}{5\sqrt{x}}\,dx$ $R=\dfrac{2}{15}\left(3\sqrt{x}-2\right)^4+c$	2)	$\int\dfrac{\left(2-\sqrt{x}\right)^5}{4\sqrt{x}}\,dx$	3)	$\int\dfrac{\sqrt{\sqrt{x}+4}}{2\sqrt{x}}\,dx$ $R=\dfrac{2}{3}\sqrt{\left(\sqrt{x}+4\right)^3}+c$	4)	$\int\dfrac{2}{\sqrt{2\sqrt{x}+1}}\,dx$

Caso 4) Integración de un producto de funciones donde una de las cuales es $"\dfrac{1}{x^2}"$

y la otra función es "u" que contiene $"\dfrac{1}{x}"$

<u>Método de integración de funciones donde $"\dfrac{1}{x^2}"$ es parte de la diferencial:</u>

1) Sacar la constante.

2) Desplazar la $"\dfrac{1}{x^2}"$ hacia la diferencial y que forme parte de "du".

3) Acoplar la función (si es necesario) a una integral del tipo: $\int u^n du$

4) Haga el ajuste.
5) Integre.

Ejemplos:

1) $\displaystyle\int\frac{\left(3-\dfrac{1}{2x}\right)^5}{4x^2}\,dx = \frac{1}{4}\int\left(3-\frac{1}{2x}\right)^5\frac{1}{x^2}\,dx = \frac{1}{4}(2)\int\left(3-\frac{1}{2x}\right)^5\left(\frac{1}{2}\right)\left(\frac{1}{x^2}\,dx\right)$

$$=\left(\frac{1}{2}\right)\frac{\left(1-\dfrac{1}{2x}\right)^6}{6}+c = \frac{1}{12}\left(1-\frac{1}{2x}\right)^6+c$$

2) $\displaystyle\int \frac{3}{2x^2\sqrt{\dfrac{2}{x}+4}}\,dx = \frac{3}{2}\int\left(\frac{2}{x}+4\right)^{-\frac{1}{2}}\frac{1}{x^2}\,dx = \frac{3}{2}\left(\frac{1}{-2}\right)\int\left(\frac{2}{x}+4\right)^{-\frac{1}{2}}\left(-\frac{2}{x^2}\,dx\right) = \left(-\frac{3}{4}\right)\frac{\left(\dfrac{2}{x}+4\right)^{\frac{1}{2}}}{\frac{1}{2}}+c$

$$= -\frac{3}{2}\sqrt{\frac{2}{x}+4}+c$$

Ejercicios:

1.8.1.5 Por las fórmulas de integración indefinida de funciones algebraicas que contienen u; obtener:			
1) $\displaystyle\int \frac{4\left(\dfrac{1}{3x}+2\right)^5}{5x^2}$ $R = -\dfrac{2}{5}\left(\dfrac{1}{3x}+2\right)^6+c$	2) $\displaystyle\int \frac{\left(2-\dfrac{4}{3x}\right)^5}{5x^2}\,dx$	3) $\displaystyle\int \left(\frac{\sqrt{\dfrac{2}{x}+4}}{3x^2}\right)dx$ $R = -\dfrac{1}{9}\sqrt{\left(\dfrac{2}{x}+4\right)^3}+c$	4) $\displaystyle\int \frac{1}{2x^2\sqrt{1-\dfrac{2}{x}}}\,dx$

Caso 5) Integración de un cociente de funciones del tipo: $\dfrac{p(x)}{g(x)}$ $\forall\ p(x)\geq g(x)$ en grado

<u>Método de integración de funciones que contienen</u> $\dfrac{p(x)}{g(x)}$ $\forall\ p(x)\geq g(x)$ en grado:

1) Haga la división.
2) Iguale la integral original con la integral cuya función es el resultado de la división.
3) haga el ajuste.
4) Integre.

Ejemplos:

1) $\displaystyle\int \frac{3x}{2-x}\,dx = \left\langle \frac{3x}{2-x}=-3+\frac{6}{2-x}\right\rangle = \int\left(-3+\frac{6}{2-x}\right)dx = \int -3dx+\int\frac{6}{2-x}\,dx = -3x-6\ln|2-x|+c$

2) $\displaystyle\int \frac{3x^2-1}{x+2}\,dx = \left\langle \frac{3x^2-1}{x+2}=3x-6+\frac{11}{x+2}\right\rangle = \int\left(3x-6+\frac{11}{x+2}\right)dx = \frac{3x^2}{2}-6x+11\ln|x+2|+c$

Ejercicios:

1.8.1.6 Por las fórmulas de integración indefinida de funciones algebraicas que contienen u; obtener:			
1) $\displaystyle\int \frac{x}{x+1}\,dx$ $R = x-\ln|x+1|+c$	2) $\displaystyle\int \frac{2x}{x-1}\,dx$	3) $\displaystyle\int \frac{4x+1}{2x+4}\,dx$ $R = 2x-\dfrac{9}{2}\ln|2x+4|+c$	4) $\displaystyle\int \frac{2x-1}{2x+4}\,dx$

1.8.2 Integración indefinida de funciones exponenciales que contienen u.

Fórmulas de integración indefinida de funciones exponenciales que contienen u:

1) $\displaystyle\int e^u\,du = e^u+c$	2) $\displaystyle\int a^u\,du = \dfrac{a^u}{\ln a}+c$

Ejemplos:

1) $\int \dfrac{e^{\frac{x}{3}}}{4}\,dx = \dfrac{1}{4}\int e^{\frac{x}{3}}\,dx = \dfrac{1}{4}(3)\int e^{\frac{x}{3}}\left(\dfrac{1}{3}\right)dx = \dfrac{3}{4}e^{\frac{x}{3}} + c$

2) $\int 3^{2x}\,dx = \left(\dfrac{1}{2}\right)\int 3^{2x}(2dx) = \left(\dfrac{1}{2}\right)\dfrac{3^{2x}}{\ln 3} + c = \dfrac{3^{2x}}{2\ln 3} + c$

3) $\int \dfrac{5e^{\sqrt{x}}}{3\sqrt{2x}}\,dx = \dfrac{5}{3\sqrt{2}}\int e^{\sqrt{x}}\dfrac{1}{\sqrt{x}}\,dx = \dfrac{5(2)}{3\sqrt{2}}\int e^{\sqrt{x}}\left(\dfrac{1}{(2)\sqrt{x}}\,dx\right) = \dfrac{5\sqrt{2}}{3}e^{\sqrt{x}} + c$

Ejercicios:

1.8.2.1 Por las fórmulas de integración indefinida de funciones exponenciales que contienen u; obtener:							
1) $\int 3e^{2x}dx$ $R = \dfrac{3}{2}e^{2x} + c$	4)	$\int\left(\dfrac{2e^{\frac{x}{5}}}{3}\right)dx$	7)	$\int 3(5)^{(2x)}\,dx$ $R = \dfrac{3}{2\ln 5}(5)^{(2x)} + c$	10)	$\int 3^{(2x^2)}2x\,dx$	
2) $\int e^{\frac{x}{2}}\,dx$	5)	$\int 2e^{(2-3x)}\,dx$ $R = -\dfrac{2}{3}e^{(2-3x)} + c$	8)	$\int \dfrac{2xe^{3x^2}}{3}\,dx$	11)	$\int 4x^2 e^{(2x^3)}dx$ $R = \dfrac{2}{3}e^{(2x^3)} + c$	
3) $\int\left(\dfrac{2e^{5x}}{3}\right)dx$ $R = \dfrac{2}{15}e^{5x} + c$	6)	$\int 3^{(4x)}dx$	9)	$\int \dfrac{2e^{5\sqrt{x}}}{3\sqrt{x}}\,dx$ $R = \dfrac{4}{15}e^{5\sqrt{x}} + c$	12)	$\int \dfrac{2e^{\frac{2}{x}}}{5x^2}\,dx$	

1.8.3 Integración indefinida de funciones logarítmicas que contienen u.

Fórmulas de integración indefinida de funciones logarítmicas que contienen u.

1) $\int \ln u\,du = u\left(\ln|u| - 1\right) + c$	2) $\int \log_a u\,du = u\left(\log_a \dfrac{|u|}{e}\right) + c$

Ejemplos:

1) $\int 3\ln\dfrac{2x}{5}\,dx = 3\int \ln\dfrac{2x}{5}\,dx = 3\left(\dfrac{5}{2}\right)\int \ln\dfrac{2x}{5}\left(\dfrac{2}{5}dx\right) = \dfrac{15}{2}\left(\dfrac{2x}{5}\right)\left(\ln\left|\dfrac{2x}{5}\right| - 1\right) + c = 3x\left(\ln\left|\dfrac{3x}{5}\right| - 1\right) + c$

2) $\int 3x\log_{10} 5x^2 dx = 3\left(\dfrac{1}{10}\right)\int \log_{10} 5x^2(10x\,dx) = \dfrac{3}{10}5x^2\left(\log_{10}\dfrac{|5x^2|}{e}\right) + c = \dfrac{3x^2}{2}\left(\log_{10}\dfrac{|5x^2|}{e}\right) + c$

3) $\int \dfrac{2\ln\left(1 + \dfrac{2}{3x}\right)}{5x^2}\,dx = \dfrac{2}{5}\int \ln\left(1 + \dfrac{2}{3x}\right)\dfrac{1}{x_2}\,dx = \dfrac{2}{5}\left(-\dfrac{3}{2}\right)\int \ln\left(1 + \dfrac{2}{3x}\right)\left(-\dfrac{2}{3x^2}\right)dx = -\dfrac{3}{5}\left(1 + \dfrac{2}{3x}\right)\left(\ln\left|1 + \dfrac{2}{3x}\right| - 1\right) + c$

Ejercicios:

1.8.3.1 Por las fórmulas de integración indefinida de funciones logarítmicas que contienen u; obtener:					
1) $\int \ln 5x\, dx$ $R = x\left(\ln\lvert 5x\rvert - 1\right) + c$		**4)** $\int 2\ln(1-3x)\, dx$		**7)** $\int\left(\dfrac{3\ln\sqrt{x}}{5\sqrt{x}}\right) dx$ $R = \dfrac{6}{5}\sqrt{x}\left(\ln\lvert\sqrt{x}\rvert - 1\right) + c$	
2) $\int \dfrac{3\ln 2x}{4}\, dx$		**5)** $\int 4\log_{10}\dfrac{x}{2}\, dx$ $R = 4x\left(\log_{10}\left\lvert\dfrac{x}{2e}\right\rvert\right) + c$		**8)** $\int\left(\dfrac{5\ln\frac{2}{x}}{3x^2}\right) dx$	
3) $\int \log_{10} 4x\, dx$ $R = x\left(\log_{10}\dfrac{\lvert 4x\rvert}{e}\right) + c$		**6)** $\int 3x\ln 2x^2\, dx$		**9)** $\int\left(3x\ln x^2\right) dx$ $R = \dfrac{3}{2}x^2\left(\ln\lvert x^2\rvert - 1\right) + c$	

1.8.4 Integración indefinida de funciones trigonométricas que contienen u.

Fórmulas de integración indefinida de funciones trigonométricas que contienen u.

1)	$\int sen\, u\, du = -\cos u + c$	7)	$\int \sec u \tan u\, du = \sec u + c$
2)	$\int \cos u\, du = sen\, u + c$	8)	$\int \csc u \cot u\, du = -\csc u + c$
3)	$\int \tan u\, du = -\ln\lvert \cos u\rvert + c$	9)	$\int \sec^2 u\, du = \tan u + c$
4)	$\int \cot u\, du = \ln\lvert sen\, u\rvert + c$	10)	$\int \csc^2 u\, du = -\cot u + c$
5)	$\int \sec u\, du = \ln\lvert \sec u + \tan u\rvert + c$	11)	$\int \sec^3 u\, du = \dfrac{1}{2}\sec u \tan u + \dfrac{1}{2}\ln\lvert \sec u + \tan u\rvert + c$
6)	$\int \csc u\, du = \ln\lvert \csc u - \cot u\rvert + c$		

Ejemplos:

1) $\int 3\cos 2x\, dx = \left\langle \begin{array}{l} k = 3 \\ \int \cos u\, du = sen\, u + c \\ u = 2x; \quad du = 2dx \end{array}\right\rangle = 3\left(\dfrac{1}{2}\right)\int \cos 2x\,(2)dx = \left(\dfrac{3}{2}\right)(sen\, 2x + c) = \dfrac{3}{2}sen\, 2x + c$

2) $\int 2\sec^2 \dfrac{3x}{4}\, dx = \left\langle \begin{array}{l} k = 2 \\ \int \sec^2 u\, du = \tan u + c \\ u = \dfrac{3x}{4}; \quad du = \dfrac{3}{4}dx \end{array}\right\rangle = 2\left(\dfrac{4}{3}\right)\int \sec^2 \dfrac{3x}{4}\left(\dfrac{3}{4}\right) dx = \left(\dfrac{8}{3}\right)\left(\tan\dfrac{3x}{4} + c\right) = \dfrac{8}{3}\tan\dfrac{3x}{4} + c$

A continuación, se presentan algunas integrales donde se sugiere implementar algunos métodos:

Caso 1) Integrales que contienen $\dfrac{1}{función\,trigonométrica}$

Método de integración de funciones que contienen $\dfrac{1}{función\,trigonométrica}$:

1) Saque la constante.
2) Sustituir la función trigonométrica por su identidad trigonométrica que se debe de buscar y encontrar en las tablas de identidades trigonométricas en los anexos del libro.
3) Haga el ajuste.
4) Integre.
5) Presente el resultado final.

Ejemplo:

3) $\displaystyle\int \frac{3\,dx}{2\cos^2 5x} = \frac{3}{2}\int \frac{dx}{\cos^2 5x} = \left\langle \frac{1}{\cos u} = \sec u \right\rangle = \frac{3}{2}\int \sec^2 5x\,dx = \frac{3}{2}\left(\frac{1}{5}\right)\int \sec^2 5x\,(5dx) = \frac{3}{10} tg\,5x + c$

Caso 2) Integrales que contienen un producto de funciones trigonométricas donde al menos una forma parte de la diferencial de la otra sin su potencia.

Recomendación:
1) Saque la constante.
2) Desplace la función trigonométrica que a que forme parte de la diferencial de la otra.
3) Presente la integral al tipo $\displaystyle\int u^n\,du$
3) Haga el ajuste.
4) Integre.
5) Presente el resultado final.

4) $\displaystyle\int \cos^3 3x\,sen\,3x\,dx = \left\langle \begin{array}{l} Integral\,tipo \\ \int u^n du = \dfrac{u^{n+1}}{n+1} + c \end{array} \right\rangle = \langle Estrategia\rangle = \int (\cos 3x)^3\,sen\,3x\,dx = \left\langle \begin{array}{l} u = \cos 3x \\ n = 3; \quad n+1 = 4 \\ du = -3sen\,3x\,dx \end{array} \right\rangle$

$= \left(-\dfrac{1}{3}\right)\int (\cos 3x)^3(-3sen\,3x\,dx) = \left(-\dfrac{1}{3}\right)\left(\dfrac{(\cos 3x)^4}{4}\right) + c = -\dfrac{\cos^4 3x}{12} + c$

5) $\displaystyle\int 4\tan^3 2x\,\sec^2 2x\,dx = 4\int (\tan 2x)^2 \sec^2 2x\,dx = 4\left(\dfrac{1}{2}\right)\int (\tan 2x)^3\,2\sec^2 2x\,dx = 2\dfrac{(\tan 2x)^4}{4} + c$

$= \dfrac{\tan^4 2x}{2} + c$

6) $\displaystyle\int 3\cot^4 3x\,\csc^2 2x\,dx = 3\int (\cot 3x)^4 \csc^2 3x\,dx = 3\left(\dfrac{1}{-3}\right)\int (\cot 3x)^4(-3)\csc^2 3x\,dx = -\dfrac{(\cot 3x)^5}{5} + c$

$= -\dfrac{\cot^5 3x}{5} + c$

7) $\displaystyle\int 6\sec^4 2x\,\tan 2x\,dx = 6\int (\sec 2x)^3 \sec 2x\,\tan 2x\,dx = 6\left(\dfrac{1}{2}\right)\int (\sec 2x)^3(2)\sec 2x\,\tan 2x\,dx$

$= (3)\dfrac{(\sec 2x)^4}{4} + c = \dfrac{3\sec^4 2x}{4} + c$

Caso 3) Integrales que contienen $\dfrac{1}{1 - senu \; ó \cos u}$

<u>Método de integración de funciones que contienen</u> $\dfrac{1}{1 - senu \; ó \cos u}$:

1) Saque la constante.
2) Multiplique por arriba y por abajo por el binomio conjugado del denominador.
3) De la identidad trigonométrica $sen^2 u + \cos^2 u = 1$ obtenga el nuevo valor del denominador.
4) Separe las integrales e integre.
5) Presente el resultado final.

Ejemplo:

8) $\displaystyle\int \dfrac{3}{1 - sen2x}\,dx = \left\{\begin{array}{l} Estrategia: \\ 1)\ Saque\ la\ cons\tan te. \\ 2)\ Multiplique\ por\ arriba \\ \quad y\ por\ abajo\ por\ un \\ \quad binomio\ conjugado \\ \quad del\ deno\min ador \end{array}\right\} = 3\displaystyle\int \dfrac{1}{1 - sen2x}\left(\dfrac{1 + sen2x}{1 + sen2x}\right)dx = 3\displaystyle\int \dfrac{1 + sen2x}{1 - sen^2 2x}\,dx$

$= \left\{\begin{array}{l} De\ la\ identidad\ trigonométrica \\ sen^2 u + \cos^2 u = 1\ obtenga\ el \\ nuevo\ valor\ del\ deno\min ador: \\ Sí\ \ sen^2 2x + \cos^2 2x = 1\ \ \therefore \\ 1 - sen^2 2x = \cos^2 2x \end{array}\right\} = 3\displaystyle\int \dfrac{1 + sen2x}{\cos^2 2x}\,dx = 3\displaystyle\int\left(\dfrac{1}{\cos^2 2x} + \dfrac{sen2x}{\cos^2 2x}\right)dx$

$= 3\displaystyle\int \dfrac{1}{\cos^2 2x}\,dx + 3\displaystyle\int \dfrac{sen2x}{\cos^2 2x}\,dx = 3\displaystyle\int \sec^2 2x\,dx + 3\displaystyle\int (\cos 2x)^{-2} sen2x\,dx$

$= \left(\dfrac{3}{2}\right)(\tan 2x + c) - \left(\dfrac{3}{2}\right)\left(\dfrac{(\cos 2x)^{-1}}{-1} + c\right) = \dfrac{3}{2}\tan 2x + \dfrac{3}{2\cos 2x} + c$

Ejercicios:

1.8.4.1 Por las fórmulas de integración indefinida de funciones trigonométricas que contienen u; obtener:					
1)	$\displaystyle\int 2Sen3x\,dx$ $R = -\dfrac{2}{3}\cos 3x + c$	5)	$\displaystyle\int 4sen^3 2x \cos 2x\,dx$ $R = \dfrac{1}{2}sen^4 2x + c$	9)	$\displaystyle\int \dfrac{\cos 2x}{\sqrt{3 + sen2x}}\,dx$ $R = \sqrt{3 + sen2x} + c$
2)	$\displaystyle\int \cos\dfrac{x}{2}\,dx$	6)	$\displaystyle\int 2x\left(sen4x^2\right)^2 dx$	10)	$\displaystyle\int \dfrac{sen2x}{\sqrt{\cos 2x}}\,dx$
3)	$\displaystyle\int \dfrac{3\cos 3x}{2}\,dx$ $R = \dfrac{1}{2}sen3x + c$	7)	$\displaystyle\int \dfrac{1}{1 + \cos x}\,dx$ $R = -\cot x + \csc x + c$	11)	$\displaystyle\int\left(\dfrac{5\sec^2 \sqrt{x}}{3\sqrt{x}}\right)dx$ $R = \dfrac{10}{3}\tan 2x + c$
4)	$\displaystyle\int\left(3\tan\dfrac{x}{4}\right)dx$	8)	$\displaystyle\int \dfrac{2}{3sen^2 x}\,dx$	12)	$\displaystyle\int \dfrac{2\cos\frac{3}{x}}{5x^2}\,dx$

1.8.5 Integración indefinida de funciones trigonométricas inversas que contienen u.

Fórmulas de integración indefinida de funciones trigonométricas inversas que contienen u.

1) $\int arc\,sen\,u\,du = u\,arc\,sen\,u + \sqrt{1-u^2} + c$	4) $\int arc\,cot\,u\,du = u\,arc\,cot\,u + \dfrac{1}{2}\ln\left\| u^2+1 \right\| + c$
2) $\int arc\,cos\,u\,du = u\,arc\,cos\,u - \sqrt{1-u^2} + c$	5) $\int arc\,sec\,u\,du = u\,arc\,sec\,u - \ln\left\| u+\sqrt{u^2-1} \right\| + c$
3) $\int \arctan u\,du = u\arctan u - \dfrac{1}{2}\ln\left\| u^2+1 \right\| + c$	6) $\int arc\,csc\,u\,du = u\,arc\,csc\,u + \ln\left\| u+\sqrt{u^2-1} \right\| + c$

Ejemplos:

1) $\displaystyle \int \frac{2\arccos(1-3x)}{7}dx = \frac{2}{7}\left(\frac{1}{-3}\right)\int \arccos(1-3x)(-3dx) = -\frac{2}{21}\left((1-3x)\arccos(1-3x) - \sqrt{1-(1-3x)^2}\right) + c$

$= -\dfrac{2(1-3x)}{21}\arccos(1-3x) + \dfrac{2}{21}\sqrt{1-(1-6x+9x^2)} + c = -\dfrac{2(1-3x)}{21}\arccos(1-3x) + \dfrac{2}{21}\sqrt{-9x^2+6x} + c$

2) $\displaystyle \int \frac{4arc\,csc(-2x)}{5}dx = \frac{4}{5}\left(\frac{1}{-2}\right)\int arc\,csc(-2x)(-2\,dx)$

$\qquad\qquad = -\dfrac{2}{5}\left((-2x)\,arc\,csc(-2x) + \ln\left| (-2x) + \sqrt{(-2x)^2-1} \right| + c\right)$

$\qquad\qquad = \dfrac{4}{5}arc\,csc(-2x) - \dfrac{2}{5}\ln\left| -2x + \sqrt{4x^2-1} \right| + c$

Ejercicios:

1.8.5.1 Por las fórmulas de integración indefinida de funciones trigonométricas inversas que contienen u; obtener:		
1) $\int\left(\dfrac{arcsen\,3x}{2}\right)dx$ $R = \dfrac{1}{2}x\,arcsen\,3x + \dfrac{1}{6}\sqrt{1-9x^2} + c$	5)	$\int arc\,sec\,\dfrac{2x}{3}\,dx$ $R = x\,arc\,sec\,\dfrac{2x}{3} - \ln\left\| \dfrac{2x}{3} + \sqrt{\dfrac{4x^2}{9}-1} \right\| + c$
2) $\int \dfrac{2arc\,cos\,\frac{3}{x}}{5x^2}dx$	6)	$\int \dfrac{2x\,arc\,sec\,3x^2}{5}dx$
3) $\int \arctan\dfrac{x}{2}\,dx$ $R = x\arctan\dfrac{x}{2} - \ln\left\| \dfrac{x^2}{4}+1 \right\| + c$	7)	$\int\left(\dfrac{arcsen\sqrt{x}}{\sqrt{x}}\right)dx$ $R = 2\sqrt{x}\,arcsen\sqrt{x} + 2\sqrt{1-x} + c$
4) $\int arc\,cot\,2x\,dx$	8)	$\int \dfrac{arc\,csc\,2x}{3}dx$

1.8.6 Integración indefinida de funciones hiperbólicas que contienen u.

Fórmulas de integración indefinida de funciones hiperbólicas que contienen u.

1)	$\int senh\,u\,du = \cosh u + c$	7)	$\int \sec h^2 u\,du = \tanh u + c$
2)	$\int \cosh u\,du = senh\,u + c$	8)	$\int \csc h^2 u\ du = -\coth u + c$
3)	$\int \tanh u\ du = \ln\left|\cosh u\right| + c$	9)	$\int \sec h\,u \tanh u\,du = -\sec h\,u + c$
4)	$\int \coth u\,du = \ln\left|senh\,u\right| + c$	10)	$\int \csc h\,u \coth u\,du = -\csc h\,u + c$
5)	$\int \sec h\,u\ du = 2\arctan\left(\tanh\dfrac{u}{2}\right) + c$		
6)	$\int \csc h\,u\ du = \ln\left|\tanh\dfrac{u}{2}\right| + c$		

Ejemplos:

1) $\int 2\cosh 2x\,dx = 2\left(\dfrac{1}{2}\right)\int \cosh 2x\,(2dx) = senh\,2x + c$

2) $\int \dfrac{\sec h\,3x \tanh 3x}{5}\,dx = \left(\dfrac{1}{5}\right)\left(\dfrac{1}{3}\right)\int \sec h\,3x \tanh 3x\,(3dx) = -\dfrac{1}{15}\sec h\,3x + c$

Ejercicios:

1.8.6.1 Por las fórmulas de integración indefinida de funciones hiperbólicas que contienen u; obtener:							
1)	$\int\left(2senh\dfrac{3x}{2}\right)dx$ $R = \dfrac{4}{3}\cosh\dfrac{3x}{2} + c$	3)	$\int \dfrac{\tanh 2x}{3}\,dx$ $R = \dfrac{1}{6}\ln\left|\cosh 2x\right| + c$	5)	$\int\left(3x\coth\tfrac{x^2}{4}\right)dx$ $R = 6\ln\left|senh\dfrac{x^2}{4}\right| + c$	7)	$\int \dfrac{\cosh\sqrt{x}}{4\sqrt{2x}}\,dx$ $R = \dfrac{1}{2\sqrt{2}}senh\sqrt{x} + c$
2)	$\int 5\cosh 2x\,dx$	4)	$\int \dfrac{3\sec h\,4x}{5}\,dx$	6)	$\int\left(5x\sec h^2 3x^2\right)dx$	8)	$\int \dfrac{2\tanh\tfrac{3}{x}}{6x^2}\,dx$

1.8.7 Integración indefinida de funciones hiperbólicas inversas que contienen u.

Fórmulas de integración indefinida de funciones hiperbólicas inversas que contienen u.

1) $\int arcsenh\, u\, du = u\, arcsenh\, u - \sqrt{u^2+1} + c$	4) $\int arc\coth u\, du = u\, arc\coth u + \dfrac{1}{2}\ln\left|u^2-1\right| + c$
2) $\int arccos h u\, du = u\, arccos h u - \sqrt{u^2-1} + c$	5) $\int arc\sec h u\, du = u\, arc\sec h u - \arctan\left(\dfrac{u}{u^2-1}\right) + c$
3) $\int arctanh u\, du = u\, arctanh u + \dfrac{1}{2}\ln\left|u^2-1\right| + c$	6) $\int arc\csc h u\, du = u\, arc\csc h u + \ln\left|u + \sqrt{u^2+1}\right| + c$

Ejemplos:

1) $\displaystyle\int 3\,arcsenh\,2x\,dx = (3)\left(\frac{1}{2}\right)\int arcsenh\,2x\,(2dx) = \frac{3}{2}(2x)\,arcsenh(2x) - \frac{3}{2}\sqrt{(2x)^2+1} + c$

$$= 3x\,arcsenh\,2x - \frac{3}{2}\sqrt{4x^2+1} + c$$

2) $\displaystyle\int \frac{arc\csc h\dfrac{x}{3}}{2}\,dx = \left(\frac{1}{2}\right)(3)\int arc\csc h\frac{x}{3}\left(\frac{dx}{3}\right) = \frac{3}{2}\left(\frac{x}{3}\,arc\csc h\frac{x}{3} + \ln\left|\frac{x}{3} + \sqrt{\left(\frac{x}{3}\right)^2+1}\right| + c\right)$

$$= \frac{x}{2}\,arc\csc h\frac{x}{3} + \frac{3}{2}\ln\left|\frac{x}{3} + \sqrt{\frac{x^2}{9}+1}\right| + c = \frac{x}{2}\,arc\csc h\frac{x}{3} + \frac{3}{2}\ln\left|\frac{x}{3} + \frac{1}{3}\sqrt{x^2+9}\right| + c$$

Ejercicios:

1.8.7.1 Por las fórmulas de integración indefinida de funciones hiperbólicas inversas que contienen u; obtener:	
1) $\displaystyle\int \frac{3\,arccos h5x}{5}\,dx$ $R = \dfrac{3}{5}x\,arccos h5x - \dfrac{3}{25}\sqrt{25x^2-1} + c$	3) $\displaystyle\int \frac{arc\csc h\,2x}{3}\,dx$ $R = \dfrac{2}{3}x\,arc\csc h2x + \dfrac{1}{6}\ln\left|25x^2+1\right| + c$
2) $\displaystyle\int 2\,arc\coth\frac{x}{3}\,dx$	4) $\displaystyle\int \frac{arc\,senh\,\frac{2}{x}}{5x^2}\,dx$

Clase: 1.9 Integración indefinida de funciones que contienen las formas $u^2 \pm a^2$

1.9.1 Integración indefinida de funciones que contienen las formas $u^2 \pm a^2$
- Ejemplos.
- Ejercicios.

1.9.1 Integración indefinida de funciones que contienen las formas $u^2 \pm a^2$

Con el propósito de hacer más ágil la integración, existen catálogos de fórmulas que contienen cientos y quizá miles de fórmulas. A continuación, se presenta un minicatálogo donde hemos seleccionado sólo diez fórmulas y forman parte de una muestra representativa que contienen en su estructura la característica común $u^2 \pm a^2$ y la finalidad es el aprendizaje en la identificación y aplicación de estas fórmulas a problemas concretos por lo que resultan útiles para el ejercicio de la presente integración y que servirá como base para la integración de problemas similares.

Minicatálogo de fórmulas de integración de funciones que contienen las formas: $u^2 \pm a^2 \quad \forall \quad a \geq 0$

1)	$\displaystyle\int \frac{1}{u^2 + a^2}\, du = \frac{1}{a}\arctan\frac{u}{a} + c$	6)	$\displaystyle\int \frac{1}{\sqrt{a^2 - u^2}}\, du = arcsen\frac{u}{a} + c$
2)	$\displaystyle\int \frac{1}{u^2 - a^2}\, du = \frac{1}{2a}\ln\left|\frac{u-a}{u+a}\right| + c$	7)	$\displaystyle\int \frac{1}{u\sqrt{u^2 + a^2}}\, du = -\frac{1}{a}\ln\left|\frac{a+\sqrt{u^2+a^2}}{u}\right| + c$
3)	$\displaystyle\int \frac{1}{a^2 - u^2}\, du = \frac{1}{2a}\ln\left|\frac{u+a}{u-a}\right| + c$	8)	$\displaystyle\int \sqrt{u^2 + a^2}\, du = \frac{u}{2}\sqrt{u^2+a^2} + \frac{a^2}{2}\ln\left|u+\sqrt{u^2+a^2}\right| + c$
4)	$\displaystyle\int \frac{1}{\sqrt{u^2 + a^2}}\, du = \ln\left|u+\sqrt{u^2+a^2}\right| + c$	9)	$\displaystyle\int \sqrt{u^2 - a^2}\, du = \frac{u}{2}\sqrt{u^2-a^2} - \frac{a^2}{2}\ln\left|u+\sqrt{u^2-a^2}\right| + c$
5)	$\displaystyle\int \frac{1}{\sqrt{u^2 - a^2}}\, du = \ln\left|u+\sqrt{u^2-a^2}\right| + c$	10)	$\displaystyle\int \sqrt{a^2 - u^2}\, du = \frac{u}{2}\sqrt{a^2-u^2} + \frac{a^2}{2}arcsen\frac{u}{2} + c$

Método de integración de funciones que contienen las formas $u^2 \pm a^2$:

1) Analice la función y saque la constante.
2) Identifique la fórmula que dará solución al problema.
3) Identifique "u^2" y obtenga "u"; y "du".
4) Identifique "a^2" y obtenga "a".
5) Haga el ajuste.
6) Integre.
7) Presente el resultado final.

Indicadores a evaluar:

1) Identifica y aplica las propiedades.
2) Identifica y aplica la formula.
3) Obtiene la integral.
4) Presenta el resultado final.

Ejemplos:

1) $\displaystyle \int \frac{5dx}{4x^2+9} = 5\int \frac{dx}{4x^2+9} = \left\langle \begin{array}{l} \displaystyle \int \frac{du}{u^2+a^2} = \frac{1}{a}arc\tan\frac{u}{a}+c \\[2mm] u^2 = 4x^2 \ \therefore\ u = 2x;\quad du = 2dx \\[2mm] a^2 = 9 \ \therefore\ a = 3 \end{array} \right\rangle \begin{array}{l} \displaystyle = 5\left(\frac{1}{2}\right)\int\frac{(2dx)}{4x^2+9} = \frac{5}{2}\left(\frac{1}{3}\arctan\frac{2x}{3}+c\right) \\[4mm] \displaystyle = \frac{5}{6}\arctan\frac{2x}{3}+c \end{array}$

2) $\displaystyle \int \frac{dx}{1-2x^2} = \left\langle \begin{array}{l} \displaystyle \int \frac{du}{a^2-u^2} = \frac{1}{2a}\ln\left|\frac{u+a}{u-a}\right|+c \\[2mm] a^2 = 1 \ \therefore\ a = 1 \\[2mm] u^2 = 2x^2;\ u = \sqrt{2}\,x;\quad du = \sqrt{2}\,dx \end{array} \right\rangle \begin{array}{l} \displaystyle = \frac{1}{\sqrt{2}}\int\frac{\left(\sqrt{2}\,dx\right)}{1-2x^2} = \frac{1}{\sqrt{2}}\left(\frac{1}{2(1)}\ln\left|\frac{\sqrt{2}\,x+1}{\sqrt{2}\,x-1}\right|+c\right) \\[4mm] \displaystyle = \frac{1}{2\sqrt{2}}\ln\left|\frac{\sqrt{2}\,x+1}{\sqrt{2}\,x-1}\right|+c \end{array}$

3) $\displaystyle \int \frac{3dx}{2\sqrt{x^2-5}} = \frac{3}{2}\int \frac{dx}{\sqrt{x^2-5}} = \left\langle \begin{array}{l} \displaystyle \int \frac{du}{\sqrt{u^2-a^2}} = \ln\left|u+\sqrt{u^2-a^2}\right|+c \\[2mm] u^2 = x^2;\ u = x;\quad du = dx \\[2mm] a^2 = 5;\quad a = \sqrt{5} \end{array} \right\rangle \begin{array}{l} \displaystyle = \frac{3}{2}\int\frac{(dx)}{\sqrt{x^2-5}} \\[4mm] \displaystyle = \frac{3}{2}\ln\left|x+\sqrt{x^2-5}\right|+c \end{array}$

4) $\displaystyle \int \frac{dx}{4x\sqrt{2x^2+4}} = \left\langle \begin{array}{l} \displaystyle \int \frac{1}{u\sqrt{u^2+a^2}}du = -\frac{1}{a}\ln\left|\frac{a+\sqrt{u^2+a^2}}{u}\right|+c \\[2mm] u^2 = 2x^2;\ u = x\sqrt{2};\quad du = \sqrt{2}\,dx \\[2mm] a^2 = 4;\quad a = 2 \end{array} \right\rangle \begin{array}{l} \displaystyle = \frac{1}{4}\frac{(\sqrt{2})}{(\sqrt{2})}\int\frac{1}{(x\sqrt{2})\sqrt{2x^2+4}}\left(\sqrt{2}\,dx\right) \\[4mm] \displaystyle = \frac{1}{4}\left(-\frac{1}{2}\ln\left|\frac{2+\sqrt{2x^2+4}}{x\sqrt{2}}\right|+c\right) \\[4mm] \displaystyle = -\frac{1}{8}\ln\left|\frac{2+\sqrt{2x^2+4}}{x\sqrt{2}}\right|+c \end{array}$

5) $\displaystyle \int \sqrt{16-\frac{3x^2}{5}}\,dx = \left\langle \begin{array}{l} \displaystyle Integral\ tipo: \int \sqrt{a^2-u^2}\,du \\[2mm] u^2 = \frac{3x^2}{5};\quad u = x\sqrt{\frac{3}{5}} \\[2mm] du = \sqrt{\frac{3}{5}}\,dx \\[2mm] a^2 = 16;\quad a = 4 \end{array} \right\rangle \begin{array}{l} \displaystyle = \sqrt{\frac{5}{3}}\int\sqrt{16-\frac{3x^2}{5}}\left(\sqrt{\frac{3}{5}}\,dx\right) \\[4mm] \displaystyle = \sqrt{\frac{5}{3}}\left(\frac{x\sqrt{\frac{3}{5}}}{2}\sqrt{16-\frac{3x^2}{5}}+\frac{16}{2}arcsen\frac{x\sqrt{\frac{3}{5}}}{4}+c\right) \\[4mm] \displaystyle = \frac{x}{2}\sqrt{16-\frac{3x^2}{5}}+8\sqrt{\frac{5}{3}}arcsen\frac{x}{4}\sqrt{\frac{3}{5}}+c \end{array}$

6) $\displaystyle \int \frac{3dx}{\sqrt{x^2-2x+5}}\,dx = \left\langle \begin{array}{l} x^2-2x+5 = (x-1)^2+? \\[2mm] = x^2-2x+1+4 \\[2mm] = (x-1)^2+4 \end{array} \right\rangle = 3\int\frac{dx}{\sqrt{(x-1)^2+4}} \left\langle \begin{array}{l} \displaystyle Integral\ tipo: \int\frac{1}{\sqrt{u^2+a^2}}du \\[2mm] u^2 = (x-1)^2;\ u = x-1 \\[2mm] du = dx;\ a^2 = 4;\ a = 2 \end{array} \right\rangle$

$$= 3\left(\ln\left|(x-1)+\sqrt{(x-1)^2+4}\right|+c\right) = 3\ln\left|x-1+\sqrt{x^2-2x+5}\right|+c$$

7) $\displaystyle\int \frac{5dx}{2x^2-8x+1}\,dx = \left\langle \begin{array}{l} 2x^2-8x+1 = 2\left(x^2-4x+\tfrac{1}{2}\right) \\ \quad = 2\left((x-2)^2+?\right) \\ \quad = 2\left(x^2-4x+4-\tfrac{7}{2}\right) \\ \quad = 2\left((x-2)^2-\tfrac{7}{2}\right) \end{array} \right\rangle = \frac{5}{2}\int \frac{dx}{(x-2)^2-\tfrac{7}{2}} \left\langle \begin{array}{l} Integral\,tipo : \displaystyle\int \frac{1}{u^2-a^2}\,du \\ u^2=(x-2)^2;\quad u=x-2 \\ du=dx;\quad a^2=\tfrac{7}{2};\quad a=\sqrt{\tfrac{7}{2}} \end{array} \right\rangle$

$$= \frac{5}{2}\left(\frac{1}{2\left(\sqrt{\tfrac{7}{2}}\right)}\ln\left| \frac{(x-2)-\left(\sqrt{\tfrac{7}{2}}\right)}{(x-2)+\left(\sqrt{\tfrac{7}{2}}\right)} \right| + c \right) = \frac{5}{2\sqrt{14}}\ln\left| \frac{x-2-\sqrt{\tfrac{7}{2}}}{x-2+\sqrt{\tfrac{7}{2}}} \right| + c = \frac{5}{2\sqrt{14}}\ln\left| \frac{x\sqrt{2}-2\sqrt{2}-\sqrt{7}}{x\sqrt{2}-2\sqrt{2}+\sqrt{7}} \right| + c$$

Ejercicios:

1.9.1.1 Por el Método de integración indefinida de funciones que contienen las formas u² ± a²: obtener la integral indefinida de las siguientes funciones:	
1) $\displaystyle\int \frac{5}{9x^2+2}\,dx$ $R=\dfrac{5}{3\sqrt{2}}\arctan\dfrac{3x}{\sqrt{2}}+c$	9) $\displaystyle\int \frac{1}{\sqrt{16-9x^2}}\,dx$ $R=\dfrac{1}{3}arcsen\dfrac{3x}{4}+c$
2) $\displaystyle\int \frac{3}{4x^2+3}\,dx$	10) $\displaystyle\int \frac{2}{5x\sqrt{4x^2+1}}\,dx$
3) $\displaystyle\int \frac{2}{3x^2-8}\,dx$ $R=\dfrac{1}{\sqrt{24}}\ln\left|\dfrac{\sqrt{3}\,x-\sqrt{8}}{\sqrt{3}\,x+\sqrt{8}}\right|+c$	11) $\displaystyle\int \sqrt{x^2+9}\,dx$ $R=\dfrac{x}{2}\sqrt{x^2+9}+\dfrac{9}{2}\ln\left|x+\sqrt{x^2+9}\right|+c$
4) $\displaystyle\int \frac{6}{4-9x^2}\,dx$	12) $\displaystyle\int \sqrt{2x^2+4}\,dx$
5) $\displaystyle\int \frac{2}{\sqrt{2x^2+16}}\,dx$ $R=\sqrt{2}\ln\left|\sqrt{2}+\sqrt{2x^2+16}\right|+c$	13) $\displaystyle\int \frac{3\sqrt{5x^2-9}}{2}\,dx$ $R=\dfrac{3x}{4}\sqrt{5x^2-9}-\dfrac{27}{4\sqrt{5}}\ln\left|x\sqrt{5}+\sqrt{5x^2-9}\right|+c$
6) $\displaystyle\int \frac{dx}{\sqrt{3x^2+9}}$	14) $\displaystyle\int \sqrt{4-x^2}\,dx$
7) $\displaystyle\int \frac{3}{\sqrt{4x^2-5}}\,dx$ $R=\dfrac{3}{2}\ln\left|2x+\sqrt{4x^2-5}\right|+c$	15) $\displaystyle\int \sqrt{x^2+2x+5}\,dx$ $R=\dfrac{x+1}{2}\sqrt{x^2+2x+5}+2\ln\left|x+1+\sqrt{x^2+2x+5}\right|+c$
8) $\displaystyle\int \frac{dx}{\sqrt{3-4x^2}}$	16) $\displaystyle\int \frac{2}{5\sqrt{3x^2-12x+18}}\,dx$

Evaluaciones tipo: Unidad 1; La integral indefinida.

Evaluación (parcial) tipo (A):				Fecha:	
EXAMEN DE CÁLCULO INTEGRAL				Hora:	
				Oportunidad: 1a 2a	No. de lista:
Apellido paterno	Apellido materno		Nombre(s)	Unidad: 1. Tema: La integral indefinida	
Calificaciones:				Elab:	Clave:
Examen	Participaciones	Tareas	Examen sorpresa	Otras	Calificación final

1) En la celda "Respuesta correcta" escriba con tinta la clave correspondiente a la solución del problema.
2) En el reverso de la hoja resuelva únicamente los problemas que contienen en la celda "Respuesta correcta" las siglas (SRD).
3) En caso de que asigne la clave correcta en celdas con siglas (SRD) sin haber resuelto el problema, este no tendrá valor.
4) Para tener derecho a puntos extras, deberá obtener como mínimo el 40% del examen aprobado.
5) Iniciada la evaluación no se permite el uso de celulares, internet, ni intercambiar información o material.
6) Cualquier operación, actitud o intento de fraude será sancionada con la no aprobación del examen.

1) $d\left(\dfrac{3x}{4}\right)=?$	$\dfrac{3}{4}$	$\dfrac{4}{3}dx$	*Ninguna*	$\dfrac{3}{4}dx$	Respuesta correcta
	Clave: 3QFNA	Clave: 3UYRU	Clave: 3PSDW	Clave: 3LMCS	
2) $d\left(3\ln 2x\right)$	$\dfrac{3}{x}dx$	*Ninguna*	$\dfrac{3}{2x}dx$	$\dfrac{2\,dx}{3}$	Respuesta correcta
	Clave: 2DRBA	Clave: 2UZRZ	Clave: 2PSDK	Clave: 3LMXC	
3) $d\left(2e^{\frac{x}{3}}\right)$	$2e^{\frac{x}{3}}dx$	$\dfrac{2}{3}e^{3x}dx$	$\dfrac{2}{3}e^{\frac{x}{3}}dx$	*Ninguna*	Respuesta correcta
	Clave: 3NUYT	Clave: 3TRYL	Clave: 3UTGN	Clave: 3LMWC	
4) $d\left(2\cos\dfrac{x}{3}\right)$	*Ninguna*	$\dfrac{2}{3}sen\dfrac{x}{3}dx$	$-2sen\dfrac{x}{3}dx$	$-\dfrac{2}{3}sen\dfrac{x}{3}dx$	Respuesta correcta
	Clave: 4OJKY	Clave: 4NMRH	Clave: 4UHND	Clave: 4DFNT	
5) $d\left(2arc\cot\dfrac{1}{2x}\right)$	$-\dfrac{4}{4x^2+1}dx$	*Ninguna*	$\dfrac{4}{4x^2+1}dx$	$-\dfrac{2}{4x^2+1}dx$	Respuesta correcta
	Clave: 5GRDO	Clave: 5MHJW	Clave: 5XZSA	Clave: 5PUTE	
6) $d\left(3senh\sqrt{2x}\right)$	*Ninguna*	$\dfrac{3}{\sqrt{2x}}\cosh\sqrt{2x}\,dx$	$\dfrac{3}{2\sqrt{2x}}\cosh\sqrt{2x}\,dx$	$\dfrac{6}{\sqrt{2x}}\cosh\sqrt{2x}\,dx$	Respuesta correcta (SRD)
	Clave: 6DRGB	Clave: 6MKHS	Clave: 6XMRL	Clave: 6RTGP	
7) $d\left(\tan e^{2x}\right)$	$2e^{2x}\sec^2 e^{2x}dx$	$2\sec^2 e^{2x}dx$	$e^{2x}\sec^2 e^{2x}dx$	*Ninguna*	Respuesta correcta
	Clave: 7GHRV	Clave: 7MZSQ	Clave: 7LTGH	Clave: 7PLUT	
8) $d\left(arcsenh\dfrac{x}{2}\right)$	$\dfrac{1}{2\sqrt{x^2+4}}dx$	*Ninguna*	$\dfrac{1}{\sqrt{x^2+4}}dx$	$\dfrac{2}{\sqrt{x^2+4}}dx$	Respuesta correcta
	Clave: 8GRDS	Clave: 8MHJW	Clave: 8XZSA	Clave: 8PUTE	
9) $d\left(2x\ln\dfrac{2}{x}\right)$	*Ninguna*	$\left(-2+2\ln\dfrac{2}{x}\right)dx$	$\left(-\dfrac{2}{x}+2\ln\dfrac{2}{x}\right)dx$	$\left(-\dfrac{4}{x}+\ln\dfrac{2}{x}\right)dx$	Respuesta correcta (SRD)
	Clave: 9RWEY	Clave: 9LMKL	Clave: 9WQGH	Clave: 9NVCF	
10) $d\left(\dfrac{e^{2x}}{\sqrt{2x}}\right)$	$\left(\dfrac{2xe^{2x}-e^{2x}}{\sqrt{8x^3}}\right)dx$	$\left(\dfrac{4xe^{2x}-e^{2x}}{\sqrt{8x^3}}\right)dx$	*Ninguna*	$\left(\dfrac{4xe^{2x}-e^{2x}}{\sqrt{2x^3}}\right)dx$	Respuesta correcta
	Clave: 10FGRT	Clave: 10DGED	Clave: 10WQAX	Clave: 10PUTE	

Evaluación (parcial) tipo (B):				Fecha:	
EXAMEN DE CÁLCULO INTEGRAL				Hora:	
				Oportunidad: 1a 2a	No. de lista:
Apellido paterno Apellido materno Nombre(s)				Unidad: 1. Tema: La integral indefinida	
Calificaciones:				Elab:	Clave:
Examen	Participaciones	Tareas	Examen sorpresa	Otras	Calificación final

1) En la celda "Respuesta correcta" escriba <u>con tinta</u> la clave correspondiente a la solución del problema.
2) En el reverso de la hoja resuelva únicamente los problemas que contienen en la celda "Respuesta correcta" las siglas (SRD).
3) En caso de que asigne la clave correcta en celdas con siglas (SRD) sin haber resuelto el problema, este no tendrá valor.
4) Para tener derecho a puntos extras, deberá obtener como mínimo el 40% del examen aprobado.
5) Iniciada la evaluación no se permite el uso de celulares, internet, ni intercambiar información o material.
6) Cualquier operación, actitud o intento de fraude será sancionada con la no aprobación del examen.

					Respuesta correcta
1) $\int\left(2x+\dfrac{e^x}{3}\right)dx$	$x^2+\dfrac{e^x}{3}$	$Ninguna$	$2x^2+\dfrac{e^x}{3}+c$	$x^2+\dfrac{e^x}{3}+c$	Respuesta correcta
	Clave: 1UGHC	Clave: 1MH2P	Clave: 1ADWQ	Clave: 1RTDJ	
2) $\int\left(\dfrac{2}{\sqrt{1-3x}}\right)dx$	$Ninguna$	$-\dfrac{4}{3}\sqrt{1-3x}+c$	$-\dfrac{2}{3}\sqrt{1-3x}+c$	$\dfrac{4}{3}\sqrt{1-3x}+c$	Respuesta correcta
	Clave: 2MHGH	Clave: 2FGRO	Clave: 2PLOB	Clave: 2GDRE	
3) $\int\left(\dfrac{x}{2x+1}\right)dx$	$\dfrac{x}{2}+\dfrac{\ln(2x+1)}{4}+c$	$\dfrac{x}{2}-\dfrac{\ln(2x+1)}{2}+c$	$\dfrac{x}{2}-\dfrac{\ln(2x+1)}{4}+c$	$Ninguna$	Respuesta correcta
	Clave: 3MH0K	Clave: 3KLMG	Clave: 3HNMS	Clave: 3PUTR	
4) $\int\left(2xe^{\frac{2x^2}{3}}\right)dx$	$\dfrac{4}{3}e^{\frac{2x^2}{3}}+c$	$Ninguna$	$\dfrac{2}{3}e^{\frac{2x^2}{3}}+c$	$\dfrac{3}{2}e^{\frac{2x^2}{3}}+c$	Respuesta correcta (SRD)
	Clave: 4RTEF	Clave: 4TREH	Clave: 4TYHG	Clave: 4WQ9E	
5) $\int\left(\dfrac{3\ln\frac{2}{x}}{x^2}\right)dx$	$Ninguna$	$-\dfrac{3}{x}\left(\ln\left|\dfrac{2}{x}\right|-1\right)+c$	$-\dfrac{2}{x}\left(\ln\left|\dfrac{2}{x}\right|-1\right)+c$	$\dfrac{3}{x}\left(\ln\left|\dfrac{2}{x}\right|-1\right)+c$	Respuesta correcta
	Clave: 5MY2T	Clave: 5KUHS	Clave: 5VGRE	Clave: 5MHGN	
6) $\int\left(\dfrac{5sen\sqrt{x}}{3\sqrt{x}}\right)dx$	$-\dfrac{10}{3}\cos\sqrt{x}+c$	$\dfrac{10}{3}\cos\sqrt{x}+c$	$Ninguna$	$-\dfrac{5}{3}\cos\sqrt{x}+c$	Respuesta correcta
	Clave: 6KHUA	Clave: 6KMVN	Clave: 6TREM	Clave: 6AD0I	
7) $\int\left(\dfrac{2\cos^3 4x\,sen4x}{3}\right)dx$	$-\dfrac{2}{3}\cos^4 4x+c$	$Ninguna$	$\dfrac{1}{24}\cos^4 4x+c$	$-\dfrac{1}{24}\cos^4 4x+c$	Respuesta correcta
	Clave: 7UGKH	Clave: 7RETP	Clave: 7HG0W	Clave: 7PULN	
8) $\int\left(\dfrac{2\arctan 3x}{3}\right)dx$	$Ninguna$	$\dfrac{2x}{3}\arctan 3x-\dfrac{2}{9}\ln\left|9x^2+1\right|+c$	$\dfrac{2x}{3}\arctan 3x-\dfrac{1}{9}\ln\left|3x^2+1\right|+c$	$\dfrac{2x}{3}\arctan 3x-\dfrac{1}{9}\ln\left|9x^2+1\right|+c$	Respuesta correcta
	Clave: 8RTEG	Clave: 8UJKA	Clave: 8REWQ	Clave: 8RT9T	
9) $\int\left(2senh\dfrac{3x}{2}\right)dx$	$-\dfrac{4}{3}\cosh\dfrac{3x}{2}+c$	$Ninguna$	$\dfrac{3}{2}\cosh\dfrac{3x}{2}+c$	$\dfrac{4}{3}\cosh\dfrac{3x}{2}+c$	Respuesta correcta (SRD)
	Clave: 9UGKH	Clave: 9RETK	Clave: 9HG2E	Clave: 9PULO	
10) $\int\left(3x\coth\dfrac{x^2}{4}\right)dx$	$6\ln\left(senh\frac{x^2}{4}\right)+c$	$3\ln\left(senh\frac{x^2}{4}\right)+c$	$Ninguna$	$\dfrac{3}{4}\ln\left(senh\frac{x^2}{4}\right)+c$	Respuesta correcta
	Clave: 10H0S	Clave: 10DFR	Clave: 10ASRH	Clave: 10BNHM	

Evaluación parcial tipo (C):		Fecha:	

EXAMEN DE CÁLCULO INTEGRAL

	Hora:	
	Oportunidad: 1a 2a	No. de lista:

Apellido paterno	Apellido materno	Nombre(s)	Unidad: 1. Tema: La integral indefinida
Calificaciones:			Elab:	Clave:

Examen	Participaciones	Tareas	Examen sorpresa	Otras	Calificación final

1) En las dos primeras columnas de la izquierda aparecen las integrales con sus claves; Estas deben de correlacionarse con las respuestas correctas de la cuarta columna, asentando las claves correspondientes en la tercera columna.
2) En el reverso de la hoja resuelva únicamente las integrales que contienen en la celda las siglas (SRD).
3) En caso de que asigne la clave correcta en celdas con siglas (SRD) sin haber resuelto el problema, este no tendrá valor.
4) Para tener derecho a puntos extras, deberá obtener como mínimo el 40% del examen aprobado.
5) Iniciada la evaluación no se permite el uso de celulares, internet, ni intercambiar información o material.
6) Cualquier operación, actitud o intento de fraude será sancionada con la no aprobación del examen.

Pregunta:	Clave de la pregunta	Clave de la pregunta en la respuesta correcta	Respuesta correcta
$\int \left(\dfrac{x}{x} - 1 \right) dx$	ABT1		$x^2 + c$
$\int \dfrac{2x}{x+x} dx$ (SRD)	ACX2		$\dfrac{1}{\sqrt{x}} + c$
$\int 2x\, dx$	OAD3		$2\,sen^2\, 2x + c$
$\int 2\sqrt{x}\, dx$	AHE4		$\dfrac{1}{2}\,sen^2\, 2x + c$
$\int \dfrac{3x}{2x^2} dx$	AFU5		$0 + c$
$\int \dfrac{3}{1-2x} dx$ (SRD)	MAG6		$-\dfrac{3}{2}\ln(1-2x) + c$
$\int sen\, 2x \cos 2x\, dx$	ANH7		$2\,sen\,\dfrac{x}{2} + c$
$\int 4\,sen\, 2x \cos 2x\, dx$	TAE8		$-\dfrac{1}{2}\ln(\cos 2x) + c$
$\int \cos \dfrac{x}{2} dx$ (SRD)	RAZ9		$x + c$
$\int \dfrac{sen\, 2x}{\cos 2x} dx$	AK10		$\dfrac{3}{2}\,tag\, x + c$
			$\dfrac{3}{2}\ln x + c$
			$\dfrac{3}{2}\ln(2x+1) + c$

Evaluación tipo (D):					
NOMBRE DE LA INSTITUCIÓN EDUCATIVA **EXAMEN DE CÁLCULO INTEGRAL**			Fecha:		
			Hora:		
			Oportunidad: 1a 2a	No. de lista:	
Apellido paterno Apellido materno Nombre(s)			Unidad: 1. Tema: La integral indefinida		
Calificaciones:			Elab:	Clave:	
Examen	Participaciones	Tareas	Examen sorpresa	Otras	Calificación final

1) En la celda "Respuesta correcta" escriba <u>con tinta</u> la clave correspondiente a la solución del problema.
2) En el reverso de la hoja resuelva únicamente los problemas que contienen en la celda "Respuesta correcta" las siglas (SRD).
3) En caso de que asigne la clave correcta en celdas con siglas (SRD) sin haber resuelto el problema, este no tendrá valor.
4) Para tener derecho a puntos extras, deberá obtener como mínimo el 40% del examen aprobado.
5) Iniciada la evaluación no se permite el uso de celulares, internet, ni intercambiar información o material.
6) Cualquier operación, actitud o intento de fraude será sancionada con la no aprobación del examen.

1) $d\left(\dfrac{\sqrt{3x}}{3}\right)$	$\dfrac{1}{6\sqrt{3x}}dx$	$\dfrac{1}{2\sqrt{3x}}dx$	$Ninguna$	$\dfrac{1}{6\sqrt{x}}dx$	Respuesta correcta
	Clave: 1OSWA	Clave: 1OYRJ	Clave: 1ONMX	Clave: 1OMCV	
2) $d\left(\dfrac{5-x}{2x}\right)$	$Ninguna$	$\dfrac{5}{2x^2}dx$	$\left(-\dfrac{5}{2x^2}-\dfrac{1}{2}\right)dx$	$-\dfrac{5}{2x^2}dx$	Respuesta correcta
	Clave: 1BNGH	Clave: 1YURT	Clave: 1NHYK	Clave: 1LPIO	
3) $d\left(2e^{-\frac{x}{2}}\right)$	$-e^{-\frac{x}{2}}dx$	$e^{-\frac{x}{2}}dx$	$-2e^{-\frac{x}{2}}dx$	$Ninguna$	Respuesta correcta
	Clave: 2MHNS	Clave: 2RTFH	Clave: 2PLUY	Clave: 2BNDP	
4) $d\left(arctg\,3x\right)$	$\dfrac{1}{1+9x^2}dx$	$Ninguna$	$\dfrac{3}{1+3x^2}dx$	$\dfrac{3}{1+9x^2}dx$	Respuesta correcta
	Clave: 3NMHO	Clave: 3BNML	Clave: 3CVBR	Clave: 3RTEE	
5) $\displaystyle\int\left(\dfrac{2x+5}{2}\right)^4 dx$	$\dfrac{(2x+5)^5}{32}+c$	$\dfrac{(2x+5)^5}{160}+c$	$Ninguna$	$\dfrac{(2x+5)^2}{2}+c$	Respuesta correcta
	Clave: 4ASDI	Clave: 4TRES	Clave: 4LKUP	Clave: 4KHMU	
6) $\displaystyle\int\left(\sqrt{\dfrac{x}{3}}-2\right)dx$	$Ninguna$	$6\sqrt{\left(\dfrac{x}{3}-2\right)^3}+c$	$3\sqrt{\left(\dfrac{x}{3}-2\right)^3}+c$	$2\sqrt{\left(\dfrac{x}{3}-2\right)^3}+c$	Respuesta correcta (SRD)
	Clave: 5ASDQ	Clave: 5OPUH	Clave: 5TREH	Clave: 5LKMA	
7) $\displaystyle\int\left(\dfrac{3x\sqrt{2x^2}}{5}\right)dx$	$\dfrac{\sqrt{(2x^2)^3}}{10}+c$	$\dfrac{\sqrt{8x^6}}{5}+c$	$\dfrac{\sqrt{(2x^2)^3}}{5}+c$	$Ninguna$	Respuesta correcta
	Clave: 6NHGN	Clave: 6NMGP	Clave: 6PLOH	Clave: 6RTEY	
8) $\displaystyle\int\left(\dfrac{\ln\frac{2}{3x}}{x^2}\right)dx$	$\dfrac{3\ln\left(\left|\frac{2}{3x}\right|-1\right)}{2x}+c$	$Ninguna$	$-\dfrac{\ln\left(\left|\frac{2}{3x}\right|-1\right)}{2x}+c$	$-\dfrac{\ln\left(\left|\frac{2}{3x}\right|-1\right)}{x}+c$	Respuesta correcta
	Clave: 7MNBH	Clave: 7HYRA	Clave: 7POUL	Clave: 7TRET	
9) $\displaystyle\int\dfrac{\cos^3 3x\,sen\,3x}{3}dx$	$Ninguna$	$-\dfrac{1}{12}\cos^4 3x+c$	$-\dfrac{1}{36}\cos^4 3x+c$	$\dfrac{1}{36}\cos^4 3x+c$	Respuesta correcta
	Clave: 8UHKP	Clave: 8RGMH	Clave: 8BEQO	Clave: 8LMNV	
10) $\displaystyle\int\left(\dfrac{arcsen\sqrt{x}}{\sqrt{x}}\right)dx$	$\sqrt{x}arcsen\sqrt{x}$ $+\sqrt{1-x}+c$	$2\sqrt{x}arcsen\sqrt{x}$ $+2\sqrt{1-x}+c$	$\sqrt{x}arcsen\sqrt{x}$ $+\sqrt{1-\sqrt{x}}+c$	$Ninguna$	Respuesta correcta (SRD)
	Clave: 9TUTR	Clave: 9PLOS	Clave: 9WQPE	Clave: 9PLTH	

Evaluación tipo (E):

NOMBRE DE LA INSTITUCIÓN EDUCATIVA			
Ficha 1) Unidad: 1. Materia: Cálculo integral. Tema: La integral indefinida.			
No	Problema	Indicadores a evaluar	Resultado final / Anexar hoja con procedimiento
1.1)	$d\left(5 - \dfrac{1}{2x}\right)$	1) Procedimiento. 2) Resultado final.	
1.2)	$\int \sqrt{3x - 5}\,dx$	1) Procedimiento. 2) Resultado final.	
1.3)	$\int \left(3\ln 2x\right)dx$	1) Procedimiento. 2) Resultado final.	
1.4)	$\int \left(\dfrac{\cos\sqrt{x}}{4\sqrt{x}}\right)dx$	1) Procedimiento. 2) Resultado final.	
1.5)	$\int \left(2xe^{4x^2}\right)dx$	1) Procedimiento. 2) Resultado final.	

NOMBRE DE LA INSTITUCIÓN EDUCATIVA			
Ficha 2) Unidad: 1. Materia: Cálculo integral. Tema: La integral indefinida.			
No	Problema	Indicadores a evaluar	Resultado final / Anexar hoja con procedimiento
2.1)	$d\left(3 - \dfrac{1}{4x}\right)$	1) Procedimiento. 2) Resultado final.	
2.2)	$\int \dfrac{4}{\sqrt{2x + 1}}\,dx$	1) Procedimiento. 2) Resultado final.	
2.3)	$\int \left(\dfrac{4e^{2x}}{3}\right)dx$	1) Procedimiento. 2) Resultado final.	
2.4)	$\int \left(2x\ln 3x^2\right)dx$	1) Procedimiento. 2) Resultado final.	
2.5)	$\int \left(\dfrac{2\,\text{sen}\sqrt{x}}{\sqrt{x}}\right)dx$	1) Procedimiento. 2) Resultado final.	

NOMBRE DE LA INSTITUCIÓN EDUCATIVA			
Ficha 3) Unidad: 1. Materia: Cálculo integral. Tema: La integral indefinida.			
No	Problema	Indicadores a evaluar	Resultado final / Anexar hoja con procedimiento
3.1)	$d\left(2\ln 3x\right)$	1) Procedimiento. 2) Resultado final.	
3.2)	$\int \dfrac{\left(4x + 1\right)^3}{2}\,dx$	1) Procedimiento. 2) Resultado final.	
3.3)	$\int \left(\dfrac{3e^{2x}}{4}\right)dx$	1) Procedimiento. 2) Resultado final.	
3.4)	$\int \left(\dfrac{2x\,\text{sen}\,x^2}{3}\right)dx$	1) Procedimiento. 2) Resultado final.	
3.5)	$\int \left(\dfrac{2\,arcsen\,2x}{3}\right)$	1) Procedimiento. 2) Resultado final.	

Evaluación tipo (F):			Fecha:	
NOMBRE DE LA INSTITUCIÓN EDUCATIVA **EXAMEN DE CÁLCULO INTEGRAL**			Hora:	
			Oportunidad: 1a 2a	No. de lista:
Apellido paterno	Apellido materno	Nombre(s)	Unidad: 1. Tema: La integral indefinida	
Calificaciones:			Elab: 7/Ene/2019	Clave:

Examen	Participaciones	Examen sorpresa	Tareas	Puntualidad y asistencia	Valores	Calificación final

1) En la celda "Respuesta correcta" escriba la clave correspondiente a la solución del problema.
2) En el espacio indicado resuelva los problemas 8, 9 y 10. Será evaluado el procedimiento y el resultado.
3) Para tener derecho a puntos extras, deberá obtener como mínimo el 40% de este examen aprobado.
4) Iniciada la evaluación no se permite el uso de celulares, internet, ni intercambiar información o material.
5) Cualquier operación, actitud o intento de fraude será sancionada con la no aprobación del examen.
6) Los resultados estarán disponibles en un tiempo no mayor de 72 horas hábiles.

2) $d\left(4\ln\frac{x}{2}\right)$	$\frac{1}{x}dx$ Clave: 2ROMR	*Ninguna* Clave: 2UZHZ	$\frac{2}{x}dx$ Clave: 2PSDK	$\frac{4}{x}dx$ Clave: 3LMXC	Respuesta correcta
1) $\int(1-2x)\,dx$	$x-x^2+c$ Clave. 1CAHR	*Ninguna* Clave: 1OH2P	$-x^2+c$ Clave: 1CDWW	$x-\frac{x^2}{2}+c$ Clave: 1MTDU	Respuesta correcta
2) $\int\left(\frac{2}{4x-1}\right)dx$	*Ninguna* Clave: 2THGO	$\frac{1}{4}\ln\|4x-1\|+c$ Clave: 2KGRZ	$\frac{1}{2}\ln\|4x-1\|+c$ Clave. 2PL0I	$2\ln\|4x-1\|+c$ Clave: 2ODRW	Respuesta correcta
3) $\int\frac{4x\,sen\,x^2}{5}dx$	$\frac{2}{5}\cos x^2+c$ Clave: 3RTEF	*Ninguna* Clave: 3TPEY	$-\frac{2}{5}\cos x^2+c$ Clave. 3YYHS	$-\frac{4}{5}\cos x^2+c$ Clave: 3PQ9X	Respuesta correcta
4) $\int\left(\frac{4e^{\sqrt{x}}}{3\sqrt{x}}\right)dx$	*Ninguna* Clave: 4WY2U	$\frac{4}{3}e^{\sqrt{x}}+c$ Clave. 4KUHE	$\frac{2}{3}e^{\sqrt{x}}+c$ Clave: 4EGRK	$\frac{8}{3}e^{\sqrt{x}}+c$ Clave. 4EHGT	Respuesta correcta
5) $\int\left(4senh\frac{4x}{3}\right)dx$	$4\cosh\frac{4x}{3}+c$ Clave: 5RHUE	$-3\cosh\frac{4x}{3}+c$ Clave: 5UMVL	$3\cosh\frac{4x}{3}+c$ Clave. 5YOEI	*Ninguna* Clave: 5LD0W	Respuesta correcta
6) $\int(2\,arcsen\,2x)\,dx$	$2x\,arcsen2x+\sqrt{1-4x^2}+c$ Clave. 6RHUN	*Ninguna* Clave: 6UMVY	$2x\,arcsen2x+2\sqrt{1-4x^2}+c$ Clave: 6YOEW	$4x\,arcsen2x+2\sqrt{1-4x^2}+c$ Clave: 6LD0L	Respuesta correcta
8) $d\left(4\cos\frac{3x}{2}\right)$					
9) $\int\left(\frac{2}{\sqrt{4x-1}}\right)dx$					
10) $\int(4sen^3 2x\cos 2x)\,dx$					

Por favor evalúe el examen:	Muy fácil: 0	Fácil: 0	Regular: 0	Difícil: 0	Muy difícil: 0

Formularios: Unidad 1. La integral indefinida.

Fórmulas de diferenciales de funciones que contienen x^n y u:

Propiedades:

$$1) \quad d\big(k\,f(x)\big) = k\,d\big(f(x)\big) \qquad\qquad 2) \quad d\big(f(x) \pm g(x)\big) = d\big(f(x)\big) \pm d\big(g(x)\big)$$

Fórmula de diferenciación de funciones que contienen x^n

$$1) \quad d\big(x^n\big) = nx^{n-1}dx$$

Fórmulas de diferenciación de funciones que contienen u:

Algebraicas:

$$1) = \quad d\big(u^n\big) = nu^{n-1}du \qquad\qquad 2) \quad d\big(\sqrt{u}\big) = \frac{1}{2\sqrt{u}}du \qquad\qquad 3) \quad d\left(\frac{1}{u}\right) = -\frac{1}{u^2}du$$

Exponenciales:

$$1) \quad d\big(e^u\big) = e^u du \qquad \forall e \approx 2.71828....$$

$$2) \quad d\big(a^u\big) = a^u \ln a\, du$$

$$3) \quad d\big(u^v\big) = u^v \ln u\, dv + vu^{v-1}du$$

Logarítmicas:

$$1) \quad d\,(\ln u) = \frac{1}{u}du \qquad \forall a > 0 \neq 1$$

$$2) \quad d\,(\log_a u) = \frac{1}{u \ln a}du$$

Trigonométricas:

$$1) \quad d\,(sen\,u) = \cos u\, du$$

$$2) \quad d\,(\cos u) = -sen\,u\, du$$

$$3) \quad d\,(\tan u) = \sec^2 u du$$

$$4) \quad d\,(\cot u) = -\csc^2 u\, du$$

$$5) \quad d\,(\sec u) = \tan u \sec u\, du$$

$$6) \quad d\,(\csc u) = -\cot u \csc u\, du$$

Trigonométricas inversas:

$$1) \quad d\,(arcsen u) = \frac{1}{\sqrt{1-u^2}}du$$

$$2) \quad d\,(arc\cos u) = -\frac{1}{\sqrt{1-u^2}}du$$

$$3) \quad d\,(arc\tan u) = \frac{1}{1+u^2}du$$

$$4) \quad d\,(arc\cot u) = -\frac{1}{1+u^2}du$$

$$5) \quad d\,(arc\sec u) = \frac{1}{u\sqrt{u^2-1}}du$$

$$6) \quad d\,(arc\csc u) = -\frac{1}{u\sqrt{u^2-1}}du$$

Hiperbólicas:

$$1) \quad d\,(sen h u) = \cosh u\, du$$

$$2) \quad d\,(\cosh u) = sen h u\, du$$

$$3) \quad d(\tanh u) = \sec h^2 u\, du$$

$$4) \quad d(\coth u) = -\csc h^2 u\, du$$

$$5) \quad d\,(\sec h u) = -\tanh u \sec h u\, du$$

$$6) \quad d\,(\csc h u) = -\coth u \csc h u\, du$$

Hiperbólicas inversas:

$$1) \quad d\,(arcsen h u) = \frac{1}{\sqrt{u^2+1}}du$$

$$2) \quad d\,(arc\cos h u) = \frac{1}{\sqrt{u^2-1}}du \qquad \forall u > 1$$

$$3) \quad d\,(arc\tan h u) = \frac{1}{1-u^2}du \qquad \forall |u| < 1$$

$$4) \quad d\,(arc\cot h u) = \frac{1}{1-u^2}du \qquad \forall |u| > 1$$

$$5) \quad d\,(arc\sec h u) = -\frac{1}{u\sqrt{1-u^2}}du \qquad \forall\, 0 < u < 1$$

$$6) \quad d\,(arc\csc h u) = -\frac{1}{|u|\sqrt{1+u^2}}du \qquad \forall u \neq 0$$

Fórmulas de integración indefinida de funciones que contienen xⁿ y u:

Propiedades:
$$1) \quad \int k\, f(x)\, dx = k \int f(x)\, dx \qquad 2) \quad \int \big(f(x) \pm g(x)\big)dx = \int f(x)\, dx \pm \int g(x)\, dx$$

Fórmula de integración indefinida de funciones algebraicas que contienen xⁿ: $1) \quad \int x^n dx = \dfrac{x^{n+1}}{n+1} + c$

Fórmulas de integración indefinida de funciones que contienen u:

Algebraicas:
$$1) \quad \int 0\, du = c \qquad 2) \quad \int du = u + c \qquad 3) \quad \int u^n du = \dfrac{u^{n+1}}{n+1} + c \qquad 4) \quad \int \dfrac{du}{u} = \ln|u| + c$$

Exponenciales:
$$1) \quad \int e^u\, du = e^u + c \qquad\qquad\qquad 2) \quad \int a^u\, du = \dfrac{a^u}{\ln a} + c$$

Logarítmicas:
$$1) \quad \int \ln u\, du = u\big(\ln|u| - 1\big) + c \qquad\qquad 2) \quad \int \log_a u\, du = u\left(\log_a \dfrac{|u|}{e}\right) + c$$

Trigonométricas:

$$1) \quad \int sen\, u\, du = -\cos u + c$$
$$2) \quad \int \cos u\, du = sen\, u + c$$
$$3) \quad \int tg\, u\, du = -\ln|cos\, u| + c$$
$$4) \quad \int ctg\, u\, du = \ln|sen\, u| + c$$

$$5) \quad \int \sec u\, du = \ln|\sec u + \tan u| + c$$
$$6) \quad \int \csc u\, du = \ln|\csc u - ctg\, u| + c$$
$$7) \quad \int \tan u \sec u\, du = \sec u + c$$
$$8) \quad \int \cot u \csc u\, du = -\csc u + c$$

$$9) \quad \int \sec^2 u\, du = \tan u + c$$
$$10) \quad \int \csc^2 u\, du = -\cot u + c$$
$$11) \quad \int \sec^3 u\, du = \dfrac{1}{2}\sec u \tan u$$
$$+ \dfrac{1}{2}\ln|\sec u + \tan u| + c$$

Trigonométricas inversas:

$$1) \quad \int arc\, sen\, u\, du = u\, arc\, sen\, u + \sqrt{1 - u^2} + c$$
$$2) \quad \int arc\cos u\, du = u\, arc\cos u - \sqrt{1 - u^2} + c$$
$$3) \quad \int \arctan u\, du = u\arctan u - \dfrac{1}{2}\ln|u^2 + 1| + c$$

$$4) \quad \int arc\cot u\, du = u\, arc\cot u + \dfrac{1}{2}\ln|u^2 + 1| + c$$
$$5) \quad \int arc\sec u\, du = u\, arc\sec u - \ln\left|u + \sqrt{u^2 - 1}\right| + c$$
$$6) \quad \int arc\csc u\, du = u\, arc\csc u + \ln\left|u + \sqrt{u^2 - 1}\right| + c$$

Hiperbólicas:

$$1) \quad \int senh\, u\, du = \cosh u + c$$
$$2) \quad \int \cosh u\, du = senh\, u + c$$
$$3) \quad \int \tanh u\, du = \ln|\cosh u| + c$$
$$4) \quad \int \coth u\, du = \ln|senh\, u| + c$$
$$5) \quad \int \sec h\, u\, du = 2\arctan\left(\tanh\dfrac{u}{2}\right) + c$$
$$6) \quad \int \csc h\, u\, du = \ln\left|\tanh\dfrac{u}{2}\right| + c$$
$$7) \quad \int \sec h^2 u\, du = \tanh u + c$$
$$8) \quad \int \csc h^2 u\, du = -\coth u + c$$
$$9) \quad \int \sec h\, u \tanh u\, du = -\sec h\, u + c$$
$$10) \quad \int \csc h\, u \coth u\, du = -\csc h\, u + c$$

Hiperbólicas inversas:

$$1) \quad \int arcsenh\, u\, du = u\, arcsenh\, u - \sqrt{u^2 + 1} + c$$
$$2) \quad \int arccos\, hu\, du = u\, arccos\, hu - \sqrt{u^2 - 1} + c$$
$$3) \quad \int \arctan hu\, du = u\arctan hu + \dfrac{1}{2}\ln|u^2 - 1| + c$$
$$4) \quad \int arc\coth u\, du = u\, arc\coth u + \dfrac{1}{2}\ln|u^2 - 1| + c$$
$$5) \quad \int arc\sec hu\, du = u\, arc\sec hu - \arctan\left(\dfrac{u}{u^2 - 1}\right) + c$$
$$6) \quad \int arc\csc hu\, du = u\, arc\csc hu + \ln\left|u + \sqrt{u^2 + 1}\right| + c$$

Fórmulas de integración de funciones que contienen las formas: $u^2 \pm a^2 \ \forall \ a > 0$	
1) $\displaystyle \int \frac{du}{u^2 + a^2} = \frac{1}{a} arc\tan\frac{u}{a} + c$	6) $\displaystyle \int \frac{du}{\sqrt{a^2 - u^2}} = arcsen\frac{u}{a} + c$
2) $\displaystyle \int \frac{du}{u^2 - a^2} = \frac{1}{2a} \ln\left|\frac{u-a}{u+a}\right| + c$	7) $\displaystyle \int \frac{du}{u\sqrt{u^2 + a^2}} = -\frac{1}{a} \ln\left|\frac{a + \sqrt{u^2 + a^2}}{u}\right| + c$
3) $\displaystyle \int \frac{du}{a^2 - u^2} = \frac{1}{2a} \ln\left|\frac{u+a}{u-a}\right| + c$	8) $\displaystyle \int \sqrt{u^2 + a^2}\, du = \frac{u}{2}\sqrt{u^2 + a^2} + \frac{a^2}{2}\ln\left| u + \sqrt{u^2 + a^2} \right| + c$
4) $\displaystyle \int \frac{du}{\sqrt{u^2 + a^2}} = \ln\left| u + \sqrt{u^2 + a^2} \right| + c$	9) $\displaystyle \int \sqrt{u^2 - a^2}\, du = \frac{u}{2}\sqrt{u^2 - a^2} - \frac{a^2}{2}\ln\left| u + \sqrt{u^2 - a^2} \right| + c$
5) $\displaystyle \int \frac{du}{\sqrt{u^2 - a^2}} = \ln\left| u + \sqrt{u^2 - a^2} \right| + c$	10) $\displaystyle \int \sqrt{a^2 - u^2}\, du = \frac{u}{2}\sqrt{a^2 - u^2} + \frac{a^2}{2} arcsen\frac{u}{a} + c$

Las Grandes Naciones, se formaron por hombres
y mujeres que tuvieron buenos principios y a los
cuales fueron fieles toda su vida.

José Santos Valdez Pérez

UNIDAD 2. LA INTEGRAL DEFINIDA.

Clase: 2.1. Graficación de funciones.

2.1.1 Graficación de funciones elementales.
2.1.2 Graficación de funciones básicas.
2.1.3 Graficación de funciones metabásicas.
2.1.4 Reglas fundamentales de graficación de funciones.
2.1.5 Tarea: Graficación de funciones.

- Ejemplos.
- Ejercicios.

2.1.1 Graficación de funciones elementales.

Introducción:

Antes de iniciar el proceso de aprendizaje de integración definida de funciones, vamos a tocar un tema de utilidad fundamental en el proceso de evaluación de funciones, es así como empezaremos a recordar las gráficas de funciones elementales que son el punto de partida y necesario para el aprendizaje de las trazas de funciones con un grado mayor de dificultad.

En secciones anteriores definimos las funciones elementales, como aquellas que contienen en su estructura un solo elemento (Constante "k", o variable "x"); éstas funciones son el punto de partida necesario para el aprendizaje de graficación de las funciones con un grado de dificultad mayor; por lo que a continuación se presentan los lineamientos para su graficación:

Lineamientos para la graficación de las funciones elementales:

1) El centro de la traza de la gráfica será el punto $(0, 0)$

2) El intervalo de graficación para todas las funciones (excepto las funciones trigonométricas) será de $[-3, 3]$.

3) En las funciones trigonométricas el intervalo de graficación es de $[-\pi, \pi]$

4) Las gráficas deben de contener al menos 5 puntos graficables.
5) Cuando se tengan puntos indefinidos cercanos a la traza de la gráfica, estos deben ser investigados:
   Ejemplo: graficar $y = \ln x$; como $\ln(0)$ es indefinido y $\ln(1)$ es definido entonces se debe de investigar en el
   intervalo $(0,1)$

De lo anterior podemos sugerir el siguiente método:

Método de graficación de funciones elementales:

1) Elabore el tabulador en el Intervalo indicado.	Todas las funciones (excepto las funciones trigonométricas)		Funciones trigonométricas	
	x	$y = f(x)$	x	$y = f(x)$
2) Evalúe la función	-3		$-\pi$	
	-2		$-\dfrac{\pi}{2}$	
3) Grafique los puntos.	-1			
	0		0	
4) Haga la traza de la gráfica.	$+1$		$\dfrac{\pi}{2}$	
	$+2$		π	
	$+3$			

A continuación, se presenta el orden de las funciones elementales para su graficación y obedece a la clasificación por su universalidad, o sea:

- Algebraicas
- Exponenciales
- Logarítmicas
- Trigonométricas
- Trigonométricas inversas
- Hiperbólicas
- Hiperbólicas inversas

De la misma manera se presenta información de importancia tales como: El nombre de la función; su estructura; el dominio; el recorrido y la traza de la gráfica.

Funciones elementales algebraicas:

Para el caso de las funciones algebraicas elementales se han tomado de manera arbitraria las funciones más representativas para nuestro estudio.

Función	Estructura	Dominio	Recorrido	Gráfica
Constante	$y = k$	$(-\alpha, \alpha)$	(k, k)	$y = k$
Identidad	$y = x$	$(-\alpha, \alpha)$	$(-\alpha, \alpha)$	$y = x$
Raíz	$y = \sqrt{x}$	$[0, \alpha)$	$[0, \alpha)$	$y = \sqrt{x}$
Racional	$y = \dfrac{1}{x}$	$(-\alpha, 0) \cup (0, \alpha)$	$(-\alpha, 0) \cup (0, \alpha)$	$y = \dfrac{1}{x}$
Racional raíz	$y = \dfrac{1}{\sqrt{x}}$	$(0, \alpha)$	$(0, \alpha)$	$y = \dfrac{1}{\sqrt{x}}$

Funciones elementales exponenciales:

Función	Estructura	Dominio	Recorrido	Gráfica representativa
De base "e"	$y = e^x$	$(-\alpha, \alpha)$	$(0, \alpha)$	$y = e^x$
De base "a"	$y = a^x \;\; \forall a \in R^+$	$(-\alpha, \alpha)$	$(0, \alpha)$	

Funciones elementales logarítmicas:

Función	Estructura	Dominio	Recorrido	Gráfica representativa
De base "e"	$y = \ln x$	$(0, \alpha)$	$(-\alpha, \alpha)$	$y = \ln x$
De base "a"	$y = \log_a x \;\; \forall a \in R^+$	$(0, \alpha)$	$(-\alpha, \alpha)$	

Funciones elementales trigonométricas:

Función	Estructura	Dominio	Recorrido	Gráfica
Seno	$y = sen\, x$	$(-\alpha, \alpha)$	$[-1,1]$	
Coseno	$y = \cos x$	$(-\alpha, \alpha)$	$[-1,1]$	
Tangente	$y = \tan x$	$x \neq \pm\pi/2, \pm 3\pi/2, \cdots$	$(-\alpha, \alpha)$	
Cotangente	$y = \cot x$	$x \neq 0, \pm\pi, \pm 2\pi, \cdots$	$(-\alpha, \alpha)$	
Secante	$y = \sec x$	$x \neq \pm\pi/2, \pm 3\pi/2, \cdots$	$(-\alpha, -1)$ $\cup (1, \alpha)$	
Cosecante	$y = \csc x$	$x \neq 0, \pm\pi, \pm 2\pi, \cdots$	$(-\alpha, -1)$ $\cup (1, \alpha)$	

Funciones elementales trigonométricas inversas:

Función	Estructura	Dominio	Recorrido	Gráfica
Seno inverso	$y = arc\, sen\, x$	$[-1,1]$	$[-\pi/2, \pi/2]$	
Coseno inverso	$y = arc\cos x$	$[-1,1]$	$[0, \pi]$	
Tangente inversa	$y = arc\tan x$	$(-\alpha, \alpha)$	$(-\pi/2, \pi/2)$	

				Gráfica
Cotangente inversa	$y = arc\cot x$	$(-\alpha, \alpha)$	$(0, \pi)$	
Secante inversa	$y = arc\sec x$	$(-\alpha, -1] \cup [1, \alpha)$	$[0, \pi/2] \cup [\pi/2, \pi]$	
Cosecante inversa	$y = arc\csc x$	$(-\alpha, -1] \cup [1, \alpha)$	$[-\pi/2, 0) \cup (0, \pi/2]$	

Funciones elementales hiperbólicas:

Función	Estructura	Dominio	Recorrido	Gráfica
Seno Hiperbólico	$y = senh\,x = \dfrac{e^x - e^{-x}}{2}$	$(-\alpha, \alpha)$	$(-\alpha, \alpha)$	
Coseno hiperbólico	$y = \cosh x = \dfrac{e^x + e^{-x}}{2}$	$(-\alpha, \alpha)$	$[1, \alpha)$	
Tangente hiperbólica	$y = \tanh x = \dfrac{senh\,x}{\cosh x}$	$(-\alpha, \alpha)$	$(-1, 1)$	
Cotangente hiperbólica	$y = \coth x = \dfrac{1}{\tanh x}$ $\forall x \neq 0$	$(-\alpha, 0) \cup (0, \alpha)$	$(-\alpha, -1) \cup (1, \alpha)$	
Secante hiperbólica	$y = \sec h\,x = \dfrac{1}{\cosh x}$	$(-\alpha, \alpha)$	$(0, 1)$	
Cosecante hiperbólica	$y = \csc h\,x = \dfrac{1}{senh\,x}$ $\forall x \neq 0$	$(-\alpha, 0) \cup (0, \alpha)$	$(-\alpha, 0) \cup (0, \alpha)$	

Funciones elementales hiperbólicas inversas:

Función	Estructura	Dominio	Recorrido	Gráfica
Seno hiperbólico inverso	$y = \text{arcsenh}\, x = \ln\left(x + \sqrt{x^2+1}\right)$	$(-\alpha, \alpha)$	$(-\alpha, \alpha)$	
Coseno hiperbólico inverso	$y = \text{arccos}\, h\, x = \ln\left(x + \sqrt{x^2-1}\right)$	$[1, \alpha)$	$[0, \alpha)$	
Tangente hiperbólica inversa	$y = \text{arctan}\, h\, x = \dfrac{1}{2}\ln\dfrac{1+x}{1-x}$	$(-1, 1)$	$(-\alpha, \alpha)$	
Cotangente hiperbólica inversa	$y = arc\coth x = \dfrac{1}{2}\ln\dfrac{x+1}{x-1}$	$(-\alpha, -1)$ $\cup (1, \alpha)$	$(-\alpha, 0)$ $\cup (0, \alpha)$	
Secante hiperbólica inversa	$y = arc\sec h\, x = \ln\left(\dfrac{1+\sqrt{1-x^2}}{x}\right)$	$(0, 1]$	$[0, \alpha)$	
Cosecante hiperbólica inversa	$y = arc\csc h\, x = \ln\left(\dfrac{1}{x} + \dfrac{\sqrt{1+x^2}}{|x|}\right)$	$(-\alpha, 0)$ $\cup (0, \alpha)$	$(-\alpha, 0)$ $\cup (0, \alpha)$	

2.1.2 Graficación de funciones básicas.

Las funciones básicas por definición son las funciones que contienen en su estructura un binomio de la forma $ax + b$. Para nuestro interés solo tomaremos en cuenta las siguientes funciones:

Clasificación	Estructura	Estructura	Estructura
Algebraicas	$y = \sqrt{ax+b}$	$y = \dfrac{1}{ax+b}$	$y = \dfrac{1}{\sqrt{ax+b}}$
Logarítmicas	$y = \ln(ax+b)$		

Puntos importantes en la traza de la gráfica de una función básica:

Punto tope o punto frontera de graficación de una función:

Es el punto $(x, 0)$ donde se presume sea el inicio o terminación de la gráfica de la función

Ejemplo: El punto tope de la gráfica de la función elemental
$y = \sqrt{x}$ es el punto: $(0, 0)$

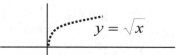

Punto límite de graficación de una función básica:

Es el punto $(x, 0)$ en donde se presume sea el punto indefinido de $"x"$ más cercano a dicha gráfica y cerca del cual se inicia o termina la traza de la función.

Ejemplo: El punto límite de la gráfica de la función elemental
$y = \ln x$ es el punto: $(0, 0)$

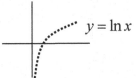

Punto medio de graficación de una función básica:

El punto medio de graficación de una función básica $"Pmg"$, es el punto $(x, 0)$ en donde se presume sea el centro de la traza de la función a graficar.

Método para identificar el punto medio de graficación de una función básica:
1) Identifique la parte $ax + b$ de la función.
2) Iguale $ax + b = 0$.
3) Obtenga el valor de $"x"$ (este es el $"Pmg"$).
Nota: Observe que el punto tope y el punto límite de graficación son $"Pmg"$

Ejemplo 1) Obtener el punto medio de graficación de la función $y = \sqrt{3 - x}$
Solución: Paso 1) $3 - x$; Paso 2) $3 - x = 0$; Paso 3) $x = 3 \therefore Pmg = 3$.

Ejemplo 2) Obtener el punto medio de graficación de la función $y = \dfrac{4}{3x - 2}$

Solución: Paso 1) $3x - 2$; Paso 2) $3x - 2 = 0$; Paso 3) $x = \dfrac{2}{3} \quad \therefore Pmg = \dfrac{2}{3}$.

Ejemplo 3) Obtener el punto medio de graficación de la función $y = \ln (2x - 4)$
Solución: Paso 1) $2x - 4$; Paso 2) $2x - 4 = 0$; Paso 3) $Pmg = 2$.

Método de graficación de funciones básicas:
1) Obtenga el Pmg.

2) Elabore el tabulador en el intervalo indicado

3) Evalúe la función.

4) Grafique los puntos.

5) Haga la traza de la gráfica.

x	$y = f(x)$
$Pmg - 3$	
$Pmg - 2$	
$Pmg - 1$	
Pmg	
$Pmg + 1$	
$Pmg + 2$	
$Pmg + 3$	

Ejemplos:

1) Graficar la función $y = \sqrt{3 - x}$

x	$y = \sqrt{3 - x}$
0	1.73...
1	1.41...
2	1
$Pmg = 3$	0
4	Indefinido
5	Indefinido
6	Indefinido

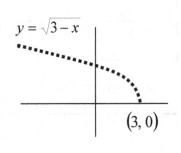

2) Graficar la función
$$y = \frac{1}{x-3}$$

x	$y = \dfrac{1}{x-3}$
0	- 0.333...
1	- 0.5
2	- 1
$Pmg = 3$	*Indefinido*
4	1
5	0.5
6	0.333...

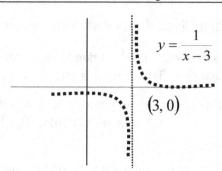

$$y = \frac{1}{x-3}$$
$(3, 0)$

3) Graficar la función
$$y = \frac{1}{\sqrt{x+2}}$$

x	$y = \dfrac{1}{\sqrt{x+2}}$
-5	*Indefinido*
-4	*Indefinido*
-3	*Indefinido*
$Pmg = -2$	*Indefinido*
-1	1
0	0.707...
1	0.577...

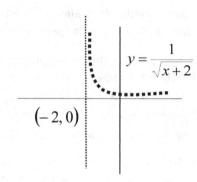

$$y = \frac{1}{\sqrt{x+2}}$$
$(-2, 0)$

4) Graficar la función
$$y = \ln(2-x)$$

x	$y = \ln(2-x)$
- 1	1.09...
0	0.69...
1	0
$Pmg = 2$	Indefinido
3	Indefinido
4	Indefinido
5	Indefinido

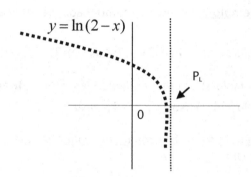

$$y = \ln(2-x)$$
P_L

Ejercicios:

2.1.2.1 Por el método de graficación de funciones básicas; graficar las siguientes funciones:		
1) $y = \sqrt{x+1}$ -1	3) $y = \dfrac{1}{x+2}$ -2	5) $y = \ln(x+3)$ - 3
2) $y = \sqrt{1-x}$	4) $y = \dfrac{1}{4-x}$	6) $y = \ln(2-x)$

2.1.3 Graficación de funciones metabásicas:

Recordemos que las funciones metabásicas son las que contienen en su estructura un polinomio de la forma $ax^n + bx^{n-1} + \cdots + z$ y para nuestro interés nos ocuparemos de las funciones algebraicas, y la técnica de graficación cuyo método describe mejor la traza de sus gráficas se expresa a continuación.

Método de graficación de funciones metabásicas.

1) Obtenga los números y puntos estacionarios de la primera derivada.

   1.1) Obtenga f'

   1.2) Iguale a cero $f' = 0$

   1.3) Obtenga los valores de $x_1, x_2, \cdots$ estos son los números estacionarios.

   1.4) Evalúe $f(x_1), f(x_2), \ldots, f(x_n)$ y forme $(x_1, f(x_1)), (x_2, f(x_2)), \cdots, (x_n, f(x_n))$
   estos son los puntos estacionarios de la primera derivada.

2) Obtenga f''

3) Obtenga los máximos relativos y mínimos relativos aplicando la primera parte del criterio de la segunda derivada que dice:

   Sí en f existen puntos estacionarios $(x_n, f(x_n)$ obtenidos de la primera derivada, se infiere que:

   3.1) $Si\ f''(x_n) < 0\ ó\ es\ (-)$ entonces $(x_n, f(x_n))$ es un máximo relativo.

   3.2) $Si\ f''(x_n) > 0\ ó\ es\ (+)$ entonces $(x_n, f(x_n))$ es un mínimo relativo.

   3.3) $Si\ f''(x_n) = 0$ entonces el criterio no decide.

   Nota: Sí con estos puntos estacionarios ya puede hacer el bosquejo de la gráfica, entonces haga la traza de la gráfica y termine: en caso contrario o bien desea hacer con mayor detalle el bosquejo de la gráfica entonces continúe.

4) Obtenga los números y puntos estacionarios de la segunda derivada:

   4.1) Identifique f'' (ya obtenida en el paso 2)

   4.2) Iguale a cero $f'' = 0$

   4.3) Obtenga los valores de $x_1, x_2, \cdots$ estos son los números estacionarios de la segunda derivada.

   4.4) Evalúe $f(x_1), f(x_2), \ldots, f(x_n)$ y forme $(x_1, f(x_1)), (x_2, f(x_2)), \cdots, (x_n, f(x_n))$
   estos son los puntos estacionarios de la segunda derivada.

5) Obtenga los puntos de inflexión aplicando la segunda parte del criterio de la segunda derivada que dice:

   Sí en f existen puntos estacionarios $(x_n, f(x_n)$ obtenidos de la segunda derivada, se infiere que:

   Sí antes de $(x_n, f(x_n))$ $f'' < 0$ y después de $(x_n, f(x_n))$ $f'' > 0$ entonces $(x_n, f(x_n))$
   es un punto de inflexión.

   Nota: 1) El criterio también se aplica cuando la segunda derivada cambia de $f'' > 0$ a $f'' < 0$.

   2) Las evaluaciones de la segunda derivada deben ser en los intervalos de los números estacionarios de la segunda derivada o bien en números muy cercanos a los números estacionarios de la segunda derivada.

6) Haga la traza de la gráfica.

Ejemplo 1): Grafique la función: $y = \dfrac{x^3}{3} - \dfrac{x^2}{2} - 6x$

Paso 1) $f' = x^2 - x - 6$; $x^2 - x - 6 = 0$ $(x+2)(x-3) = 0$ $\therefore$ $x_1 = -2;\ y\ x_2 = 3$

$$f(-2) = \frac{(-2)^3}{3} - \frac{(-2)^2}{2} - 6(-2) = 7.333 \quad \rightarrow (-2, 7.333)$$

$$f(3) = \frac{(3)^3}{3} - \frac{(3)^2}{2} - 6(3) = -13.5 \quad \rightarrow (3, -13.5)$$

Paso 2) $f'' = 2x - 1$

Paso 3) $f''(-2) = 2(-2) - 1 = -5$ $(-2, 7.333)$ *es un máximo relativo*.

$f''(3) = 2(3) - 1 = 4$ $\therefore$ $(3, -13.5)$ *es un mínimo relativo*.

Paso 4)

 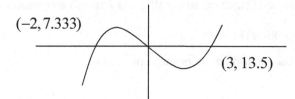

$(-2, 7.333)$

$(3, 13.5)$

Ejemplo 2): Grafique la función: $y = \dfrac{x^4}{4} - \dfrac{x^2}{2} + 1$

Paso 1) $f' = x^3 - x;$ $x^3 - x = 0$ $x(x^2 - 1) = 0$ $\therefore$ $x_1 = -1;$ $x_2 = 0$ y $x_3 = 1$

$$f(-1) = \frac{(-1)^4}{4} - \frac{(-1)^2}{2} + 1 = 0.75 \;\; \rightarrow (-1, 0.75)$$

$$f(0) = \frac{(0)^4}{4} - \frac{(0)^2}{2} + 1 = 1 \;\; \rightarrow (0, 1)$$

$$f(1) = \frac{(1)^4}{4} - \frac{(1)^2}{2} + 1 = 0.75 \;\; \rightarrow (1, 0.75)$$

Paso 2) $f'' = 3x^2 - 1$

Paso 3) $f''(-1) = 3(-1)^2 - 1 = 2$ $(-1, 0.075)$ *es un mínimo relativo* .

$f''(0) = 3(0)^2 - 1 = -1$ $(0, 1)$ *es un máximo relativo*

$f''(1) = 3(1)^2 - 1 = 2$ $(1, 0.075)$ *es un mínimo relativo*

Paso 4)

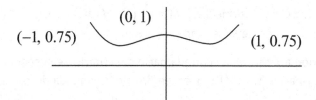

$(0, 1)$

$(-1, 0.75)$

$(1, 0.75)$

Ejemplo 3) Graficar la función $y = \dfrac{6}{x^2 + 3}$

Paso 1) $f' = -\dfrac{12x}{(x^2 + 3)^2};$ $\dfrac{-12x}{(x^2 + 3)^2} = 0;$ $x = 0$ es el número estacionarios de la 1ª derivada.

Paso 2) $f(0) = \dfrac{6}{\left((0)^2 + 3\right)} = 2 \; \rightarrow \; (0, 2)$ es el punto estacionario de la 1ª derivada.

Paso 3) $f'' = \dfrac{36x^2 - 36}{\left(x^2 + 3\right)^3}$ $f''(0) = \dfrac{36(0)^2 - 36}{\left((0)^2 + 3\right)^3} < 0$ *como* $f'' < 0$ $\therefore$ $(0, 2)$ es un máximo relativo

Paso 4) $\dfrac{36x^2 - 36}{\left(x^2 + 3\right)^3} = 0$; $\quad x_1 = -1 \quad y \quad x_2 = 1$ estos son los números estacionario de la 2ª derivada.

$$f(-1) = \frac{6}{(-1)^2 + 3} = 1.5 \quad \rightarrow \quad (-1, 1.5) \quad \text{este es un punto estacionario de la 2ª derivada.}$$

$$f(1) = \frac{6}{(1)^2 + 3} = 1.5 \quad \rightarrow \quad (1, 1.5) \quad \text{este es otro punto estacionario de la 2ª derivada.}$$

Paso 5) Análisis: Los números estacionarios son -1 y 1 por lo tanto los intervalos son $(-\alpha, -1)$; $(-1, 1)$ y

$(1, \alpha)$ de donde se sugiere que las evaluaciones sean en los números -2, 0 y 2.

$$f''(-2) = \frac{36(-2)^2 - 36}{\left((-2)^2 + 3\right)^3} > 0 \quad f''(0) = \frac{36(0)^2 - 36}{\left((0)^2 + 3\right)^3} < 0 \quad f''(2) = \frac{36(2)^2 - 36}{\left((2)^2 + 3\right)^3} > 0$$

De donde se infiere que $(-1, 1.5)$ y $(1, 1.5)$ sean puntos de inflexión

Paso 6)

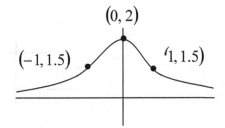

$(0, 2)$

$(-1, 1.5)$ $(1, 1.5)$

Ejercicios:

2.1.3.1 Por el método de graficación de funciones metabásicas; graficar las siguientes funciones:	
1) $y = x^3 - 3x$ (-1, 2) (1, -2)	4) $y = \dfrac{x^3}{3} + x^2 + x$
2) $y = x^4 - 2x^2 + 2$	5) $y = 3x^4 - 4x^3$ (0. 0) (1, -1)
3) $y = 2x^3 - 3x^2 - 36x + 14$ (-2, 58) (3, - 67)	6) $y = \dfrac{x^3}{3} + \dfrac{x^2}{2} - 2x + 3$

2.1.4 Reglas fundamentales de graficación de las funciones.

1) Regla de graficación de la ecuación constante:

  Sí x = k ∴ la gráfica – pasa por el punto (k, 0);
                              - es una recta paralela al eje "Y".
    Ejemplo: Trazar la gráfica cuya ecuación es: x = 2

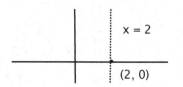

Ejercicios:
2.1.4.1 Atendiendo la regla de graficación de la ecuación constante; hacer el bosquejo de las siguientes
        gráficas:

1) $x = -1$ 2) $x = 3$ 3) $x = 0$ 4) $x = -4$

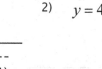

(-1. 0)   (0. 0)

2) Regla de graficación de la función constante:

  Sí y = k ∴ la gráfica – pasa por el punto (0, k);
                              - es una recta paralela al eje "X",
    Ejemplo: Trazar la gráfica cuya ecuación es: y = 3

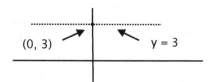

(0, 3)   y = 3

Ejercicios:

2.1.4.2 Atendiendo la regla de graficación de la función constante; hacer el bosquejo de las siguientes
        gráficas:

1) $y = -1$ 2) $y = 4$ 3) $y = 0$ 4) $y = -2$

(0. -1)   (0. 0)

3) Regla de graficación de la función lineal del tipo: $y = ax + b$:
  Sí y = ax + b ∴ la gráfica – pasa por el punto (0, b);
                              - es una recta;
                              - creciente si "a" es positiva "+";
                              - decreciente si "a" es negativa "-".
    Ejemplo: Trazar la gráfica cuya ecuación es: y = 2x – 1

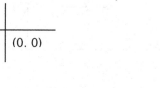

y = 2x - 1

(0, -1)

Ejercicios:

2.1.4.3 Atendiendo la regla de graficación de la función lineal del tipo $y = ax + b$; hacer el bosquejo de las siguientes gráficas:			
1) $y = 3x + 1$ (0. 1)	2) $y = 1 - 2x$	3) $y = -2x - 4$ (0. -4)	4) $y = -2 - x$

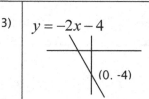

4) <u>Regla de graficación de la función cuadrática del tipo</u> $y = ax^2 + b$:

Sí $y = ax^2 + b$ ∴ la gráfica – pasa por el punto (0, b);
- es una curva (parábola).
- es cóncava hacia arriba sí "a" es positiva "+"
- es cóncava hacia abajo sí "a" es negativa "- ".

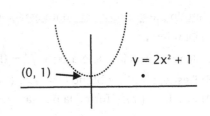

(0, 1) $y = 2x^2 + 1$

Ejemplo: Trazar la gráfica cuya ecuación es: y = 2x² + 1
Extensión: Todas las gráficas de la forma axⁿ + b
donde n es par, presentan este bosquejo.

Ejercicios:

2.1.4.4 Atendiendo la regla de graficación de la función cuadrática del tipo $y = ax^2 + b$; hacer el bosquejo de las siguientes gráficas:							
1)	$y = 3x^2 + 5$ 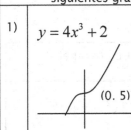 (0. 5)	2)	$y = 2 - 5x^2$	3)	$y = -2 - 3x^2$ 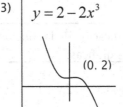 (0. -2)	4)	$y = x^2 - 2$

5) <u>Regla de graficación de la función cúbica del tipo</u> $y = ax^3 + b$:

Sí $y = ax^3 + b$ ∴ la gráfica - pasa por el punto en (0, b);
- es una curva;
- similar a una ese "S" "invertida sí "a" es positiva "+"
- similar a una "S" normal sí "a" es negativa "-".

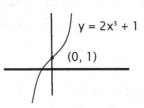

$y = 2x^3 + 1$

(0, 1)

Ejemplo: Trazar la gráfica cuya ecuación es: y = 2x³ + 1
Extensión: Todas las gráficas de la forma axⁿ + b donde n
es impar > 1, presentan este bosquejo.

Ejercicios:

2.1.4.5 Atendiendo la regla de graficación de la función cúbica del tipo $y = ax^3 + b$; hacer el bosquejo de las siguientes gráficas:							
1)	$y = 4x^3 + 2$ (0. 5)	2)	$y = 3x^3 - 1$	3)	$y = 2 - 2x^3$ (0. 2)	4)	$y = -2 - x^3$

6) <u>Regla de graficación de la función cuadrática del tipo</u> $y = ax^2 + bx + c$

Sí $y = ax^2 + bx + c$ ∴ la gráfica pasa por $\left(x, f(x)\right)$ llamado punto estacionario.
- es una curva (parábola).
- es cóncava hacia arriba sí "a" es positiva "+"
- es cóncava hacia abajo sí "a" es negativa "- ".

<u>Método para obtener el punto estacionario</u> $(x, f(x))$

1) Obtenga f' ;

2) Al resultado iguálelo a cero $f' = 0$;

3) Despeje "x" y obtenga su valor (este es el número estacionario).

4) Evalúe $f(x)$ y forme la pareja $(x, f(x)$ (este es el punto estacionario).

Ejemplo 1): Graficar: $y = x^2 + 2x + 1$

Paso 1) $f' = 2x + 2$;

Paso 2) $2x + 2 = 0$;

Paso 3) $x = -1$ este es el número estacionario.

Paso 4) $f(-1) = (-1)^2 + 2(-1) + 2 = 0$

$\therefore\ (-1, 0)$ este es el punto estacionario.

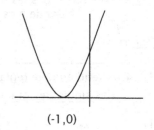

(-1,0)

Ejemplo 2): Graficar: $y = 2x^2 - 8x + 5$

Paso 1) $f' = 4x - 8$;

Paso 2) $4x - 8 = 0$;

Paso 3) $x = 2$ este es el número estacionario.

Paso 4) $f(2) = 2(2)^2 - 8(2) + 5 = -3$

$\therefore\ (2, -3)$ este es el punto estacionario.

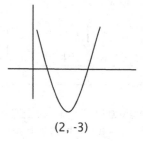

(2, -3)

Ejemplo 3: Graficar: $y = -x^2$

Paso 1) $f' = -2x$;

Paso 2) $-2x = 0$;

Paso 3) $x = 0$ este es el número estacionario.

Paso 4) $f(0) = -(0)^2 = 0$

$\therefore\ (0, 0)$ este es el punto estacionario.

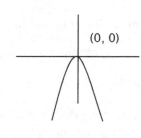

(0, 0)

Ejercicios:

2.1.4.6 Atendiendo la regla de graficación de la función cuadrática del tipo $y = ax^2 + bx + c$; hacer el bosquejo de las siguientes gráficas:			
1) $y = 2x^2 + 8x + 1$ 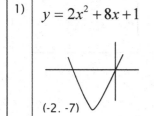 (-2. -7)	2) $y = x^2 - 2x + 1$	3) $y = -x^2 - 2x - 6$ 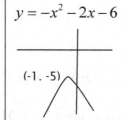 (-1. -5)	4) $y = 3x^2 - x + 4$

7) Regla de graficación de las trazas iguales.

Sí $y = f(x)$ y k es una constante, entonces $y = k\,f(x)$ tiene la misma traza que $y = f(x)$.

Ejemplo: Graficar $y = 3\sqrt{2x}$

Solución: $y = 3\sqrt{2x}$ tiene la misma traza que $y = \sqrt{x}$

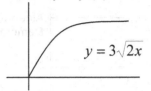

Ejercicios:

2.1.4.7 Atendiendo la regla de graficación de las trazas iguales; hacer el bosquejo de las siguientes gráficas:			
1) $y = \dfrac{5x}{4}$ 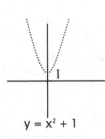 (0. 0)	2) $y = 2\sqrt{5x}$	3) $y = \dfrac{3}{\sqrt{5x}}$ 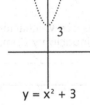	4) $y = \dfrac{4\cos x}{3}$

8) Regla de graficación de los desplazamientos de funciones:

Para $y = f(x)$ y $k > 0$ se cumple lo siguiente:
6.1) Sí $y = f(x) + k$ $\therefore$ la gráfica $y = f(x)$ se desplaza k unidades hacia arriba.
6.2) Sí $y = f(x) - k$ $\therefore$ la gráfica $y = f(x)$ se desplaza k unidades hacia abajo.
6.3 Sí $y = f(x + k)$ $\therefore$ la gráfica $y = f(x)$ se desplaza k unidades hacia la izquierda.
6.4 Sí $y = f(x - k)$ $\therefore$ la gráfica $y = f(x)$ se desplaza k unidades hacia la derecha.

Ejemplo: Sea: $y = x^2 + 1$ para k = 2 bosquejar a) $y = f(x) + k$; b) $y = f(x) - k$; c) $y = f(x + k)$; d) $y = f(x - k)$.
a) $y = f(x) + k = (x^2 + 1) + 2 = x^2 + 3$
b) $y = f(x) - k = (x^2 + 1) - 2 = x^2 - 1$
c) $y = f(x + k) = (x + 2)^2 + 1 = x^2 + 4x + 5$
d) $y = f(x - k) = (x - 2)^2 + 1 = x^2 - 4x + 1$

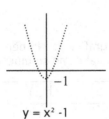
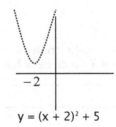
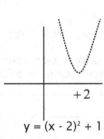

$y = x^2 + 1$ $y = x^2 + 3$ $y = x^2 - 1$ $y = (x + 2)^2 + 5$ $y = (x - 2)^2 + 1$

Ejercicios:

2.1.3.8 Atendiendo la regla de graficación de los desplazamientos; hacer el bosquejo de las siguientes gráficas:			
1) $y = \sqrt{x} + 2$ 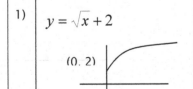 (0. 2)	2) $y = \sqrt{x} - 1$	3) $y = x^3 - 2$  (0, -2)	4) $y = e^x + 2$

2.1.5 Tarea: Gráficas de funciones:

No. Ecuación	Clasificación	No. Ecuación	Clasificación
1) $y = 4$	Algebraicas / Elementales	17) $y = senh\, x$	Hiperbólicas / Elementales
2) $y = x$		18) $y = \cosh x$	
3) $y = \lvert x \rvert$		19) $y = tgh\, x$	
4) $y = \sqrt{x}$		20) $y = senh^{-1}x$	Hiperbólicas inversas / Elementales
5) $y = \dfrac{1}{x}$		21) $y = \cosh^{-1} x$	
6) $y = \dfrac{1}{\sqrt{x}}$		22) $y = tgh^{-1}x$	
7) $y = e^{x}$	Exponenciales / Elementales	23) $y = \sqrt{x+2}$	Algebraicas / Básica
8) $y = 10^{x}$		24) $y = \dfrac{1}{\sqrt{x-2}}$	
9) $y = \ln x$	Logarítmicas / Elementales	25) $y = \dfrac{1}{x+2}$	
10) $y = \log_{10} x$		26) $y = e^{(x+2)}$	
11) $y = sen\, x$	Trigonométrica / Elementales	27) $y = \ln\left(x+2\right)$	Logarítmica / Básica
12) $y = \cos x$		28) $y = \log_{10}\left(x-2\right)$	
13) $y = tg\, x$		29) $y = x^{2}+2$	Algebraicas / Metabásica
14) $y = arc\, sen\, x$	Trigonométricas Inversas / Elementales	30) $y = x^{2}-2$	
15) $y = arc\, \cos x$		31) $y = \dfrac{x^{3}}{3} - \dfrac{x^{2}}{2} - 2x$	
16) $y = arc\, tg\, x$		32) $y = \dfrac{6}{x^{2}+3}$	

Formato de la tarea:

La información mínima que debe contener cada gráfica es: Número de la ecuación y ecuación de la función; Clasificación de la función; Gráfica de la función; tal como se muestra a continuación y Comandos del software.

1)	5)
2)	6)
3)	7)
4) $y = \sqrt{x}$; Clasificación: Algebraica elemental; Comandos del software:	8)

Material:
Hojas blancas tamaño carta; en un solo lado; engrapadas.

Elaboración:
En computadora y 8 gráficas por hoja; Elaboración en equipos de 2.

Hoja de presentación:
Vea el formato de la hoja de presentación; Elaborada en computadora; se permite hoja de color.

Evaluación:
- Tarea obligatoria para tener derecho a examen de la unidad.
- De 5 a 20 puntos extras en la unidad.

Valoración: $T_1 = 5$ puntos (tarea no bien hecha); $T_2 = 10$ puntos (tarea regular); $T_3 = 15$ puntos (tarea excelente); $T_4 = 20$ puntos (tarea super excelente); la mejor tarea exenta la unidad c/80.

HOJA DE PRESENTACIÓN

Grapa

INSTITUCIÓN EDUCATIVA

Cálculo Integral
Tarea: Gráficas de funciones.

Libre a su imaginación

Alumnos:
1) Apellidos – Nombre – No. de lista:
2) Apellidos – Nombre – No. de lista:

Hora de clase: Fecha:

Clase 2.2 La integral definida.

2.2.1 Definición de la integral definida
2.2.2 Teorema de existencia de la integral.
2.2.3 Interpretación del resultado de la integral definida
2.2.4 Propiedades de la integral definida.
2.2.5 Teorema fundamental del cálculo integral.

- Ejemplos.
- Ejercicios.

2.2.1 Definición de la integral definida.

Sean:

1) R^2 un plano rectangular.

2) $[a, b]$ un intervalo cerrado en el eje "X".

3) A el área limitada por las gráficas cuyas ecuaciones son: $y = f(x)$ una función no negativa y continua en $[a, b]$; $y = 0$; $x = a$; y $x = b$

4) $i = 0,1,2,3, \cdots n$ las particiones del intervalo $[a, b]$ de tal forma que $a = 0$ $0 < 1 < 2 < 3 < \cdots < n$ y $n = b$

5) Δx_i un iésimo subintervalo en $[a, b]$

6) c_i un iésimo punto en Δx_i

7) $f(c_i)$ la imagen de c_i

8) $A_i = f(c_i)\Delta x_i$ la iésima área limitada de "A" por el rectángulo de altura $f(c_i)$ y anchura Δx_i

De aquí intuimos que $A_i = f(c_i)\Delta x_i$ es la iésima área de A; y que:

$$A \approx \sum_{i=0}^{n} f(c_i) \, \Delta x_i \text{ (es el área aproximada de } A \text{ en el intervalo } [a,b].)$$

Nota 1): A esta última forma de presentar la suma de áreas se le llama "Notación sumatoria".
Nota 2): A esta manera de calcular aproximadamente las áreas bajo una curva se le llama:
          "Medición aproximada de figuras amorfas" o bien "Sumas de Riemann".

Antes de seguir adelante hagamos las siguientes inferencias:

Inferencia 1) Sí $[a,b] = \Delta x_1$ entonces: $A \approx f(c_1)\Delta x_1 = \sum_{i=0}^{1} f(c_i)\,\Delta x_i$

Inferencia 2) Sí $[a,b] = \Delta x_1 + \Delta x_2$ entonces: $A \approx f(c_1)\Delta x_1 + f(c_2)\Delta x_2 = \sum_{i=0}^{2} f(c_i)\,\Delta x_i$

Inferencia 3) Sí $[a,b] = \Delta x_1 + \cdots + \Delta x_{100}$ entonces: $A \approx f(c_1)\Delta x_1 + \cdots + f(c_{100})\Delta x_{100} = \sum_{i=0}^{100} f(c_i)\,\Delta x_i$

Continuando con las inferencias:

Inferencia 4) Sí $[a,b] = \Delta x_1 + \cdots + \Delta x_\alpha$ entonces: $A = f(c_1)\Delta x_1 + \cdots + f(c_\alpha)\Delta x_\alpha = \sum_{i=0}^{\alpha} f(c_i)\,\Delta x_i$

Pero como no es posible evaluar en el infinito $"\alpha"$ entonces se hace el siguiente análisis:
Sí dibujamos las áreas de cada inferencia observamos que a medida que el número de subintervalos aumenta Δx_i decrece; es decir tiende a cero $\Delta x_i \to 0$ y de aquí justificamos la última inferencia afirmando que:

Inferencia 5) $Sí\quad \Delta x_i \to 0 \;\therefore\; n \to \alpha \quad$ y $A = \lim_{\Delta x_i \to 0} \sum_{i=0}^{\alpha} f(c_i)\,\Delta x_i = \int_a^b f(x)\,dx$ es el área exacta bajo la curva.

Desde luego no hay que olvidar que el resultado de la integral es la "función primitiva" definida como la antiderivada de una función; así tenemos que sí $y = f(x)$ y $y' = f'(x)$ entonces la antiderivada de $f'(x)$ denotada por $F'(x)$ es $f(x)$ por lo tanto $F'(x) = f(x)$

Más adelante veremos que esta integral también es aplicable para muchos casos en la solución de problemas de las ciencias. También es recomendable señalar, que durante la estructuración de fórmulas en problemas específicos el proceso es generalmente repetitivo; y como nuestro propósito en hacer del cálculo integral una ciencia más amigable entenderemos esta integral de la siguiente forma:

Sí $\int_a^b f(x)\,dx$ es la integral definida, entonces definiremos a:

$b - a = \int_a^b dx$ como el intervalo de cálculo y a: $f(x)$ como la función.

2.2.2 Teorema de existencia de la integral:

El teorema de existencia de la integral afirma que "Si la función $y = f(x)$ es continua en un intervalo cerrado $[a,b]$ entonces la función $y = f(x)$ es integrable en dicho intervalo; esto nos sugiere que antes de integrar una función primero debemos verificar que la función sea continua al menos en el intervalo de integración.

2.2.3 Interpretación del resultado de la integral definida:

Retomando la definición, hemos afirmado que el valor de la integral definida de una función es el valor del área bajo la curva, entendida ésta de signo positivo; sin embargo, es necesario reafirmar que uno de los objetivos esenciales de esta unidad es el desarrollo de las habilidades de cálculo sin limitar la creatividad del proceso pedagógico que se cumple al implementar problemas creados en el instante, aunque éstos no nos den resultados con signo positivos e incluso estos resultados sean falsos.

Desde luego en el estudio de aplicaciones del cálculo integral durante el análisis de áreas, haremos una evaluación precisa de las mismas; por lo pronto se recomienda dar por entendida la interpretación del resultado de la integral de la forma siguiente:

Resultado	Posibilidades	Ejemplo	Gráfica
Resultado con signo (+)	1ª. El área limitada de la gráfica de la función en su intervalo dado se sitúa en la parte positiva del eje de las "Y".	$\int_{-1}^{1}(x^2+1)\,dx$	$y = x^2 + 1$ $-1 \quad 1$
	2ª. El área limitada de la gráfica de la función en su intervalo dado se sitúa en las partes positiva y negativa del eje de las "Y"; pero el área de la parte positiva es mayor que el área de la parte negativa.	$\int_{-1}^{2}x\,dx$	$y = x$ $-1 \quad 2$
Resultado cero	1ª. Los límites superior e inferior del intervalo son iguales.	$\int_{3}^{3}2\,dx$	$y = 2$ 3
	2ª. El área limitada de la gráfica de la función en su intervalo dado, se sitúa en las partes positiva y negativa del eje de las "Y"; y además ambas áreas de las partes positiva y negativa son iguales.	$\int_{-\pi}^{\pi}sen\,x\,dx$	$-\pi \quad \pi$
Resultado con signo (-)	1ª. El área limitada de la gráfica de la función en su intervalo dado se sitúa en la parte negativa del eje de las "Y".	$\int_{0}^{4}-\sqrt{x}\,dx$	4 $y = -\sqrt{x}$
	2ª. El área limitada de la gráfica de la función en su intervalo dado se sitúa en las partes positiva y negativa del eje de las "Y"; pero el área de la parte positiva es menor que el área de la parte negativa.	$\int_{-2}^{1}x\,dx$	$-2 \quad 1$ $y = x$
Resultado indefinido	1ª. Al menos uno de los límites superior e inferior es indefinido.	$\int_{-2}^{3}\sqrt{x}\,dx$	$y = \sqrt{x}$ $-2 \quad 3$
Resultado falso	1ª. Existe al menos un punto de discontinuidad en la gráfica dentro del intervalo.	$\int_{-1}^{1}\dfrac{1}{x^2}\,dx$	$y = \dfrac{1}{x^2}$ $-1 \quad 1$

Ejercicios:

2.2.3.1 Dada una integral definida:
a) Hacer el bosquejo de la gráfica con su intervalo.
b) Predecir el resultado (signo (+); o signo (-); o valor 0; o Indefinido; o resultado falso).

1) $\int_{-1}^{1}(-x^2-1)\,dx$ 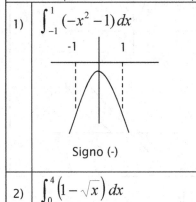 Signo (-)	3) $\int_{-\frac{\pi}{2}}^{\pi}\cos x\,dx$ 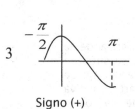 Signo (+)	5) $\int_{0}^{2}\dfrac{5}{x+6}\,dx$ 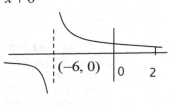 Signo (+)
2) $\int_{0}^{4}\left(1-\sqrt{x}\right)dx$	4) $\int_{-5}^{0}\dfrac{2}{\sqrt{x+3}}\,dx$	6) $\int_{-1}^{0}\dfrac{1}{\sqrt{x}}\,dx$

2.2.4 Propiedades de la integral definida:

Sí f y g son funciones continuas e integrables en $[a,b]$ y k es una constante; se cumplen las siguientes propiedades:

1)	$\int_{a}^{b}k\,f(x)\,dx = k\int_{a}^{b}f(x)\,dx$	Del producto constante y función.
2)	$\int_{a}^{b}\left(f(x)\pm g(x)\right)dx = \int_{a}^{b}f(x)\,dx \pm \int_{a}^{b}g(x)\,dx$	De la suma y/o diferencia de funciones.
3)	$\int_{a}^{b}f(x)\,dx = 0 \iff a=b$	Del intervalo cero.
4)	$\int_{a}^{b}f(x)\,dx = -\int_{b}^{a}f(x)\,dx$	Del cambio de intervalos.
5)	$\int_{a}^{c}f(x)\,dx = \int_{a}^{b}f(x)\,dx + \int_{b}^{c}f(x)\,dx$	De la suma de intervalos.

2.2.5 Teorema fundamental del cálculo integral:

El teorema fundamental del cálculo integral afirma que:

$\int_{a}^{b}f(x)\,dx = F(b)-F(a) \quad \forall\, F' = f(x)$ De donde podemos inferir que su propósito es evaluar las integrales definidas.

Clase: 2.3 Teoremas de cálculo integral.
2.3.1 Tarea: Teoremas de cálculo integral.

2.3.1 TAREA: TEOREMAS DE CÁLCULO INTEGRAL.

Título: Teoremas de Cálculo Integral.

Fecha de entrega: La que el Maestro indique.

Participación: Por equipos (máximo 3 alumnos).

Material: Hojas blancas tamaño carta; impresas en un solo lado; engrapadas.

Elaboración: En computadora: Un teorema por hoja; más hoja de presentación; más hoja de bibliografía que hacen un total de 5 hojas, que se entregarán engrapadas más el envío al correo electrónico del grupo con identificación (Primer apellido de los integrantes del equipo y número de lista, título de la tarea, y hora de clase).

Formato:
- Nombre del teorema.
- Lo que el teorema afirma (con sus propias palabras).
- Trazar gráficas cuando se requieran.
- Para las ecuaciones usar editor de fórmulas.
- Un ejemplo de aplicación.

Evaluación:
- Tarea obligatoria para tener derecho a examen de la unidad.
- De 0 a 20 puntos extras en la unidad; más reconsideración al final del curso.
- El equipo que presente la mejor tarea exenta la unidad con 80.

Valoración:

$T_1 = 5$ *puntos.*

$T_2 = 10$ *puntos.*

$T_3 = 15$ *puntos.*

$T_4 = 20$ *puntos* y reconsideración al final del Curso.

Hoja de presentación:
Información mínima requerida; (vea el formato); se permite hoja de color.

Grapa:

NOMBRE DE LA INSTITUCIÒN EDUCATIVA
Cálculo Integral

Tarea: Teoremas de Cálculo Integral.

- Teorema de existencia para integrales definidas.
- Teorema fundamental del cálculo integral.
- Teorema del valor medio para integrales.

Libre a tu imaginación

Alumno:_____
A. paterno A. materno Nombre(s) Nl

Alumno:_____
A. paterno A. materno Nombre(s) Nl

Maestro:_____Hora de clase_____

Clase: 2.4 Integración definida de funciones elementales.

2.4.1 Integración definida de funciones elementales algebraicas   - Ejemplos.
2.4.2 Integración definida de funciones exponenciales.   - Ejercicios.
2.4.3 Integración definida de funciones logarítmicas.
2.4.4 Integración definida de funciones trigonométricas.
2.4.5 Integración definida de funciones trigonométricas inversas.
2.4.6 Integración definida de funciones hiperbólicas.
2.4.7 Integración definida de funciones hiperbólicas inversas.

2.4.1 Integración definida de funciones elementales algebraicas:

Las funciones elementales algebraicas de interés a considerar son:

Función	Nombre	Dominio	Recorrido	Gráfica
$y = k$	Constante	$(-\alpha, \alpha)$	(k, k)	$y = k$
$y = x$	Identidad	$(-\alpha, \alpha)$	$(-\alpha, \alpha)$	$y = x$
$y = \dfrac{1}{x}$	Racional	$(-\alpha, 0) \cup (0, \alpha)$	$(-\alpha, 0) \cup (0, \alpha)$	$y = \dfrac{1}{x}$

Nota: Antes de iniciar el proceso de cálculo de las integrales definidas y con el propósito didáctico, presentaremos los resultados de la siguiente forma: Cuando existan resultados fraccionarios, de números irracionales o decimales y a menos que otra cosa se diga ajustaremos la solución aproximada al menos a cuatro dígitos decimales o bien a 5 dígitos cuando existan dígitos no nulos antes del punto decimales: Ejemplos: $\frac{1}{3} \approx 0.3333$ $\sqrt{2} \approx 1.4142$.

Fórmulas de integración definida de funciones elementales algebraicas:

1) $\displaystyle\int_{a}^{b} k\,dx = kx\Big]_{a}^{b}$	2) $\displaystyle\int_{a}^{b} x\,dx = \dfrac{x^2}{2}\bigg]_{a}^{b}$	3) $\displaystyle\int_{a}^{b}\dfrac{1}{x}\,dx = \ln|x|\;\Big]_{a}^{b}$

Método de integración definida de funciones:

1) Analice la función a integrar (Identificación de la función, la constante, etc.)
2) Obtenga el resultado con la calculadora integradora o bien con el software de la computadora.
3) Haga el bosquejo de la gráfica y obtenga el valor aproximado del área y compárelo con el resultado
   obtenido con la calculadora integradora o computadora.
3) Saque la constante.
4) Identifique la fórmula y sus partes.
5) Integre.
6) Evalúe, obtenga el resultado final y compare el resultado con el obtenido en su calculadora o computadora.

Indicadores de evaluación:

1) Resultado obtenido en la calculadora integradora o computadora.
2) Bosquejo de la gráfica, señalización del área y obtención del resultado aproximado.
3) Identificación de la fórmula y sus partes.
4) Obtención de la integral.
5) Evaluación y resultado final.

Ejemplos:

1) $\displaystyle\int_{0}^{5}(2)\,dx = \left\{\begin{array}{l} Rc = 10 \\ Gráfica \\ R_a = 10 \\ \displaystyle\int_{a}^{b} dx = x\big]_{a}^{b} \end{array}\right\} = 2\int_{0}^{5} dx = 2x\Big]_{0}^{5} = (2)(5)-(2)(0) = 10$

2) $\displaystyle\int_{1}^{3}(2x)\,dx = \left\{\begin{array}{l} Rc = 8 \\ Gráfica \\ R_a = 0 \\ \displaystyle\int_{a}^{b} x\,dx = \dfrac{x^2}{2}\Big]_{a}^{b} \end{array}\right\} = 2\int_{1}^{3} x\,dx = x^2\Big]_{1}^{3} = (3)^2 - (1)^2 = 8$

3) $\displaystyle\int_{1}^{3}\left(\dfrac{1}{3x}\right)dx = \left\{\begin{array}{l} Rc = 0.3662 \\ Gráfica \\ R_a = ? \\ \displaystyle\int_{a}^{b}\left(\dfrac{1}{x}\right)dx = \ln|x|\big]_{a}^{b} \end{array}\right\} = \dfrac{1}{3}\int_{1}^{3}\left(\dfrac{1}{x}\right)dx = \dfrac{1}{3}\ln|x|\Big]_{1}^{3} = \left(\dfrac{1}{3}\ln|3|\right) - \left(\dfrac{1}{3}\ln|1|\right) = o.3662$

Ejercicios:

2.4.1.1 Por las fórmulas de integración definida de funciones elementales algebraicas; Calcular el valor de las integrales realizando los siguientes pasos: a) Hacer el bosquejo de la gráfica; b) Hacer el cálculo.							
1)	$\displaystyle\int_{-2}^{3} dx$ $R = 5.0000$	4)	$\displaystyle\int_{0}^{4} 2x\,dx$	7)	$\displaystyle\int_{-2}^{-1} \dfrac{2}{x}\,dx$ $R = -1.3862$	10)	$\displaystyle\int_{2}^{4}(x-2)\,dx$
2)	$\displaystyle\int_{-1}^{1} 4\,dx$	5)	$\displaystyle\int_{-2}^{1} \dfrac{x}{2}\,dx$ $R = -0.7500$	8)	$\displaystyle\int_{-3}^{-1} \dfrac{2}{3x}\,dx$	11)	$\displaystyle\int_{0}^{3}(3-x)\,dx$ $R = 4.5000$
3)	$\displaystyle\int_{-2}^{1} x\,dx$ $R = -1.5000$	6)	$\displaystyle\int_{1}^{2} \dfrac{2x}{3}\,dx$	9)	$\displaystyle\int_{-1}^{2}(x+1)\,dx$ $R = 4.5000$	12)	$\displaystyle\int_{-2}^{1} \dfrac{2x+4}{7}\,dx$

2.4.2 Integración definida de funciones elementales exponenciales:

Funciones elementales exponenciales:

Función	Nombre	Dominio	Recorrido	Gráfica representativa
$y = e^x$	De base "e"	$(-\alpha, \alpha)$	$(0, \alpha)$	$y = e^x$
$y = a^x \ \ \forall a \in R^+$	De base "a"	$(-\alpha, \alpha)$	$(0, \alpha)$	

Fórmulas de integración definida de funciones elementales exponenciales:

1) $\displaystyle\int_a^b e^x dx = e^x \Big]_a^b$

2) $\displaystyle\int_a^b a^x dx = \dfrac{a^x}{\ln a}\Big]_a^b$

Ejemplos:

1) $\displaystyle\int_{-1}^{0} 2e^x dx = (2)\int_{-1}^{0} e^x (dx) = 2e^x \Big]_{-1}^{0} = \left(2e^{(0)}\right) - \left(2e^{(-1)}\right) \approx 2 - 0.7357 \approx 1.2643$

2) $\displaystyle\int_{0}^{1} \dfrac{3e^x}{4} dx = \dfrac{3e^x}{4}\Big]_0^1 = \left(\dfrac{3e^{(1)}}{4}\right) - \left(\dfrac{3e^{(0)}}{4}\right) = \dfrac{3e-3}{4} \approx 1.2887$

3) $\displaystyle\int_{0}^{2} \dfrac{3^x}{2} dx = \left(\dfrac{1}{2}\right)\int_{0}^{2} 3^x dx = \dfrac{3^x}{2\ln 3}\Big]_0^2 = \left(\dfrac{3^{(2)}}{2\ln 3}\right) - \left(\dfrac{3^{(0)}}{2\ln 3}\right) = \dfrac{9-1}{2\ln 3} \approx 3.6409$

Ejercicios:

2.4.2.1 Por las fórmulas de integración definida de funciones elementales exponenciales; Calcular el valor de las integrales realizando los siguientes pasos: a) Hacer el bosquejo de la gráfica; Hacer el cálculo.							
1)	$\displaystyle\int_0^2 5e^x\, dx$ $R = 31.9453$	3)	$\displaystyle\int_{-1}^1 \dfrac{3e^x}{5} dx$ $R = 1.4102$	5)	$\displaystyle\int_1^2 \dfrac{2xe^x - 3x}{4x} dx$ $R = 1.5853$	7)	$\displaystyle\int_1^2 \dfrac{2^x}{3} dx$ $R = 0.9617$
2)	$\displaystyle\int_2^4 \dfrac{e^x}{8} dx$	4)	$\displaystyle\int_{-2}^0 \dfrac{e^x - 1}{2} dx$	6)	$\displaystyle\int_{-4}^0 \dfrac{3(5)^x}{10} dx$	8)	$\displaystyle\int_0^4 2(3)^x\, dx$

2.4.3 Integración definida de funciones elementales logarítmicas:

Funciones elementales logarítmicas:

Función	Nombre	Dominio	Recorrido	Gráfica representativa
$y = \ln x$	De base "e"	$(0, \alpha)$	$(-\alpha, \alpha)$	$y = \ln x$
$y = \log_a x \ \forall a \in R^+$	De base "a"	$(0, \alpha)$	$(-\alpha, \alpha)$	

Fórmulas de integración definida de funciones elementales logarítmicas:

1) $\displaystyle\int_a^b \ln x\, dx = x\left(\ln|x|-1\right)\Big]_a^b$	2) $\displaystyle\int_a^b \log_a x\, dx = x\left(\log_a \dfrac{|x|}{e}\right)\Big]_a^b$

Ejemplos:

1) $\displaystyle\int_1^2 3\ln x\, dx = 3x\left(\ln|x|-1\right)\Big]_1^2 = \left(3(2)\left(\ln|2|-1\right)\right) - \left(3(1)\left(\ln|1|-1\right)\right) \approx \left(6(-0.3068)\right) - \left(3(-1)\right) \approx 1.1592$

2) $\displaystyle\int_2^4 \frac{\log_{10} x}{3}\, dx = \frac{x}{3}\left(\log_{10}\frac{|x|}{e}\right)\Big]_2^4 = \left(\frac{(4)}{3}\left(\log_{10}\frac{|(4)|}{e}\right)\right) - \left(\frac{(2)}{3}\left(\log_{10}\frac{|2|}{e}\right)\right) = \frac{4}{3}\left(\log_{10}\frac{4}{e}\right) - \frac{2}{3}\left(\log_{10}\frac{2}{e}\right)$

$$\approx \frac{4}{3}\log_{10} 1.4715 - \frac{2}{3}\log_{10} 0.7357 \approx 0.2236 - (-0.0888) \approx 0.3124$$

Ejercicios:

2.4.3.1 Por las fórmulas de integración definida de funciones elementales logarítmicas; Calcular el valor de las integrales realizando los siguientes pasos: a) Hacer el bosquejo de la gráfica; b) Hacer el cálculo.

1) $\displaystyle\int_1^2 5\ln x\, dx$ $R = 1.9314$	3) $\displaystyle\int_3^4 \frac{\ln x}{8}\, dx$ $R = 0.1561$	5) $\displaystyle\int_1^5 \frac{2x - 3x\ln x}{8x}\, dx$ $R = -0.5176$	7) $\displaystyle\int_1^4 \frac{\log_{10} x}{3}\, dx$ $R = 0.3684$
2) $\displaystyle\int_1^2 \frac{3\ln x}{5}\, dx$	4) $\displaystyle\int_1^2 \frac{\ln x - 2}{8}\, dx$	6) $\displaystyle\int_5^6 2\log_{10} x\, dx$	8) $\displaystyle\int_7^8 \frac{3\log_{10} x}{10}\, dx$

2.4.4 Integración definida de funciones elementales trigonométricas:

Funciones elementales trigonométricas:

Función	Nombre	Dominio	Recorrido	Gráfica
$y = \operatorname{sen} x$	Seno	$(-\alpha, \alpha)$	$[-1,1]$	
$y = \cos x$	Coseno	$(-\alpha, \alpha)$	$[-1,1]$	
$y = \tan x$	Tangente	$x \neq \pm\pi/2, \pm 3\pi/2, \cdots$	$(-\alpha, \alpha)$	
$y = \cot x$	Cotangente	$x \neq 0, \pm\pi, \pm 2\pi, \cdots$	$(-\alpha, \alpha)$	

| $y = \sec x$ | Secante | $x \neq \pm\pi/2, \pm 3\pi/2, \cdots$ | $(-\alpha, -1) \cup (1, \alpha)$ | 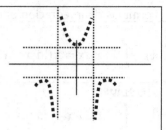 |

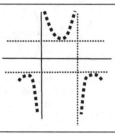

| $y = \csc x$ | Cosecante | $x \neq 0, \pm\pi, \pm 2\pi, \cdots$ | $(-\alpha, -1) \cup (1, \alpha)$ | |

Fórmulas de integración definida de funciones elementales trigonométricas:

1) $\displaystyle\int_a^b sen\,x\,dx = -\cos x \, \Big]_a^b$	4) $\displaystyle\int_a^b \cot x\,dx = \ln\left| sen\,x \right| \, \Big]_a^b$
2) $\displaystyle\int_a^b \cos x\,dx = sen\,x \, \Big]_a^b$	5) $\displaystyle\int_a^b \sec x\,dx = \ln\left| \sec x + \tan x \right| \, \Big]_a^b$
3) $\displaystyle\int_a^b \tan x\,dx = -\ln\left| \cos x \right| \, \Big]_a^b$	6) $\displaystyle\int_a^b \csc x\,dx = \ln\left| \csc x - \cot x \right| \, \Big]_a^b$

Ejemplos:

1) $\displaystyle\int_0^\pi 2\,sen\,x\,dx = -2\cos x \, \Big]_0^\pi = \left(-2\cos\pi\right) - \left(-2\cos 0\right) = -2(-1) + 2(1) = 4$

2) $\displaystyle\int_{\frac{\pi}{4}}^{\frac{\pi}{2}} \frac{2\cot x}{3}\,dx = \frac{2}{3}\ln\left| sen\,x \right|\Big]_{\frac{\pi}{4}}^{\frac{\pi}{2}} = \left(\frac{2}{3}\ln\left| sen\frac{\pi}{2} \right|\right) - \left(\frac{2}{3}\ln\left| sen\frac{\pi}{4} \right|\right) \approx \frac{2}{3}\ln(1) - \frac{2}{3}\ln(0.7071) \approx 0.2308$

Ejercicios:

2.4.4.1 Por las fórmulas de integración definida de funciones elementales trigonométricas; Calcular el valor de las integrales realizando los siguientes pasos: a) Hacer el bosquejo de la gráfica; b) Hacer el cálculo.							
1)	$\displaystyle\int_0^\pi 5\,sen\,x\,dx$ $R = 10.0000$	3)	$\displaystyle\int_{-\frac{\pi}{2}}^{\frac{\pi}{2}} \frac{\cos x}{2}\,dx$ $R = 1.0000$	5)	$\displaystyle\int_0^{\frac{\pi}{4}} \frac{7\tan x}{2}\,dx$ $R = 1.2130$	7)	$\displaystyle\int_0^{\frac{\pi}{6}} \frac{3\sec x}{10}\,dx$ $R = 0.1647$
2)	$\displaystyle\int_0^\pi \frac{Sen\,x}{4}\,dx$	4)	$\displaystyle\int_{-\pi}^{\frac{\pi}{2}} \frac{2\cos x}{3}\,dx$	6)	$\displaystyle\int_{\frac{\pi}{3}}^{\frac{\pi}{2}} 2\cot x\,dx$	8)	$\displaystyle\int_{\frac{\pi}{4}}^{\frac{\pi}{2}} 5\csc x\,dx$

2.4.5 Integración definida de funciones elementales trigonométricas inversas:

Funciones elementales trigonométricas inversas:

Función	Nombre	Dominio	Recorrido	Gráfica
$y = arcsenx$	Seno inverso	$[-1,1]$	$[-\pi/2,\pi/2]$	
$y = arccos x$	Coseno inverso	$[-1,1]$	$[0,\pi]$	
$y = arc\tan x$	Tangente inversa	$(-\alpha, \alpha)$	$(-\pi/2, \pi/2)$	
$y = arc\cot x$	Cotangente inversa	$(-\alpha, \alpha)$	$\left(-\dfrac{\pi}{2}, \dfrac{\pi}{2}\right]$	
$y = arc\sec x$	Secante inversa	$(-\alpha, -1]\cup[1, \alpha)$	$[0, \pi/2)\cup(\pi/2, \pi]$	
$y = arc\csc x$	Cosecante inversa	$(-\alpha, -1]\cup[1, \alpha)$	$[-\pi/2, 0)\cup(0, \pi/2]$	

Fórmulas de integración definida de funciones elementales trigonométricas inversas:

1) $\displaystyle\int_a^b arcsenx\,dx = x\,arcsenx + \sqrt{1-x^2}\ \Big]_a^b$	4) $\displaystyle\int_a^b arc\cot x\,dx = x\,arc\cot x + \dfrac{1}{2}\ln\left|x^2+1\right|\ \Big]_a^b$
2) $\displaystyle\int_a^b arccos x\,dx = x\,arccos x - \sqrt{1-x^2}\ \Big]_a^b$	5) $\displaystyle\int_a^b arc\sec x\,dx = x\,arc\sec x - \ln\left|x + \sqrt{x^2-1}\right|\ \Big]_a^b$
3) $\displaystyle\int_a^b \arctan x\,dx = x\arctan x - \dfrac{1}{2}\ln\left|x^2+1\right|\ \Big]_a^b$	6) $\displaystyle\int_a^b arc\csc x\,dx = x\,arc\csc x + \ln\left|x + \sqrt{x^2-1}\right|\ \Big]_a^b$

Ejemplos:

1) $\displaystyle\int_{-1}^1 2arccos x\,dx = 2\left(x\,arccos x - \sqrt{1-x^2}\right)\Big]_{-1}^1 = 2x\,arccos x - 2\sqrt{1-x^2}\ \Big]_{-1}^1$

$= \left(2(1)\arccos(1) - 2\sqrt{1-(1)^2}\right) - \left(2(-1)\arccos(-1) - 2\sqrt{1-(-1)^2}\right) \approx (0-0) - (-6.2831-0) \approx 6.2831$

2) $\int_1^2 \dfrac{3 arc\sec x}{5}\,dx = \dfrac{3}{5}\left(x\,arc\sec x - \ln\left|x + \sqrt{x^2 - 1}\right|\right)\Big]_1^2 = \dfrac{3}{5}x\,arc\sec x - \dfrac{3}{5}\ln\left|x + \sqrt{x^2 - 1}\right|\Big]_1^2$

$= \left(\dfrac{3}{5}(2)arc\sec(2) - \dfrac{3}{5}\ln\left|(2) + \sqrt{(2)^2 - 1}\right|\right) - \left(\dfrac{3}{5}(1)arc\sec(1) - \dfrac{3}{5}\ln\left|(1) + \sqrt{(1)^2 + 1}\right|\right)$

$\approx (1.2566 - 0.7901) - (0 - 0) \approx 0.4665$

Ejercicios:

2.4.5.1 Por las fórmulas de integración definida de funciones elementales trigonométricas inversas; obtener:		
1) $\displaystyle\int_{-1}^{1} \dfrac{3\arccos x}{5}\,dx$ $R = 1.8849$	2) $\displaystyle\int_{0}^{3} \dfrac{\arctan x}{2}\,dx$	3) $\displaystyle\int_{1}^{2} \dfrac{arc\csc x}{6}\,dx$ $R = 0.1322$

2.4.6 Integración definida de funciones elementales hiperbólicas:

Funciones elementales hiperbólicas:

Función	Nombre	Dominio	Recorrido	Gráfica
$y = \operatorname{senh} x$	Seno Hiperbólico	$(-\alpha, \alpha)$	$(-\alpha, \alpha)$	
$y = \cosh x$	Coseno hiperbólico	$(-\alpha, \alpha)$	$[1, \alpha)$	
$y = \tanh x$	Tangente hiperbólica	$(-\alpha, \alpha)$	$(-1, 1)$	
$y = \coth x$	Cotangente Hiperbólica	$(-\alpha, 0) \cup (0, \alpha)$	$(-\alpha, -1) \cup (1, \alpha)$	
$y = \operatorname{sec}h x$	Secante hiperbólica	$(-\alpha, \alpha)$	$(0, 1)$	
$y = \csc h x$	Cosecante hiperbólica	$(-\alpha, 0) \cup (0, \alpha)$	$(-\alpha, 0) \cup (0, \alpha)$	

Fórmulas de integración definida de funciones elementales hiperbólicas:

1) $\displaystyle\int_a^b \operatorname{senh} x\, dx = \cosh x\,\big]_a^b$	4) $\displaystyle\int_a^b \coth x\, dx = \ln\left\|\operatorname{senh} x\right\|\,\big]_a^b$
2) $\displaystyle\int_a^b \cosh x\, dx = \operatorname{senh} x\,\big]_a^b$	5) $\displaystyle\int_a^b \sec h x\, dx = 2\arctan\left(\tanh\frac{x}{2}\right)\,\Bigg]_a^b$
3) $\displaystyle\int_a^b \tanh x\, dx = \ln\left\|\cosh x\right\|\,\big]_a^b$	6) $\displaystyle\int_a^b \csc h x\, dx = \ln\left\|\tanh\frac{x}{2}\right\|\,\Bigg]_a^b$

Ejemplos:

1) $\displaystyle\int_{-1}^1 2\cosh x\, dx = 2\operatorname{senh} x\big]_{-1}^1 = \left(2\operatorname{senh}(1)\right) - \left(2\operatorname{senh}(-1)\right) \approx (2.3504) - (-2.3504) \approx 4.7008$

2) $\displaystyle\int_1^2 2\csc h x\, dx = 2\ln\left\|\tanh\frac{x}{2}\right\|\,\Bigg]_1^2 = \left(2\ln\left\|\tanh\frac{2}{2}\right\|\right) - \left(2\ln\left\|\tanh\frac{1}{2}\right\|\right) \approx (-0.5446) - (-1.5438) \approx 0.9992$

Ejercicios:

2.4.6.1 Por las fórmulas de integración definida de funciones elementales hiperbólicas; obtener:		
1) $\displaystyle\int_0^1 5\operatorname{senh} x\, dx$ $R = 2.7154$	2) $\displaystyle\int_{-1}^0 \frac{\tanh x}{2}\, dx$	3) $\displaystyle\int_{-3}^3 \frac{3\sec h x}{4}\, dx$ $R = 2.2069$

2.4.7 Integración definida de funciones elementales hiperbólicas inversas:

Funciones elementales hiperbólicas inversas:

Función	Nombre	Dominio	Recorrido	Gráfica
$y = \operatorname{arcsenh} x$	Seno hiperbólico Inverso	$(-\alpha, \alpha)$	$(-\alpha, \alpha)$	
$y = \operatorname{arccosh} x$	Coseno hiperbólico inverso	$[1, \alpha)$	$[0, \alpha)$	
$y = \operatorname{arctanh} x$	Tangente hiperbólica inversa	$(-1, 1)$	$(-\alpha, \alpha)$	
$y = \operatorname{arccoth} x$	Cotangente hiperbólica inversa	$(-\alpha, -1) \cup (1, \alpha)$	$(-\alpha, 0) \cup (0, \alpha)$	

| $y = arc\,\mathrm{sech}\,h\,x$ | Secante hiperbólica inversa | $(0,1]$ | $[0,\alpha)$ | |
| $y = arc\,\mathrm{csch}\,h\,x$ | Cosecante hiperbólica inversa | $(-\alpha, 0) \cup (0, \alpha)$ | $(-\alpha, 0) \cup (0, \alpha)$ | |

Fórmulas de integración definida de funciones elementales hiperbólicas inversas:

1) $\displaystyle\int_a^b arcsenh\,x\,dx = x\,arcsenh\,x - \sqrt{x^2+1}\,\Big]_a^b$	4) $\displaystyle\int_a^b arc\coth x\,dx = x\,arc\coth x + \frac{1}{2}\ln\left|x^2-1\right|\,\Big]_a^b$
2) $\displaystyle\int_a^b arc\cosh x\,dx = x\,arc\cosh x - \sqrt{x^2-1}\,\Big]_a^b$	5) $\displaystyle\int_a^b arc\,\mathrm{sech}\,x\,dx = x\,arc\,\mathrm{sech}\,x - \arctan\dfrac{-x}{\sqrt{1-x^2}}\,\Big]_a^b$
3) $\displaystyle\int_a^b \arctan h\,x\,dx = x\,\arctan h\,x + \frac{1}{2}\ln\left|x^2-1\right|\,\Big]_a^b$	6) $\displaystyle\int_a^b arc\,\mathrm{csch}\,h\,x\,dx = x\,arc\,\mathrm{csch}\,h\,x + \ln\left|x+\sqrt{x^2+1}\right|\,\Big]_a^b$

Ejemplos:

1) $\displaystyle\int_0^1 3\,arcsenh\,x\,dx = 3x\,arcsenh\,x - 3\sqrt{x^2+1}\,\Big]_0^1$

$= \left(3(1)arcsenh(1) - 3\sqrt{(1)^2+1}\right) - \left(3(0)arcsenh(0) - 3\sqrt{(0)^2+1}\right) \approx (2.6441 - 4.2426) - (0-3) \approx 1.4015$

2) $\displaystyle\int_1^2 \frac{arc\,\mathrm{csch}\,h\,x}{2}\,dx = \frac{1}{2}x\,arc\,\mathrm{csch}\,h\,x + \frac{1}{2}\ln\left|x+\sqrt{x^2+1}\right|\,\Big]_1^2$

$= \left(\frac{1}{2}(2)arc\,\mathrm{csch}\,h(2) + \frac{1}{2}\ln\left|(2) + \sqrt{(2)^2+1}\right|\right) - \left(\frac{1}{2}(1)arc\,\mathrm{csch}\,h(1) + \frac{1}{2}\ln\left|(1) + \sqrt{(1)^2+1}\right|\right)$

$\approx (0.4812 + 0.7218) - (0.4406 + 0.4406) \approx 0.3218$

Ejercicios:

2.4.7.1 Por las fórmulas de integración definida de funciones elementales hiperbólicas inversas; obtener:		
1) $\displaystyle\int_1^2 \frac{3\,arc\cosh x}{5}\,dx$ $R = 0.5411$	2) $\displaystyle\int_2^3 2\,arc\coth x\,dx$	3) $\displaystyle\int_{-2}^{-1} \frac{arc\,\mathrm{csch}\,h\,x}{2}\,dx$ $R = -0.3216$

Clase: 2.5 Integración definida de funciones algebraicas que contienen x^n.

2.5.1 Integración definida de funciones algebraicas que contienen x^n.
  - Función algebraica que contiene **x^n**.
  - Fórmula de integración de funciones algebraicas que contienen **x^n**.

- Ejemplos.
- Ejercicios.

2.5.1 Integración definida de funciones algebraicas que contienen x^n.

Función algebraica que contienen x^n.

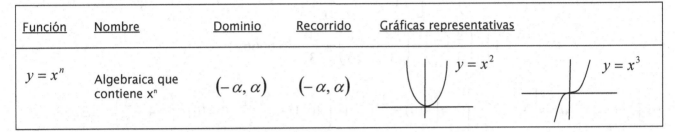

Función	Nombre	Dominio	Recorrido	Gráficas representativas	
$y = x^n$	Algebraica que contiene x^n	$(-\alpha, \alpha)$	$(-\alpha, \alpha)$	$y = x^2$	$y = x^3$

Fórmula de integración de funciones algebraicas que contienen x^n.

$$1)\quad \int_a^b x^n dx = \left. \frac{x^{n+1}}{n+1} \right]_a^b \quad \forall\, n+1 \neq 0$$

Ejemplos:

1) $\int_1^3 \sqrt{x}\ dx = \int_1^3 x^{\frac{1}{2}} dx = \left\langle \int_a^b x^n dx = \left.\frac{x^{n+1}}{n+1}\right]_a^b \atop a=1;\, b=3;\, n=\frac{1}{2} \right\rangle = \left.\frac{x^{3/2}}{3/2}\right]_1^3 = \left.\frac{2\sqrt{x^3}}{3}\right]_1^3 = \left(\frac{2\sqrt{(3)^3}}{3}\right) - \left(\frac{2\sqrt{(1^3)}}{3}\right) \approx 2.7974$

2) $\int_2^5 3x^4\ dx = \left\langle \int_a^b k\,f(x)dx = k\int_a^b f(x)dx \atop k=3;\ \ f(x)=x^4 \right\rangle = 3\int_2^5 x^4 dx = \left\langle \int_a^b x^n dx = \left.\frac{x^{n+1}}{n+1}\right]_a^b \right\rangle = (3)\left.\left(\frac{x^5}{5}\right)\right]_2^5 = \left.\frac{3x^5}{5}\right]_2^5$

$\qquad = \left(\frac{3(5)^5}{5}\right) - \left(\frac{3(2)^5}{5}\right) \approx 1855.8$

3) $\int_1^2 \frac{\sqrt{2}}{x^3}\ dx = \left\langle \int_a^b k\,f(x)dx = k\int_a^b f(x)dx \atop k=\sqrt{2};\ \ f(x)=\frac{1}{x^3} \right\rangle = \sqrt{2}\int_1^2 \frac{1}{x^3} dx = \sqrt{2}\int_1^2 x^{-3} dx = \left\langle \int_a^b x^n dx = \left.\frac{x^{n+1}}{n+1}\right]_a^b \atop a=1;\ \ b=2 \right\rangle$

$\qquad = (\sqrt{2})\left.\left(\frac{x^{-2}}{-2}\right)\right]_1^2 = \left.-\frac{1}{\sqrt{2}\,x^2}\right]_1^2 = \left(-\frac{1}{\sqrt{2}(2)^2}\right) - \left(-\frac{1}{\sqrt{2}(1)^2}\right) \approx 0.5303$

4) $\int_{1}^{4}\left(\frac{x^2}{2}+\sqrt{x}\right)dx=\left[\frac{x^3}{6}+\frac{2\sqrt{x^3}}{3}\right]_{1}^{4}=\left(\frac{(4)^3}{6}+\frac{2\sqrt{(4)^3}}{3}\right)-\left(\frac{(1)^3}{6}+\frac{2\sqrt{(1)^3}}{3}\right)$

$$=\left(\frac{32}{3}+\frac{16}{3}\right)-\left(\frac{1}{6}+\frac{2}{3}\right)\approx 15.1667$$

5) $\int_{1}^{4}\left(\frac{x+1}{\sqrt{x}}\right)dx=\int_{1}^{1}\left(x^{\frac{1}{2}}+x^{-\frac{1}{2}}\right)dx=\left[\frac{2\sqrt{x^3}}{3}+2\sqrt{x}\right]_{1}^{4}=\left(\frac{2\sqrt{(4)^3}}{3}+2\sqrt{(4)}\right)-\left(\frac{2\sqrt{(1)^3}}{3}+2\sqrt{(1)}\right)$

$$\left(\frac{16}{3}+4\right)-\left(\frac{2}{3}+2\right)=\left(\frac{28}{3}\right)-\left(\frac{8}{3}\right)=\frac{20}{3}\approx 6.6666$$

6) $\int_{-1}^{0}\left(4-2x^2\right)dx=\left[4x-\frac{2x^3}{3}\right]_{-1}^{0}=\left(4(0)-\frac{2(0)^3}{3}\right)-\left(4(-1)-\frac{2(-1)^3}{3}\right)=(0)-\left(-4+\frac{2}{3}\right)=3.3333$

7) $\int_{0}^{1}\left(3x^4-4x^3\right)dx=-0.4000$ (Solucionar)

Ejercicios:

2.5.1.1 Por la fórmula de integración definida de funciones algebraicas que contienen x^n; obtener:							
1)	$\int_{0}^{4}\sqrt{x}\,dx$ $R=5.3333$	5)	$\int_{-1}^{2}\left(x^2+2\right)dx$ $R=9.0000$	9)	$\int_{0}^{4}\left(\sqrt{x}+1\right)dx$ $R=1.3333$	13)	$\int_{-1}^{0}(x^3-3)dx$ $R=1.2500$
2)	$\int_{0}^{2}\sqrt{2x}\,dx$	6)	$\int_{-1}^{1}\left(1-x^2\right)dx$	10)	$\int_{0}^{1}\left(\sqrt{x}-x^2\right)dx$	14)	$\int_{-1}^{0}(x^3-3x)\,dx$
3)	$\int_{1}^{2}\frac{2}{x^2}\,dx$ $R=1.0000$	7)	$\int_{-2}^{0}\left(2x^2-x\right)dx$ $R=7.3333$	11)	$\int_{1}^{2}\left(\frac{3x-x^2}{x}\right)dx$ $R=1.5000$	15)	$\int_{-1}^{1}(x^4-2x^2+2)\,dx$ $R=3.0666$
4)	$\int_{1}^{2}\frac{4}{\sqrt{x}}\,dx$	8)	$\int_{-1}^{1}\left(2-3x^2\right)dx$	12)	$\int_{1}^{2}\left(\frac{x+1}{\sqrt{x}}\right)dx$	16)	$\int_{0}^{1}(3x^4-4x^3)\,dx$

Clase: 2.6 Integración definida de funciones que contienen u.

2.6.1 Integración definida de funciones algebraicas que contienen u.   - Ejemplos.
2.6.2 Integración definida de funciones exponenciales que contienen u.   - Ejercicios.
2.6.3 Integración definida de funciones logarítmicas que contienen u.
2.6.4 Integración definida de funciones trigonométricas que contienen u.
2,6,5 Integración definida de funciones trigonométricas inversas que contienen u.
2.6.6 Integración definida de funciones hiperbólica que contienen u.
2.6.7 Integración definida de funciones hiperbólicas inversas que contienen u.

2.6.1 Integración definida de funciones algebraicas que contienen u.

Sí u es cualquier función y $n \in Z^+$ entonces se cumplen las siguientes fórmulas de integración:

Fórmulas de integración definida de funciones algebraicas que contienen u.

1) $\displaystyle\int_a^b u^n\, du = \frac{u^{n+1}}{n+1}\bigg]_a^b$	2) $\displaystyle\int_a^b \frac{1}{u}\, du = \ln\lvert u \rvert\,\big]_a^b$

Ejemplos:

1) $\displaystyle\int_0^1 (3x+2)^4\, dx = \left(\frac{1}{3}\right)\int_0^1 (3x+2)^4\,(3)dx = \left(\frac{1}{3}\right)\left(\frac{(3x+2)^5}{5}\right)\bigg]_0^1 = \frac{(3x+2)^5}{15}\bigg]_0^1$

$\qquad = \left(\frac{(3(1)+2)^5}{15}\right) - \left(\frac{(3(0)+2)^5}{15}\right) = \left(\frac{5^5}{15}\right) - \left(\frac{2^5}{15}\right) = \left(\frac{3125}{15}\right) - \left(\frac{32}{15}\right) = \frac{1031}{5} = 206.20$

2) $\displaystyle\int_{-1}^2 \frac{3}{2x+4}\, dx = \frac{3}{2}\int_{-1}^2 \frac{1}{2x+4}\,2dx = \frac{3}{2}\ln\lvert 2x+4\rvert\,\big]_{-1}^2 = \left(\frac{3}{2}\ln\lvert 2(2)+4\rvert\right) - \left(\frac{3}{2}\ln\lvert 2(-1)+4\rvert\right)$

$\qquad\qquad\qquad\qquad = 3.1191 - 1.0397 = 2.0794$

3) $\displaystyle\int_0^1 5x\left(1-x^2\right)^3 dx = 5\int_0^1 \left(1-x^2\right)^3 x\,dx = 5\left(\frac{1}{-2}\right)\int_0^1 \left(1-x^2\right)^3 (-2x)dx = \left(-\frac{5}{2}\right)\left(\frac{(1-x^2)^4}{4}\right)\bigg]_0^1$

$\qquad -\frac{5(1-x^2)^4}{8}\bigg]_0^1 = \left(-\frac{5(1-(1)^2)^4}{8}\right) - \left(-\frac{5(1-(0)^2)^4}{8}\right) = \left(\frac{0}{8}\right) - \left(-\frac{5}{8}\right) = 0 + 0.6250 = 0.6250$

4) $\displaystyle\int_2^4 \frac{\sqrt{3-\frac{2}{x}}}{5x^2}\, dx = \frac{1}{5}\left(\frac{1}{2}\right)\int_2^4 \left(3-\frac{2}{x}\right)^{\frac{1}{2}}\frac{2}{x^2}\,dx = \frac{1}{10}\frac{(3-\frac{2}{x})^{\frac{3}{2}}}{\frac{3}{2}}\bigg]_2^4 = \frac{1}{15}\sqrt{\left(3-\frac{2}{x}\right)^3}\bigg]_2^4$

$\qquad = \left(\frac{1}{15}\sqrt{\left(3-\frac{2}{(4)}\right)^3}\right) - \left(\frac{1}{15}\sqrt{\left(3-\frac{2}{(2)}\right)^3}\right) = 0.2635 - 0.1885 = 0.0749$

5) $\displaystyle\int_1^3 \frac{5\left(\sqrt{x}-1\right)^3}{4\sqrt{x}}\, dx = \frac{5(2)}{4}\int_1^3 \left(\sqrt{x}-1\right)^3 \frac{1}{2\sqrt{x}}\,dx = \frac{5}{2}\frac{(\sqrt{x}-1)^4}{4}\bigg]_1^3 = \left(\frac{5}{8}\left(\sqrt{3}-1\right)^4\right) - \left(\frac{5}{8}\left(\sqrt{1}-1\right)^4\right)$

$\qquad\qquad\qquad\qquad = 0.1794 - 0 = 0.1794$

Ejercicios:

2.6.1.1 Por la fórmula de integración definida de funciones algebraicas que contienen "u" obtener:							
1)	1) $\int_0^4 (2x+1)^3\, dx$ $R = 820.0$	3)	$\int_{-2}^0 5\sqrt{3-2x}\, dx$ $R = 22.2068$	5)	$\int_1^3 \dfrac{2}{4x+1}\, dx$ $R = 0.4777$	7)	$\int_0^1 \dfrac{3}{\sqrt{2x+2}}\, dx$ $R = 1.7573$
2)	$\int_{-1}^0 \sqrt{4x+2}\, dx$	4)	$\int_0^4 \sqrt{\dfrac{x}{2}+2}\, dx$	6)	$\int_{-2}^0 \sqrt{(2-3x)^3}\, dx$	8)	$\int_{-1}^0 \dfrac{3}{(1-2x)^2}\, dx$

2.6.2 Integración definida de funciones exponenciales que contienen u.

Fórmulas de integración definida de funciones exponenciales que contienen u.

$$1)\quad \int_a^b e^u\, du = e^u \Big]_a^b \qquad\qquad 2)\quad \int_a^b a^u\, du = \frac{a^u}{\ln a}\Big]_a^b$$

Ejemplos:

$$1)\quad \int_{-1}^0 2e^{3x}\, dx = (2)\left(\frac{1}{3}\right)\int_{-1}^0 e^{3x}(3dx) = \frac{2e^{3x}}{3}\Big]_{-1}^0 = \left[\frac{2e^{3(0)}}{3}\right] - \left[\frac{2e^{3(-1)}}{3}\right] = \left(\frac{2}{3}\right) - \left(\frac{2e^2}{3}\right) \approx 0.6334$$

$$2)\quad \int_0^1 \frac{3e^{(2x+1)}}{4}\, dx = \left(\frac{3}{4}\right)\left(\frac{1}{2}\right)\int_0^1 e^{(2x+1)}(2dx) = \frac{3e^{(2x+1)}}{8}\Big]_0^1 = \left(\frac{3e^{(2(1)+1)}}{8}\right) - \left(\frac{3e^{(2(0)+1)}}{8}\right) = \frac{3e^3 - 3e}{8} \approx 6.512$$

$$3)\quad \int_0^1 \frac{2e^{(1-x)}}{5}\, dx = \frac{2}{5}\int_0^1 e^{(1-x)}dx = \left\langle\begin{matrix}\int_a^b e^u\, du = e^u\Big]_a^b \\ u = 1-x; \quad du = -dx \\ a = 0; \quad b = 1\end{matrix}\right\rangle = \frac{2}{5}(-)\int_0^1 e^{(1-x)}(-dx) = -\frac{2e^{(1-x)}}{5}\Big]_0^1 = \frac{2e}{5} - \frac{2}{5} \approx 0.6873$$

$$4)\quad \int_0^2 \frac{3^{\frac{x}{5}}}{2}\, dx = \frac{1}{2}(5)\int_0^2 3^{\frac{x}{5}}\left(\frac{1}{5}dx\right) = \frac{5}{2}\left(\frac{3^{\frac{x}{5}}}{\ln 3}\right)\Big]_0^2 = \left(\frac{5(3)^{\frac{2}{5}}}{2\ln 3}\right) - \left(\frac{5(3)^{\frac{0}{5}}}{2\ln 3}\right) = \left(\frac{5(3)^{0.4}}{2\ln 3}\right) - \left(\frac{5}{2\ln 3}\right) \approx 1.2557$$

Ejercicios:

2.6.2.1 Por la fórmula de integración definida de funciones exponenciales que contienen "u" obtener:

$$1)\quad \int_0^2 \frac{3e^{2x}}{4}\, dx \qquad 2)\quad \int_{-1}^0 3e^{(3x-1)}\, dx \qquad 3)\quad \int_1^3 2(3)^{\frac{x}{4}}\, dx \qquad 4)\quad \int_1^3 (2)^{\frac{5x}{4}}\, dx$$
$$R = 20.0993 \qquad\qquad\qquad\qquad\qquad R = 7.0156$$

2.6.3 Integración definida de funciones logarítmicas que contienen u.

Fórmulas de integración definida de funciones logarítmicas que contienen u.

$$1)\quad \int_a^b \ln u\, du = u\left(\ln|u| - 1\right)\Big]_a^b \qquad\qquad 2)\quad \int_a^b \log_a u\, du = u\left(\log_a \frac{|u|}{e}\right)\Big]_a^b$$

Ejemplos:

1) $\displaystyle\int_1^2 3\ln 2x\, dx = 3\left(\frac{1}{2}\right)\int_1^2 \ln 2x\,(2\,dx) = \frac{3}{2}(2x)\big(\ln|(2x)| - 1\big)\Big]_1^2 = 3x\ln\big(|2x| - 1\big)\Big]_1^2$

$= \big(3(2)\ln(|2(2)| - 1)\big) - \big(3(1)\ln(|2(1)| - 1)\big) = 6\ln(|4| - 1) - 3\ln(|2| - 1) \approx 2.3177 - (-0.9205) \approx 3.2382$

2) $\displaystyle\int_2^4 \frac{\log_{10}|2x|}{3}\, dx = \left(\frac{1}{3}\right)\left(\frac{1}{2}\right)\int_2^4 \log_{10}|2x|(2\,dx) = \frac{x}{3}\left(\log_{10}\frac{|2x|}{e}\right)\Big]_2^4$

$= \left(\frac{(4)}{3}\log_{10}\frac{2(4)}{e}\right) - \left(\frac{(2)}{3}\log_{10}\frac{2(2)}{e}\right) \approx (0.6250) - (0.1118) \approx 0.5132$

Ejercicios:

2.6.3.1 Por la fórmula de integración definida de funciones logarítmicas que contienen "u" obtener:							
1)	$\displaystyle\int_1^2 5\ln 2x\, dx$ $R = 5.3972$	2)	$\displaystyle\int_2^4 \frac{3\ln(4x-1)}{2}\, dx$	3)	$\displaystyle\int_{0.1}^5 \frac{\log_{10}(3x)}{5}\, dx$ $R = 0.7609$	4)	$\displaystyle\int_0^5 \frac{3\log_{10}(2x+1)}{5}\, dx$

2.6.4 Integración definida de funciones trigonométricas que contienen u.

Fórmulas de integración definida de funciones trigonométricas que contienen u.

1)	$\displaystyle\int_a^b \operatorname{sen} u\, du = -\cos u\,\Big]_a^b$	7)	$\displaystyle\int_a^b \sec u\tan u\, du = \sec u\,\Big]_a^b$
2)	$\displaystyle\int_a^b \cos u\, du = \operatorname{sen} u\,\Big]_a^b$	8)	$\displaystyle\int_a^b \csc u\cot u\, du = -\csc u\,\Big]_a^b$
3)	$\displaystyle\int_a^b \tan u\, du = -\ln|\cos u|\,\Big]_a^b$	9)	$\displaystyle\int_a^b \sec^2 u\, du = \tan u\,\Big]_a^b$
4)	$\displaystyle\int_a^b \cot u\, du = \ln|\operatorname{sen} u|\,\Big]_a^b$	10)	$\displaystyle\int_a^b \csc^2 u\, du = -\cot u\,\Big]_a^b$
5)	$\displaystyle\int_a^b \sec u\, du = \ln|\sec u + \tan u|\,\Big]_a^b$	11)	$\displaystyle\int_a^b \sec^3 u\, du = \frac{1}{2}\sec u\tan u + \frac{1}{2}\ln|\sec u + \tan u|\,\Big]_a^b$
6)	$\displaystyle\int_a^b \csc u\, du = \ln|\csc u - \cot u|\,\Big]_a^b$		

Ejemplos:

1) $\displaystyle\int_0^\pi \cos 2x\, dx = \left\langle \begin{array}{l} \displaystyle\int_a^b \cos u = \operatorname{sen} u\Big]_a^b \\ u = 2x; \quad du = 2dx \\ a = 0; \quad b = \pi \end{array} \right\rangle = \frac{1}{2}\int_0^\pi \cos 2x\,(2dx) = \frac{1}{2}\operatorname{sen} 2x\,\Big]_0^\pi$

$= \left[\frac{1}{2}\operatorname{sen} 2(\pi)\right] - \left[\frac{1}{2}\operatorname{sen} 2(0)\right] = 0$

$$2) \quad \int_0^{\frac{\pi}{4}} 2\sec^2 \frac{3x}{4}\, dx = \left\langle \begin{array}{l} \int_a^b \sec^2 u\, du = \tan u \big]_a^b \\ u = \dfrac{3x}{4}; \quad du = \dfrac{3}{4} dx \\ a = 0; \quad b = \dfrac{\pi}{4} \end{array} \right\rangle = 2\left(\frac{4}{3}\right)\int_0^{\frac{\pi}{4}} \sec^2 \frac{3x}{4}\left(\frac{3}{4} dx\right) = \frac{8}{3}\tan\frac{3x}{4}\Big]_0^{\frac{\pi}{4}}$$

$$= \left(\frac{8}{3}\tan\frac{3\left(\frac{\pi}{4}\right)}{4}\right) - \left(\frac{8}{3}\tan\frac{3(0)}{4}\right) \approx 1.7818$$

$$3) \quad \int_{\frac{\pi}{20}}^{\frac{\pi}{6}} \frac{3}{2sen^2 5x}\, dx = \left\langle \begin{array}{l} ident.\,trig \\ \dfrac{1}{senu} = cscu \end{array} \right\rangle = \frac{3}{2}\int_{\frac{\pi}{20}}^{\frac{\pi}{6}} \csc^2 5x\, dx = \left\langle \begin{array}{l} \int_a^b \csc^2 u\, du = -\cot u\big]_a^b \\ u = 5x; \quad du = 5dx; \quad a = \dfrac{\pi}{20}; \quad b = \dfrac{\pi}{6} \end{array} \right\rangle$$

$$= \frac{3}{2}\left(\frac{1}{5}\right)\int_{\frac{\pi}{20}}^{\frac{\pi}{6}} \csc^2 5x\,(5dx) = \frac{3}{10}(-\cot 5x)\Big]_{\frac{\pi}{20}}^{\frac{\pi}{6}} = \left(-\frac{3}{10}\cot 5\left(\frac{\pi}{6}\right)\right) - \left(-\frac{3}{10}\cot 5\left(\frac{\pi}{20}\right)\right) = 0.5196 + 0.3 = 0.8196$$

$$4) \quad \int_{-\pi}^{\pi} \cos^3 2x\, sen2x\, dx = \left\langle \begin{array}{l} \int_a^b u^n du = \dfrac{u^{n+1}}{n+1}\Big]_a^b \quad u = \cos 2x; \\ du = -2sen2xdx; \quad a = -\pi; \quad b = \pi \end{array} \right\rangle = \left(-\frac{1}{2}\right)\int_{-\pi}^{\pi}(\cos 2x)^3(-2sen2x\, dx)$$

$$= -\frac{1}{2}\left(\frac{\cos^4 2x}{4}\right)\Big]_{-\pi}^{\pi} = -\frac{1}{8}\cos^4 2x\Big]_{-\pi}^{\pi} = \left(-\frac{1}{8}\cos^4 2(\pi)\right) - \left(-\frac{1}{8}\cos^4 2(-\pi)\right) = -\frac{1}{8} + \frac{1}{8} = 0$$

Ejercicios:

2.6.4.1 Por la fórmula de integración definida de funciones trigonométricas que contienen "u" obtener:							
1)	$\int_0^{\pi} \dfrac{5sen2x}{4}\, dx$ $R = 0.0000$	3)	$\int_0^{\pi} 8\tan\dfrac{x}{4}\, dx$ $R = 11.0904$	5)	$\int_0^{\pi} 3\sec\dfrac{x}{5}\, dx$ $R = 10.1141$	7)	$\int_0^{\pi} \dfrac{5sen\sqrt{x}}{4\sqrt{x}}\, dx$ $R = 3.0007$
2)	$\int_0^{\frac{\pi}{2}} sen\dfrac{2x}{3}\, dx$	4)	$\int_0^{\pi}\left(\dfrac{\cos 3x}{2}\right) dx$	6)	$\int_{-\frac{\pi}{2}}^{\frac{\pi}{2}}\left(\dfrac{2}{\sec 2x}\right) dx$	8)	$\int_{-\frac{\pi}{2}}^{\frac{\pi}{2}} \dfrac{5\cos(2x-1)}{3}\, dx$

2.6.5 Integración definida de funciones trigonométricas inversas que contienen u.

Fórmulas de integración definida de funciones trigonométricas inversas que contienen "u".

1)	$\int_a^b arcsenu\, du = u\, arcsenu + \sqrt{1-u^2}\,\Big]_a^b$	4)	$\int_a^b arccotu\, du = u\, arccotu + \dfrac{1}{2}\ln\big|u^2+1\big|\,\Big]_a^b$
2)	$\int_a^b arccosu\, du = u\, arccosu - \sqrt{1-u^2}\,\Big]_a^b$	5)	$\int_a^b arcsecu\, du = u\, arcsecu - \ln\big|u+\sqrt{u^2-1}\big|\,\Big]_a^b$
3)	$\int_a^b arctanu\, du = u\, arctanu - \dfrac{1}{2}\ln\big|u^2+1\big|\,\Big]_a^b$	6)	$\int_a^b arccscu\, du = u\, arccscu + \ln\big|u+\sqrt{u^2-1}\big|\,\Big]_a^b$

Ejemplos:

1) $\displaystyle\int_{-1}^{1} 3\arccos\frac{x}{2}\,dx = 3(2)\int_{-1}^{1}\arccos\frac{x}{2}\left(\frac{dx}{2}\right) = 6\left(\frac{x}{2}\arccos\frac{x}{2} - \sqrt{1-\left(\frac{x}{2}\right)^2}\right)\Bigg]_{-1}^{1}$

$$= 6\left(\frac{(1)}{2}\arccos\frac{(1)}{2} - \sqrt{1-\left(\frac{(1)}{2}\right)^2}\right) - 6\left(\frac{(-1)}{2}\arccos\frac{(-1)}{2} - \sqrt{1-\left(\frac{(-1)}{2}\right)^2}\right)$$

$$= 6(0.5235 - 0.8660) - 6(-1.0472 - 0.8660) = -2.0550 + 11.4792 = 9.4242$$

2) $\displaystyle\int_{1}^{2}\frac{arc\sec(2x-1)}{2}\,dx = \frac{1}{2}\left(\frac{1}{2}\right)\int_{1}^{2}arc\sec(2x-1)(2dx)$

$$= \frac{1}{4}\left[(2x-1)arc\sec(2x-1) - \ln\left|(2x-1)+\sqrt{(2x-1)^2-1}\right|\right]_{1}^{2}$$

$$= \frac{1}{4}\left[(2(2)-1)arc\sec(2(2)-1) - \ln\left|(2(2)-1)+\sqrt{(2(2)-1)^2-1}\right|\right]$$

$$- \frac{1}{4}\left[(2(1)-1)arc\sec(2(1)-1) - \ln\left|(2(1)-1)+\sqrt{(2(1)-1)^2-1}\right|\right]$$

$$= \frac{1}{4}\left[3arc\sec(3) - \ln\left|3+\sqrt{8}\right|\right] - \frac{1}{4}\left[arc\sec(1) - \ln\left|1+\sqrt{0}\right|\right] \approx \frac{1}{4}[3.6928 - 1.7627] - \frac{1}{4}[0-0] \approx 0.4825$$

Ejercicios:

2.6.5.1 Por la fórmula de integración definida de funciones trigonométricas inversas que contienen "u" obtener:							
1)	$\displaystyle\int_{0}^{0.5} 3arcsen2x\,dx$ $R = 0.8561$	2)	$\displaystyle\int_{0}^{0.75} 5\arccos\frac{3x}{4}\,dx$	3)	$\displaystyle\int_{0}^{3}\frac{\arctan(2x+1)}{4}\,dx$ $R = 0.9509$	4)	$\displaystyle\int_{1}^{2}\frac{arc\csc 2x}{6}\,dx$

2.6.6 Integración definida de funciones hiperbólicas que contienen u.

Fórmulas de integración definida de funciones hiperbólicas que contienen u.

1)	$\displaystyle\int_{a}^{b} senhu\,du = \cosh u\,\Big]_{a}^{b}$	7)	$\displaystyle\int_{a}^{b} \sec h^2\,u\,du = \tanh u\,\Big]_{a}^{b}$
2)	$\displaystyle\int_{a}^{b} \cosh u\,du = senh u\,\Big]_{a}^{b}$	8)	$\displaystyle\int_{a}^{b} \csc h^2\,u\,du = -\coth u\,\Big]_{a}^{b}$
3)	$\displaystyle\int_{a}^{b} \tanh u\,du = \ln\left|\cosh u\right|\,\Big]_{a}^{b}$	9)	$\displaystyle\int_{a}^{b} \sec hu\tanh u\,du = -\sec hu\,\Big]_{a}^{b}$
4)	$\displaystyle\int_{a}^{b} \coth u\,du = \ln\left|senh u\right|\,\Big]_{a}^{b}$	10)	$\displaystyle\int_{a}^{b} \csc hu\coth u\,du = -\csc hu\,\Big]_{a}^{b}$
5)	$\displaystyle\int_{a}^{b} \sec hu\,du = 2\arctan\left(\tanh\frac{u}{2}\right)\Big]_{a}^{b}$		
6)	$\displaystyle\int_{a}^{b} \csc hu\,du = \ln\left|\tanh\frac{u}{2}\right|\,\Big]_{a}^{b}$		

Ejemplos:

1) $\int_{-1}^{1} 2\cosh 3x\, dx = (2)\left(\frac{1}{3}\right)\int_{-1}^{1}\cosh 3x\,(3dx) = \frac{2}{3}senh3x\Big]_{-1}^{1} = \left[\frac{2}{3}senh3(1)\right] - \left[\frac{2}{3}senh3(-1)\right]$

$\approx \left(6.6785 - (-6.6785)\right) \approx 13.3572$

2) $\int_{0}^{1}\frac{\sec h2x\tanh 2x}{3}\, dx = \left(\frac{1}{3}\right)\left(\frac{1}{2}\right)\int_{0}^{1}\sec h2x\tanh 2x\,(2dx) = -\frac{1}{6}\sec h2x\ \Big]_{0}^{1}$

$= \left[-\frac{1}{6}\sec h2(1)\right] - \left[-\frac{1}{6}\sec h2(0)\right] = \left(-0.0443 - (-0.1666)\right) \approx 0.1223$

Ejercicios:

2.6.6.1 Por la fórmula de integración definida de funciones hiperbólicas que contienen "u" obtener:							
1)	$\int_{0}^{1}5senh2x\,dx$ $R = 6.9054$	2)	$\int_{-1}^{1}\frac{3}{5}\cosh 2x\,dx$	3)	$\int_{-1}^{0}\frac{\tanh(3x-1)}{2}\,dx$ $R = -0.4789$	4)	$\int_{-3}^{3}\frac{3\sec h3x}{5}\,dx$

2.6.7 Integración definida de funciones hiperbólicas inversas que contienen u.

Fórmulas de integración definida de funciones hiperbólicas inversas que contienen u.

1) $\int_{a}^{b}arcsenhu\,du = u\,arcsenhu - \sqrt{u^2+1}\Big]_{a}^{b}$	4) $\int_{a}^{b}arc\coth u\,du = u\,arc\coth u + \frac{1}{2}\ln\left|u^2-1\right|\Big]_{a}^{b}$
2) $\int_{a}^{b}arc\cosh u\,du = u\,arc\cosh u - \sqrt{u^2-1}\Big]_{a}^{b}$	5) $\int_{a}^{b}arc\sec hu\,du = u\,arc\sec hu - \arctan\frac{-u}{\sqrt{1-u^2}}\Big]_{a}^{b}$
3) $\int_{a}^{b}\arctan hu\,du = u\arctan hu + \frac{1}{2}\ln\left|u^2-1\right|\Big]_{a}^{b}$	6) $\int_{a}^{b}arc\csc hu\,du = u\,arc\csc hu + \ln\left|u+\sqrt{u^2+1}\right|\Big]_{a}^{b}$

Ejemplos:

1) $\int_{0}^{1}3arcsenh\frac{x}{2}\,dx = (3)(2)\int_{0}^{1}arcsenh\frac{x}{2}\left(\frac{dx}{2}\right) = 6\left(\frac{x}{2}\right)arcsenh\frac{x}{2} - 6\sqrt{\left(\frac{x}{2}\right)^2+1}\ \Bigg]_{0}^{1}$

$= 3x\,arcsenh\frac{x}{2} - 6\sqrt{\frac{x^2}{4}+1}\ \Bigg]_{0}^{1} = \left[3(1)arcsenh\left(\frac{(1)}{2}\right) - 6\sqrt{\left(\frac{(1)^2}{4}\right)+1}\right]$

$-\left[3(0)arcsenh\left(\frac{(0)}{2}\right) - 6\sqrt{\left(\frac{(0)}{4}\right)^2+1}\right] \approx \left[1.4436 - 6.7082\right] - \left[0-6\right] \approx 0.7354$

2) $\displaystyle\int_1^{10} \frac{arc\,csc\,h3x}{2}\,dx = \left(\frac{1}{2}\right)\left(\frac{1}{3}\right)\int_1^{10} arc\,csh3x\,(3dx) = \left(\frac{1}{6}\right)\left[(3x)arc\,csc\,h(3x) + \ln\left|(3x) + \sqrt{(3x)^2 + 1}\right|\right]_1^{10}$

$\displaystyle = \frac{x}{2}arc\,csc\,h3x + \frac{1}{6}\ln\left|3x + \sqrt{9x^2 + 1}\right|\,\right]_1^{10} = \left(\frac{(10)}{2}arc\,csc\,3(10) + \frac{1}{6}\ln\left|3(10) + \sqrt{9(10)^2 + 1}\right|\right)$

$\displaystyle - \left(\frac{(1)}{2}arc\,csc\,h3(1) + \frac{1}{6}\ln\left|3(1) + \sqrt{9(1)^2 + 1}\right|\right) \approx (0.1666 + 0.6824) - (0.1637 + 0.3030) \approx 0.3823$

Ejercicios:

	2.6.7.1 Por la fórmula de integración definida de funciones hiperbólicas inversas que contienen "u" obtener:						
1)	$\displaystyle\int_0^5 8\,arcsenh\frac{x}{2}\,dx$ $R = 38.8079$	2)	$\displaystyle\int_0^2 \frac{3\,arccosh2x}{5}\,dx$	3)	$\displaystyle\int_{-2}^{-1} \frac{3arc\,csc\,h2x}{5}\,dx$ $R = -0.2035$	4)	$\displaystyle\int_2^3 2arc\,coth3x\,dx$

Clase: 2.7 Integración definida de funciones que contienen las formas u² ± a².

2.7.1 Integración definida de funciones que contienen las formas u² ± a².   - Ejemplos.
                                                                  - Ejercicios.

2.7.1 Integración definida de funciones que contienen las formas u² ± a².

Minicatálogo de fórmulas de integración definida de funciones que contienen las formas $u^2 \pm a^2 \quad \forall\, a > 0$

1)	$\displaystyle\int_a^b \frac{1}{u^2 + a^2}\,du = \frac{1}{a}\arctan\frac{u}{a}\,\right]_a^b$	6)	$\displaystyle\int_a^b \frac{1}{\sqrt{a^2 - u^2}}\,du = arcsen\frac{u}{a}\,\right]_a^b$
2)	$\displaystyle\int_a^b \frac{1}{u^2 - a^2}\,du = \frac{1}{2a}\ln\left|\frac{u-a}{u+a}\right|\,\right]_a^b$	7)	$\displaystyle\int_a^b \frac{1}{u\sqrt{u^2 + a^2}}\,du = -\frac{1}{a}\ln\left|\frac{a + \sqrt{u^2 + a^2}}{u}\right|\,\right]_a^b$
3)	$\displaystyle\int_a^b \frac{1}{a^2 - u^2}\,du = \frac{1}{2a}\ln\left|\frac{u+a}{u-a}\right|\,\right]_a^b$	8)	$\displaystyle\int_a^b \sqrt{u^2 + a^2}\,du = \frac{u}{2}\sqrt{u^2 + a^2} + \frac{a^2}{2}\ln\left|u + \sqrt{u^2 + a^2}\right|\,\right]_a^b$
4)	$\displaystyle\int_a^b \frac{1}{\sqrt{u^2 + a^2}}\,du = \ln\left|u + \sqrt{u^2 + a^2}\right|\,\right]_a^b$	9)	$\displaystyle\int_a^b \sqrt{u^2 - a^2}\,du = \frac{u}{2}\sqrt{u^2 - a^2} - \frac{a^2}{2}\ln\left|u + \sqrt{u^2 - a^2}\right|\,\right]_a^b$
5)	$\displaystyle\int_a^b \frac{1}{\sqrt{u^2 - a^2}}\,du = \ln\left|u + \sqrt{u^2 - a^2}\right|\,\right]_a^b$	10)	$\displaystyle\int_a^b \sqrt{a^2 - u^2}\,du = \frac{u}{2}\sqrt{a^2 - u^2} + \frac{a^2}{2}arcsen\frac{u}{a}\,\right]_a^b$

Método de integración de funciones que contienen las formas $u^2 \pm a^2 \quad \forall\, a > 0$:

1) Análisis de la función; su intervalo de evaluación e identifica la fórmula de integración.

2) Identificación de $"u^2"$ y obtención de $"u"\,y\,"du"$.

3) Identificación de $"a^2"$ y obtención de $"a"$.

4) Hacer el ajuste.

5) Integrar aplicando la fórmula (sin olvidar la constante).

6) Evaluar.

Indicadores de evaluación:

1) Identifica la fórmula.

2) Hace el ajuste

3) Integra.

4) Presenta el resultado final.

Ejemplos:

1) $\displaystyle \int_{-5}^{5} \frac{5}{4x^2+9}\,dx = \left\langle \begin{array}{l} \displaystyle \int_a^b \frac{1}{u^2+a^2}\,du = \frac{1}{a}\arctan\frac{u}{a}\Big]_a^b \\[3mm] u^2 = 4x^2;\quad u = 2x;\quad du = 2dx \\[2mm] a^2 = 9;\quad a = 3 \end{array} \right\rangle$

$\displaystyle = 5\left(\frac{1}{2}\right)\int_{-5}^{5}\frac{1}{4x^2+9}\,2dx = \frac{5}{2}\left(\frac{1}{3}\arctan\frac{2x}{3}\right)\Big]_{-5}^{5}$

$\displaystyle = \left(\frac{5}{6}\arctan\frac{10}{3}\right) - \left(\frac{5}{6}\arctan\frac{-10}{3}\right)$

$\approx 1.0661 + 1.0661 \approx 2.1322$

2) $\displaystyle \int_{-\frac{1}{2}}^{\frac{1}{2}} \frac{1}{1-2x^2}\,dx = \left\langle \begin{array}{l} \displaystyle \int_a^b \frac{du}{a^2-u^2} = \frac{1}{2a}\ln\left|\frac{u+a}{u-a}\right|\Big]_a^b \\[3mm] a^2 = 1;\quad a = 1; \\[2mm] u^2 = 2x;\quad u = x\sqrt{2};\quad du = \sqrt{2}\,dx \end{array} \right\rangle$

$\displaystyle = \left(\frac{1}{\sqrt{2}}\right)\int_{-\frac{1}{2}}^{\frac{1}{2}}\frac{\left(\sqrt{2}\,dx\right)}{1-2x^2} = \frac{1}{2\sqrt{2}}\ln\left|\frac{x\sqrt{2}+1}{x\sqrt{2}-1}\right|\Big]_{-\frac{1}{2}}^{\frac{1}{2}}$

$\displaystyle = \left(\frac{1}{2\sqrt{2}}\ln\left|\frac{\frac{1}{2}\sqrt{2}+1}{\frac{1}{2}\sqrt{2}-1}\right|\right) - \left(\frac{1}{2\sqrt{2}}\ln\left|\frac{-\frac{1}{2}\sqrt{2}+1}{-\frac{1}{2}\sqrt{2}-1}\right|\right) \approx \left(\frac{1}{2\sqrt{2}}\ln\left|\frac{1.7071}{-0.2928}\right|\right) - \left(\frac{1}{2\sqrt{2}}\ln\left|\frac{0.2928}{-1.7071}\right|\right)$

$\displaystyle \approx \left(\frac{1}{2\sqrt{2}}\ln|-5.8280|\right) - \left(\frac{1}{2\sqrt{2}}\ln|-0.1715|\right) \approx \frac{1}{2\sqrt{2}}(1.7626) - \frac{1}{2\sqrt{2}}(-1.7630) \approx 0.6231 + 0.6233 \approx 1.2464$

3) $\displaystyle \int_{3}^{4} \frac{3dx}{2\sqrt{x^2-5}} = \left\langle \begin{array}{l} \displaystyle \int_a^b \frac{du}{\sqrt{u^2-a^2}} = \ln\left|u+\sqrt{u^2-a^2}\right|\Big]_a^b \\[3mm] u^2 = x^2;\quad u = x;\quad du = dx \\[2mm] a^2 = 5;\quad a = \sqrt{5} \\[2mm] \Big]_a^b = \Big]_3^4 \end{array} \right\rangle$

$\displaystyle = \frac{3}{2}\int_3^4 \frac{(dx)}{\sqrt{(x)^2-(\sqrt{5})^2}} = \frac{3}{2}\ln\left|x+\sqrt{x^2-5}\right|\Big]_3^4$

$\displaystyle = \left[\frac{3}{2}\ln\left|4+\sqrt{(4)^2-5}\right|\right] - \left[\frac{3}{2}\ln\left|3+\sqrt{(3)^2-5}\right|\right] = 2.985 - 2.414 = 0.571$

4) $\displaystyle \int_{-1}^{2}\sqrt{4x^2+1}\,dx = \left\langle \begin{array}{l} \displaystyle \int_a^b \sqrt{u^2+a^2}\,du = \frac{u}{2}\sqrt{u^2+a^2} + \frac{a^2}{2}\ln\left|u+\sqrt{u^2+a^2}\right|\Big]_a^b \\[3mm] u^2 = 4x^2;\quad u = 2x;\quad du = 2dx;\quad a^2 = 1;\quad a = 1 \end{array} \right\rangle = \left(\frac{1}{2}\right)\int_{-1}^{2}\sqrt{4x^2+1}\,(2dx)$

$\displaystyle = \frac{1}{2}\left[\frac{(2x)}{2}\sqrt{4x^2+1} + \frac{(1)^2}{2}\ln\left|(2x)+\sqrt{4x^2+1}\right|\right]_{-1}^{2} = \frac{x}{2}\sqrt{4x^2+1} + \frac{1}{4}\ln\left|2x+\sqrt{4x^2+1}\right|\Big]_{-1}^{2}$

$\displaystyle = \left[\frac{(2)}{2}\sqrt{4(2)^2+1} + \frac{1}{4}\ln\left|2(2)+\sqrt{4(2)^2+1}\right|\right] - \left[\frac{(-1)}{2}\sqrt{4(-1)^2+1} + \frac{1}{4}\ln\left|2(-1)+\sqrt{4(-1)^2+1}\right|\right]$

$\displaystyle = \left(\sqrt{17} + \frac{1}{4}\ln\left|4+\sqrt{17}\right|\right) - \left(-\frac{\sqrt{5}}{2} + \frac{1}{4}\ln\left|-2+\sqrt{5}\right|\right) \approx 4.1231 + 0.5236 + 1.1180 + 0.3609 \approx 6.1256$

5) $\displaystyle\int_0^2 \frac{\sqrt{y^2+4}}{2}\,dy = \frac{1}{2}\int_0^2 \sqrt{y^2+4}\,dy = \left\langle \begin{array}{l} \displaystyle\int_a^b \sqrt{u^2+a^2}\,du = \frac{u}{2}\sqrt{u^2+a^2} + \ln\left|u+\sqrt{u^2+a^2}\right|\Big]_a^b \\ u^2 = y^2; \quad u = y; \quad du = dy; \quad a^2 = 4; \quad a = 2 \end{array} \right\rangle$

$= \displaystyle\frac{1}{2}\left[\frac{(y)}{2}\sqrt{y^2+4} + \frac{(4)}{2}\ln\left|(y)+\sqrt{y^2+4}\right|\right]_0^2 = \frac{y}{4}\sqrt{y^2+4} + \ln\left|(y)+\sqrt{y^2+4}\right|\Big]_0^2$

$= \left[\displaystyle\frac{(2)}{4}\sqrt{(2)^2+4} + \ln\left|(2)+\sqrt{(2)^2+4}\right|\right] - \left[\frac{(0)}{4}\sqrt{(0)^2+(4)} + \ln\left|(0)+\sqrt{(0)^2+(4)}\right|\right]$

$\approx 1.4142 + 1.5745 - 0 - 0.6931 \approx 2.2956$

Ejercicios:

2.7.1.1 Por las fórmulas de integración definida de funciones que contienen las formas $u^2 \pm a^2$; obtener:				
1) $\displaystyle\int_{-2}^2 \frac{1}{x^2+4}\,dx$ $R = 0.7853$	4) $\displaystyle\int_{-1}^1 \frac{2}{3x^2-8}\,dx$	7) $\displaystyle\int_3^4 \frac{2}{\sqrt{2x^2-16}}\,dx$ $R = 0.7563$	10) $\displaystyle\int_2^4 3\sqrt{2x^2-4}\,dx$	
2) $\displaystyle\int_0^3 \frac{10\,dx}{4x^2+9}$	5) $\displaystyle\int_0^1 \frac{2}{4-3x^2}\,dx$ $R = 0.7603$	8) $\displaystyle\int_{-0.5}^{0.5} \frac{5}{\sqrt{16-4x^2}}\,dx$	11) $\displaystyle\int_2^4 \sqrt{4x^2-5}\,dx$ $R = 11.1257$	
3) $\displaystyle\int_0^{10}\left(\frac{9}{2x^2+4}\right)dx$ $R = 4.5512$	6) $\displaystyle\int_{-6}^{-4} \frac{dx}{\sqrt{x^2+1}}$	9) $\displaystyle\int_{-1}^1 \sqrt{4x^2+3}\,dx$ $R = 4.1257$	12) $\displaystyle\int_{-0.25}^{0.25} \frac{5\sqrt{10-5x^2}}{3}\,dx$	

Clase: 2.8 Integrales impropias que contienen en su intervalo $\pm\alpha$ o tipo 1.

2.8.1 Definición de las integrales impropias tipo 1.
2.8.2 Clasificación de las integrales impropias tipo 1.
2.8.3 Estructuración de las integrales impropias tipo 1.
2.8.3 Cálculo de las integrales impropias del tipo 1A.
2.8.4 Cálculo de las integrales impropias del tipo 1B.
2.8.5 Cálculo de las integrales impropias del tipo 1C.
- Ejemplos.
- Ejercicios.

2.8.1 Definición de las integrales impropia tipo 1.

Son las integrales definidas de funciones que se caracterizan porque al menos en uno de los extremos del intervalo es infinito. Estas integrales impropias son evaluables si existe el límite y en ese caso se dice que la función es convergente; en cambio no son evaluables si no existe el límite y se dice que la función es divergente.

2.8.2 Clasificación de las integrales impropias tipo 1.

Las integrales impropias se clasifican según su intervalo de definición, así tenemos:

Clasificación	Intervalo	Representación gráfica	Estructuración de la integral
1A	$(-\alpha, a]$	$y = f(x)$ $-\infty$ t_1 a	$\int_{-\alpha}^{a} f(x)dx = \lim_{t_1 \to -\alpha} \int_{t_1}^{a} f(x)dx$
1B	$[b, \alpha)$	$y = f(x)$ b t_2 ∞	$\int_{b}^{\alpha} f(x)dx = \lim_{t_2 \to \alpha} \int_{b}^{t_2} f(x)dx$
1C	$(-\alpha, \alpha)$	$y = f(x)$ $-\infty$ t_1 c t_2 ∞	$\int_{-\alpha}^{\alpha} f(x)dx$ $= \int_{-\alpha}^{c} f(x)dx + \int_{c}^{\alpha} f(x)dx$ $= \lim_{t_1 \to -\alpha} \int_{t_1}^{c} f(x)dx + \lim_{t_2 \to \alpha} \int_{c}^{t_2} f(x)dx$

2.8.3 Estructuración de las integrales impropias tipo 1.

Método para estructurar las integrales impropias tipo 1.

1) Haga el bosquejo de la gráfica.
2) Determine los intervalos sujetos a una posible evaluación de la integral impropia.
3) Clasifíquela según corresponda.
4) Estructure la integral impropia.

Indicadores de evaluación:

1) Identifica los intervalos de evaluación.
2) Identifica el tipo de integral.
3) Estructura la integral impropia.

Ejemplo 1) Estructurar las integrales impropias de la función: $y = \dfrac{1}{x^2}$

  y puntos de interés $x = -\alpha;\quad x = -2;\quad x = 1;\quad x = \alpha$

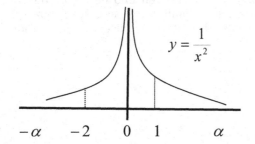

a) En el intervalo $(-\alpha, -2]$ Integral impropia tipo 1A

$$a)\quad \int_{-\alpha}^{-2} \frac{1}{x^2}\, dx = \lim_{t_1 \to -\alpha} \int_{t_1}^{-2} \frac{1}{x^2}\, dx$$

b) En el intervalo $[1, \alpha)$ Integral impropia tipo 1B

$$b)\quad \int_{1}^{\alpha} \frac{1}{x^2}\, dx = \lim_{t_2 \to \alpha} \int_{1}^{t_2} \frac{1}{x^2}\, dx$$

Ejemplo 2) Estructurar las integrales impropias de la función: $y = \dfrac{1}{\sqrt{x}}$

y puntos de interés: $x = 1;\quad x = \alpha$

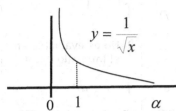

En el intervalo $[1, \alpha)$ Integral impropia tipo 1B

$$\int_1^\alpha \frac{1}{\sqrt{x}}\,dx = \lim_{t_2 \to \alpha} \int_1^{t_2} \frac{1}{\sqrt{x}}\,dx$$

Ejercicios:

2.8.3.1 Estructurar las integrales impropias de las siguientes funciones con sus puntos de interés:	
1) $y = -\dfrac{5}{4x};\quad x = -\alpha;\quad x = -1$	3) $y = \dfrac{4}{2x^2 + 4};\quad x = 2;\quad x = \alpha$
2) $y = \dfrac{5}{\sqrt{-2x}};\quad x = -\alpha;\quad x = -1$	4) $y = \dfrac{2}{\sqrt{x+1}};\quad x = 0;\quad x = \alpha$

2.8.4 Cálculo de las integrales impropias del tipo 1A.

Ejemplos 1) Sea: $y = \dfrac{1}{x^2}$ Calcula el valor de la integral en el intervalo $(-\alpha, -1]$.

$$\int_{-\alpha}^{-1} \frac{1}{x^2}\,dx = \lim_{t_1 \to -\alpha} \int_{t_1}^{-1} \frac{1}{x^2}\,dx = \lim_{t_1 \to -\alpha} \int_{t_1}^{-1} x^{-2}\,dx$$

$$= \left[\lim_{t_1 \to -\alpha} \frac{x^{-1}}{-1}\right]_{t_1}^{-1} = \left[\lim_{t_1 \to -\alpha} -\frac{1}{x}\right]_{t_1}^{-1} = \left(\lim_{t_1 \to -\alpha} -\frac{1}{(-1)}\right) - \left(\lim_{t_1 \to -\alpha} -\frac{1}{(t_1)}\right)$$

$$= (1) - \left(-\frac{1}{-\alpha}\right) = (1) - \left(\frac{1}{\alpha}\right) = 1 - 0 = 1$$

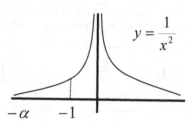

Ejemplo 2) Sea: $y = \dfrac{1}{2 - x}$ Calcula el valor de la integral en el intervalo $(-\alpha, 1]$.

$$\int_{-\alpha}^{1} \frac{1}{2-x}\,dx = \lim_{t_1 \to -\alpha} \int_{t_1}^{1} \frac{1}{2-x}\,dx = -\lim_{t_1 \to -\alpha} \ln|2 - x| \Big]_{t_1}^{1}$$

$$= \left(-\lim_{t_1 \to -\alpha} \ln|2 - (1)|\right) - \left(-\lim_{t_1 \to -\alpha} \ln|2 - (t_1)|\right)$$

$$= \left(-\ln|1|\right) - \left(-\ln|-\alpha|\right) = -0 + \alpha = \alpha$$

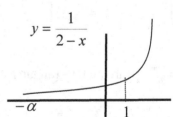

Interpretación del resultado: La integral no es evaluable y la función es divergente.

Ejemplo 3) Sea: $y = e^x$ Calcula el valor de la integral en el intervalo $(-\alpha, 0]$.

$$\int_{-\alpha}^{0} e^x\,dx = \lim_{t_1 \to -\alpha} \int_{t_1}^{0} e^x\,dx = \lim_{t_1 \to -\alpha} e^x \Big]_{t_1}^{0}$$

$$= \left(\lim_{t_1 \to \alpha} e^0\right) - \left(\lim_{t_1 \to -\alpha} e^{t_1}\right) = \left(e^0\right) - \left(e^{-\alpha}\right) = 1 - 0 = 1$$

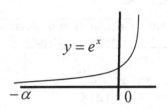

Ejercicios:

2.8.4.1 Calcular el valor de las integrales impropias tipo 1A, realizando los siguientes pasos: a) Hacer el bosquejo de la gráfica; b) Estructurar la integral impropia; c) Hacer el cálculo.							
1) $\int_{-\alpha}^{0} 5e^{2x}\,dx$ $R = 2.5000$	3) $\int_{-\alpha}^{-1} \frac{10}{2x^2+3}\,dx$ $R = 3.6173$	5) $\int_{-\alpha}^{-2} \frac{5}{x^4}\,dx$ $R = 0.2083$	7) $\int_{-\alpha}^{1} \frac{1}{\sqrt{2-x}}\,dx$ R=No es evaluable en el intervalo dado.
2) $\int_{-\alpha}^{0} \frac{4}{\sqrt{1-x}}\,dx$	4) $\int_{-\alpha}^{0} \frac{1}{x^2+4}\,dx$	6) $\int_{-\alpha}^{-3} \frac{6}{2x+3}\,dx$	8) $\int_{-\alpha}^{-1} \frac{5}{x^2}\,dx$

2.8.5 Cálculo de las integrales impropias del tipo 1B.

Ejemplo: Sea $y = \dfrac{1}{x^2}$ Calcula el valor de la integral en el intervalo $[1, \alpha)$

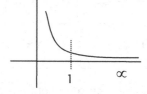

$$\int_1^\alpha \frac{1}{2x^2}\,dx = \frac{1}{2}\lim_{t_2\to\alpha}\int_1^{t_2}\frac{1}{x^2}\,dx = \frac{1}{2}\lim_{t_2\to\alpha}\int_1^{t_2}x^{-2}\,dx = \left[\frac{1}{2}\lim_{t_2\to\alpha}\frac{x^{-1}}{-1}\right]_1^{t_2} = \left[\frac{1}{2}\lim_{t_2\to\alpha} -\frac{1}{x}\right]_1^{t_2}$$

$$= \left(\frac{1}{2}\lim_{t_2\to\alpha} -\frac{1}{(t_2)}\right) - \left(\frac{1}{2}\lim_{t_2\to\alpha} -\frac{1}{(1)}\right) = \left(-\frac{1}{2\alpha}\right) - \left(-\frac{1}{2}\right) = 0 + \frac{1}{2} = 0.5000$$

Ejercicios:

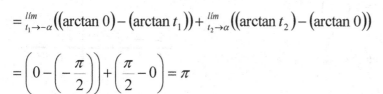

2.8.5.1 Calcular el valor de las integrales impropias tipo 1B; realizando los siguientes pasos: a) Hacer el bosquejo de la gráfica; b) Estructurar la integral impropia; c) Hacer el cálculo.			
1) $\int_1^\alpha \frac{3}{2x^2}\,dx$ $R = 1.5000$	2) $\int_1^\alpha \frac{1}{\sqrt{x}}\,dx$	3) $\int_0^\alpha \frac{1}{\sqrt{x+1}}\,dx$ R = No es convergente	4) $\int_2^\alpha \frac{1}{x^2+4}\,dx$

2.8.6 Cálculo de las integrales impropias del tipo 1C.

Ejemplo: Sea $y = \dfrac{1}{x^2+1}$ Calcular el valor de la integral en el intervalo: $(-\alpha, \alpha)$

$$\int_{-\alpha}^\alpha \frac{1}{x^2+1}\,dx = \lim_{t_1\to-\alpha}\int_{t_1}^0 \frac{1}{x^2+1}\,dx + \lim_{t_2\to\alpha}\int_0^{t_2}\frac{1}{x^2+1}\,dx = \lim_{t_1\to-\alpha}(\arctan x]_{t_1}^0 + \lim_{t_2\to\alpha}(\arctan x]_0^{t_2}$$

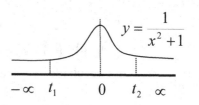

$$= \lim_{t_1\to-\alpha}\big((\arctan 0) - (\arctan t_1)\big) + \lim_{t_2\to\alpha}\big((\arctan t_2) - (\arctan 0)\big)$$

$$= \left(0 - \left(-\frac{\pi}{2}\right)\right) + \left(\frac{\pi}{2} - 0\right) = \pi$$

Ejercicios:

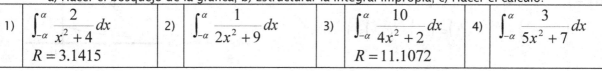

2.8.6.1 Calcular el valor de las integrales impropias tipo 1C; realizando los siguientes pasos: a) Hacer el bosquejo de la gráfica; b) Estructurar la integral impropia; c) Hacer el cálculo.			
1) $\int_{-\alpha}^\alpha \frac{2}{x^2+4}\,dx$ $R = 3.1415$	2) $\int_{-\alpha}^\alpha \frac{1}{2x^2+9}\,dx$	3) $\int_{-\alpha}^\alpha \frac{10}{4x^2+2}\,dx$ $R = 11.1072$	4) $\int_{-\alpha}^\alpha \frac{3}{5x^2+7}\,dx$

Clase: 2.9 Integrales impropias que contienen en su intervalo puntos discontinuos o tipo 2.

2.9.1 Definición de las integrales impropias tipo 2.
2.9.2 Clasificación de las integrales impropias tipo 2.
2.9.3 Estructuración de las integrales impropias tipo 2.
2.9.4 Cálculo de las integrales impropias del tipo 2A.
2.9.5 Cálculo de las integrales impropias del tipo 2B.
2.9.6 Cálculo de las integrales impropias del tipo 2C.
- Ejemplos.
- Ejercicios.

2.9.1 Definición de las integrales impropias tipo 2.

Son las integrales definidas de funciones que se caracterizan porque al menos en uno de los extremos del intervalo presentan un punto de discontinuidad. Estas integrales impropias son evaluables si existe el límite y en ese caso se dice que la función es convergente; en cambio no son evaluables si no existe el límite y se dice que la función es divergente.

2.9.2 Clasificación de las integrales impropias tipo 2.

Las integrales impropias se clasifican según su intervalo de definición, así tenemos:

Clasificación	Intervalo	Representación gráfica	Estructuración de la integral
2A	$[a, b)$		$\int_a^b f(x)\,dx = \lim_{t_1 \to b^-} \int_a^{t_1} f(x)\,dx$
2B	$(b, c]$		$\int_b^c f(x)\,dx = \lim_{t_2 \to b^+} \int_{t_2}^c f(x)\,dx$
2C	$a < b < c$		$\int_a^c f(x)\,dx$ $= \int_a^b f(x)\,dx + \int_b^c f(x)\,dx$ $= \lim_{t_1 \to b^-} \int_a^{t_1} f(x)\,dx + \lim_{t_2 \to b^+} \int_{t_2}^c f(x)\,dx$

2.9.3 Estructuración de las integrales impropias tipo 2.

Método para estructurar las integrales impropias tipo 2.

1) Haga el bosquejo de la gráfica.
2) Determine los intervalos sujetos a una posible evaluación de la integral impropia.
3) Clasifíquela según corresponda.
4) Estructure la integral impropia.

Indicadores de evaluación:

1) Identifica los intervalos de evaluación.
2) Identifica el tipo de integral.
3) Estructura la integral impropia.

Ejemplo 1) Estructurar las integrales impropias de la función: $y = \dfrac{1}{x^2}$

y puntos de interés $x = -2;\quad y\quad x = 1$:

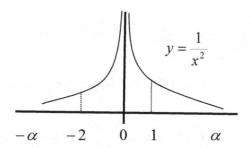

a) En el intervalo $\left[-2, 0\right)$ Integral impropia tipo 2A.

$$\int_{-2}^{0} \frac{1}{x^2}\, dx = \lim_{t_1 \to 0^-} \int_{-2}^{t_1} \frac{1}{x^2}\, dx$$

b) En el intervalo $\left(0, 1\right]$ Integral impropia tipo 2B.

$$\int_{0}^{1} \frac{1}{x^2}\, dx = \lim_{t_1 \to 0^+} \int_{t_2}^{1} \frac{1}{x^2}\, dx$$

Ejemplo 2) Estructurar las integrales impropias de la función: $y = \dfrac{1}{\sqrt{x}}$

y puntos de interés $\quad x = 0;\quad x = 1;\quad y\quad x = \alpha$:

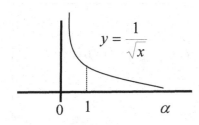

a) En el intervalo $\left(0, 1\right]$ Integral impropia tipo 2B

$$a)\quad \int_{0}^{1} \frac{1}{\sqrt{x}}\, dx = \lim_{t_2 \to 0^+} \int_{t_2}^{1} \frac{1}{\sqrt{x}}\, dx$$

Ejercicios:

2.9.3.1 Estructurar las integrales impropias de las siguientes funciones con sus puntos de interés:	
1) $\quad y = -\dfrac{2}{3x};\quad x = -1;\quad x = 0$	3) $\quad y = \dfrac{3}{\sqrt{2-x}};\quad x = 2;\quad x = 4$
2) $\quad y = -\dfrac{5}{\sqrt{-2x}};\quad x = -1;\quad x = 0$	4) $\quad y = \dfrac{2}{\sqrt[3]{x^2}};\quad x = -2;\quad x = 2$

2.9.4 Cálculo de las integrales impropias del tipo 2A.

Ejemplo 1)   Sea: $y = \dfrac{10}{7\sqrt[3]{4x^2}}$; Calcula el valor de la integral en el intervalo $[-3, 0)$

$$\int_{-3}^{0} \frac{10}{7\sqrt[3]{4x^2}}\,dx = \frac{10}{7\sqrt[3]{4}}\ \underset{t_1 \to 0^-}{lím}\ \int_{-3}^{t_1} \frac{1}{\sqrt[3]{x^2}}\,dx = \frac{10}{7\sqrt[3]{4}}\ \underset{t_1 \to 0^-}{lím}\ \int_{-3}^{t_1} x^{-\frac{2}{3}}\,dx$$

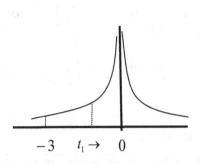

$$= \frac{10}{7\sqrt[3]{4}}\ \underset{t_1 \to 0^-}{lím}\ \frac{x^{\frac{1}{3}}}{\frac{1}{3}}\Bigg]_{-3}^{t_1} = \frac{30}{7\sqrt[3]{4}}\ \underset{t_1 \to 0^-}{lím}\ \sqrt[3]{x}\,\Bigg]_{-3}^{t_1}$$

$$= \left(\frac{30}{7\sqrt[3]{4}}\ \underset{t_1 \to 0^-}{lím}\ \sqrt[3]{t_1}\right) - \left(\frac{30}{7\sqrt[3]{4}}\ \underset{t_1 \to 0^-}{lím}\ \sqrt[3]{-3}\right)$$

$$= \left(\frac{30}{7\sqrt[3]{4}}\sqrt[3]{0}\right) - \left(\frac{30}{7\sqrt[3]{4}}\sqrt[3]{-3}\right) = (0) - (-3.8938) = 3.8948$$

Ejemplo 2): Sea: $y = \dfrac{1}{\sqrt{-x}}$ Calcula el valor de la integral en el intervalo $[-4, 0)$.

$$\int_{-4}^{0} \frac{1}{\sqrt{-x}}\,dx = \underset{t_1 \to 0^-}{lím}\int_{-4}^{t_1}\frac{1}{\sqrt{-x}}\,dx = \underset{t_1 \to 0^-}{lím}\,(-1)\int_{-4}^{t_1}(-x)^{-\frac{1}{2}}(-1\,dx)$$

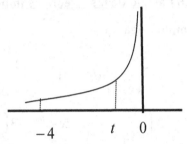

$$= -\underset{t_1 \to 0^-}{lím}\left(\frac{(-x)^{\frac{1}{2}}}{\frac{1}{2}}\right)\Bigg]_{-4}^{t_1} = -\underset{t_1 \to 0^-}{lím}\,2\sqrt{-x}\,\Big]_{-4}^{t_1}$$

$$= -\left(\left(\underset{t_1 \to 0^-}{lím}\,2\sqrt{-t_1}\right) - \left(\underset{t_1 \to 0^-}{lím}\,2\sqrt{-(-4)}\right)\right) = \left(-2\sqrt{-0}\right) + 2\sqrt{4} = 4$$

Ejercicios:

2.9.4.1 Calcular el valor de las integrales impropias tipo 2A; realizando los siguientes pasos: a) Hacer el bosquejo de la gráfica; b) Estructurar la integral impropia; c) Hacer el cálculo.							
1)	$\int_{-1}^{0}\dfrac{5}{\sqrt{-2x}}\,dx$ $R = 7.0710$	2)	$\int_{-2}^{0}\dfrac{4}{\sqrt[3]{2x^2}}\,dx$	3)	$\int_{-2}^{0.5}\dfrac{5}{2x-1}\,dx$ $R = No\ es\ convergente$	4)	$\int_{-4}^{-2}\dfrac{2}{\sqrt[3]{(x+2)^2}}\,dx$

2.9.5 Cálculo de las integrales impropias del tipo 2B.

Ejemplo: Sea: $y = 1 + \dfrac{1}{\sqrt{x}}$ Calcula el valor de la integral en el intervalo: $(0,1]$.

$$\int_{0}^{1}\left(1 + \frac{1}{\sqrt{x}}\right)dx = \underset{t_2 \to 0^+}{lím}\int_{t_2}^{1}\left(1 + \frac{1}{\sqrt{x}}\right)dx = \underset{t_2 \to 0^+}{lím}\left(x + 2\sqrt{x}\right)\Big]_{t_2}^{1}$$

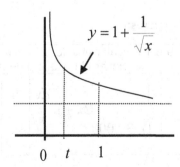

$$= \left(\underset{t_2 \to 0^+}{lím}\left(1 + 2\sqrt{1}\right)\right) - \left(\underset{t_2 \to 0^+}{lím}\left(t_2 + 2\sqrt{t_2}\right)\right)$$

$$= \left(1 + 2\sqrt{1}\right) - \left(0 + 2\sqrt{0}\right) = 3 + 0 = 3$$

Ejemplo2): Calcula el valor de la integral: $\int_0^4 \dfrac{2}{\sqrt{3x}}\,dx \quad y = \dfrac{2}{\sqrt{3x}}$

$$\int_0^4 \frac{2}{\sqrt{3x}}\,dx = \lim_{t_2 \to 0^+} \frac{2}{\sqrt{3}} \int_{t_2}^4 x^{-\frac{1}{2}}\,dx = \lim_{t_2 \to 0^+} \frac{2}{\sqrt{3}} \left. \frac{x^{\frac{1}{2}}}{\frac{1}{2}} \right]_{t_2}^4 = \lim_{t_2 \to 0} \frac{4}{\sqrt{3}} \sqrt{x}\,\Big]_{2}^4$$

$$= \left(\lim_{t_2 \to 0} \frac{4}{\sqrt{3}} \sqrt{4} \right) - \left(\lim_{t_2 \to 0} \frac{4}{\sqrt{3}} \sqrt{t_2} \right) = \frac{4}{\sqrt{3}} \sqrt{4} - \frac{4}{\sqrt{3}} \sqrt{0} = 4.6188$$

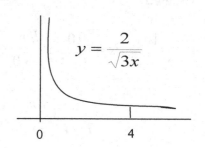

Ejercicios:

2.9.5.1 Calcular el valor de las integrales impropias tipo 2B; realizando los siguientes pasos: a) Hacer el bosquejo de la gráfica; b) Estructurar la integral impropia; c) Hacer el cálculo.			
1) $\int_0^4 \dfrac{3}{4\sqrt{5x}}\,dx$ $R = 1.3416$	2) $\int_{-2}^0 \dfrac{2}{\sqrt{x+2}}\,dx$	3) $\int_0^4 -2\ln\dfrac{5x}{3}\,dx$ $R = -7.1769$	4) $\int_3^5 \dfrac{10}{\sqrt{x-3}}\,dx$

2.9.6 Cálculo de las integrales impropias del tipo 2C.

Ejemplo: Sea: $y = \dfrac{3}{\sqrt[3]{x^2 - 4x + 4}}$ Calcula el valor de la integral en el intervalo: $[0, 4]$

$$\int_0^4 \frac{3}{\sqrt[3]{x^2 - 4x + 4}}\,dx = 3\int_0^2 \frac{1}{\sqrt[3]{(x-2)^2}}\,dx + 3\int_2^4 \frac{1}{\sqrt[3]{(x-2)^2}}\,dx$$

$$= \lim_{t_1 \to 2^-} 3\int_0^{t_1} \frac{1}{\sqrt[3]{(x-2)^2}}\,dx + \lim_{t_2 \to 2^+} 3\int_{t_2}^4 \frac{1}{\sqrt[3]{(x-2)^2}}\,dx$$

$$= \lim_{t_1 \to 2^-} 3\int_0^{t_1} (x-2)^{-\frac{2}{3}}\,dx + \lim_{t_2 \to 2^+} 3\int_{t_2}^4 (x-2)^{-\frac{2}{3}}\,dx$$

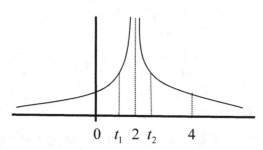

$$= \lim_{t_1 \to 2^-} \frac{3(x-2)^{\frac{1}{3}}}{\frac{1}{3}} \Big]_0^4 + \lim_{t_2 \to 2^+} \frac{3(x-2)^{\frac{1}{3}}}{\frac{1}{3}} \Big]_{t_2}^4 = 9\lim_{t_1 \to 2^-} \sqrt[3]{x-2}\,\Big]_0^{t_1} + 9\lim_{t_2 \to 2^+} \sqrt[3]{x-2}\,\Big]_{t_2}^4$$

$$= \left(9\lim_{t_1 \to 2^-} \sqrt[3]{(t_1)-2} + 9\lim_{t_2 \to 2^+} \sqrt[3]{(4)-2} \right) - \left(9\lim_{t_1 \to 2^-} \sqrt[3]{(0)-2} + 9\lim_{t_2 \to 2^+} \sqrt[3]{(t_2)-2} \right)$$

$$= (0 + 11.3393) - (11.3393 + 0) = 22.6786$$

Ejercicios:

2.9.6.1 Calcular el valor de las integrales impropias tipo 2C, realizando los siguientes pasos: a) Hacer el bosquejo de la gráfica; b) Estructurar la integral impropia; c) Hacer el cálculo.			
1) $\int_0^2 \dfrac{5}{\sqrt[3]{x^2-2x+1}}\,dx$ 1) 30.0000	2) $\int_0^{12} \dfrac{5}{\sqrt[3]{x^2-16x+64}}\,dx$	3) $\int_{-2}^2 \dfrac{5}{3x^2}\,dx$ R = No es convergente	4) $\int_0^{10} \dfrac{2}{\sqrt[3]{x^2-10x+25}}\,dx$

Evaluaciones tipo: Unidad 2; La integral definida.

Evaluaciones tipo (A):

	NOMBRE DE LA INSTITUCIÓN EDUCATIVA E X A M E N Cálculo Integral	Unidad: 2	Número de lista:	
			Clave:	

1)	$\int_1^4 2x\,dx$	Indicadores a evaluar: - Hacer el bosquejo de la gráfica. - Hacer el cálculo.	Valor: 20 puntos.
2)	$\int_{-1}^1 \left(x^2 + 4\right)dx$	Indicadores a evaluar: - Hacer el cálculo.	Valor: 20 puntos.
3)	$\int_{-1}^0 3\sqrt{1 - 4x}\,dx$	Indicadores a evaluar: - Hacer el cálculo.	Valor: 20 puntos.
4)	$\int_0^{\pi/2} \dfrac{3\cos x}{2}\,dx$	Indicadores a evaluar: - Hacer el bosquejo de la gráfica. - Hacer el cálculo.	Valor: 20 puntos.
5)	$\int_{-4}^{-2} \dfrac{2}{\sqrt[3]{(x+2)^2}}\,dx$	Indicadores a evaluar: - Hacer el bosquejo de la gráfica. - Estructurar la integral impropia. - Hacer el cálculo.	Valor: 20 puntos.

	NOMBRE DE LA INSTITUCIÓN EDUCATIVA E X A M E N Cálculo Integral	Unidad: 2	Número de lista:	
			Clave:	

1)	$\int_{-1}^1 4\,dx$	Indicadores a evaluar: - Hacer el bosquejo de la gráfica. - Hacer el cálculo.	Valor: 20 puntos.
2)	$\int_{-2}^1 (1 - x)dx$	Indicadores a evaluar: - Hacer el cálculo.	Valor: 20 puntos.
3)	$\int_{-1}^0 \sqrt{2x + 2}\,dx$	Indicadores a evaluar: - Hacer el cálculo.	Valor: 20 puntos.
4)	$\int_0^{\pi} \dfrac{Sen\,x}{4}\,dx$	Indicadores a evaluar: - Hacer el bosquejo de la gráfica. - Hacer el cálculo.	Valor: 20 puntos.
5)	$\int_0^3 \dfrac{10\,dx}{4x^2 + 9}$	Indicadores a evaluar: - Hacer el bosquejo de la gráfica. - Hacer el cálculo.	Valor: 20 puntos.

Evaluaciones tipo (B):

NOMBRE DE LA INSTITUCIÓN EDUCATIVA

Ficha No 1)   Unidad: 2.   Tema: La integral definida.   Materia: Cálculo integral.

No	Problema	Indicadores a evaluar	
1.1)	$\int_0^2 \left(3 - \dfrac{5x}{4}\right)dx$	1) Gráfica. 3) Procedimiento. 2) Resultado aproximado. 4) Resultado final.	
1.2)	$\int_{-\frac{\pi}{4}}^{\frac{\pi}{4}} \left(3\cos 2x\right)dx$	1) Gráfica. 3) Resultado final. 2) Procedimiento.	
1.3)	$\int_{-5}^{5} \left(\dfrac{4}{4x^2+4}\right)dx$	1) Gráfica. 3) Resultado final. 2) Procedimiento.	
1.4)	$\int_{-\alpha}^{0} \left(\dfrac{8e^{5x}}{3}\right)dx$	1) Gráfica. 3) Resultado final. 2) Procedimiento.	

NOMBRE DE LA INSTITUCIÓN EDUCATIVA

Ficha No 2)   Unidad: 2.   Tema: La integral definida.   Materia: Cálculo integral.

No	Problema	Indicadores a evaluar	
2.1)	$\int_1^4 \left(5\ln x\right)dx$	1) Gráfica 3) Procedimiento. 2) Resultado aproximado. 4) Resultado final.	
2.2)	$\int_0^{\pi} \left(4\,sen2x\right)dx$	1) Gráfica. 3) Resultado final. 2) Procedimiento.	
2.3)	$\int_{-5}^{5} \left(\dfrac{9}{4x^2+16}\right)dx$	1) Gráfica. 3) Resultado final. 2) Procedimiento.	
2.4)	$\int_1^{\alpha} \left(\dfrac{5}{3x^2}\right)dx$	1) Gráfica. 3) Resultado final. 2) Procedimiento.	

NOMBRE DE LA INSTITUCIÓN EDUCATIVA

Ficha No 3)   Unidad: 2.   Tema: La integral definida.   Materia: Cálculo integral.

No	Problema	Indicadores a evaluar	
3.1)	$\int_{-4}^{0} \left(5e^x\right)dx$	1) Gráfica. 3) Procedimiento. 2) Resultado aproximado. 4) Resultado final.	
3.2)	$\int_0^2 \left(x^2 - 2x + 3\right)dx$	1) Gráfica. 3) Resultado final. 2) Procedimiento.	
3.3)	$\int_{-5}^{5} \left(\dfrac{2}{4x^2+9}\right)dx$	1) Gráfica. 3) Resultado final. 2) Procedimiento.	
3.4)	$\int_0^4 \left(\dfrac{2}{\sqrt{8x}}\right)dx$	1) Gráfica. 3) Resultado final. 2) Procedimiento.	

Evaluación tipo (C):

							Fecha:	Hora:

NOMBRE DE LA INSTITUCIÓN EDUCATIVA
EVALUACIÓN DE CÁLCULO INTEGRAL

Unidad: 2.
Tema: La integral definida.

1)

Apellido paterno	Apellido materno	Nombre(s)	No. de lista:	Clave:

2)

Apellido paterno	Apellido materno	Nombre(s)	No. de lista:	

Alumno	Evaluación	Participaciones	Examen sorpresa	Tareas	Puntualidad y Asistencia	Valores	Calificación final de la unidad
(1)							
(2)							

1) Iniciada la evaluación no se permite el uso de celulares, internet, ni intercambiar información o material.
2) Cualquier operación, actitud o intento de fraude será sancionada con la no aprobación del examen.
3) Los resultados estarán disponibles en un tiempo no mayor de 72 horas hábiles.
4) Para tener derecho a sus puntos extras deberá obtener como mínimo un 40 % en el presente examen.

Problema 1) $\int_0^1 \left(x^2+1\right)dx$	Indicadores a evaluar:	1) Resultado de la calculadora. 2) Gráfica y resultado aproximado. 3) Resultado de la integral indefinida. 4) Proceso de evaluación.	Valor: 25 puntos

Problema 2): $\int_1^4 \left(2\ln 4x\right)dx$	Indicadores a evaluar:	1) Resultado de la calculadora. 2) Resultado de la integral indefinida. 3) Proceso de evaluación.	Valor: 25 puntos

Problema 3): $\int_{-3}^3 \left(\dfrac{4}{9x^2+4}\right)dx$	Indicadores a evaluar:	1) Resultado de la calculadora. 2) Resultado de la integral indefinida. 3) Proceso de evaluación.	Valor: 25 puntos. (contestar en el reverso de la hoja)
Problema 4): $\int_0^2 \left(\dfrac{8}{\sqrt{3x}}\right)dx$	Indicadores a evaluar:	1) Resultado de la calculadora. 2) Estructuración de la integral impropia. 2) Resultado de la integral indefinida 3) Proceso de evaluación.	Valor: 25 puntos (contestar en el reverso de la hoja)

Formularios: Unidad 2. La integral definida.

Fórmulas de integración definida de funciones que contienen xⁿ y u:

Propiedades de la integral definida de funciones que contienen x^n y u.

1) $\displaystyle\int_a^b k\,f(x)\,dx = k\int_a^b f(x)\,dx$

2) $\displaystyle\int_a^b \left(f(x)\pm g(x)\right)dx = \int_a^b f(x)\,dx \pm \int_a^b g(x)\,dx$

Fórmula de integración definida de funciones algebraicas que contienen "xⁿ".

1) $\displaystyle\int_a^b x^n\,dx = \left.\frac{x^{n+1}}{n+1}\right]_a^b \quad \forall\, n+1 \neq 0$

Fórmulas de integración definida de funciones que contienen u.

Algebraicas:

1) $\displaystyle\int_a^b du = \left. u \right]_a^b$

2) $\displaystyle\int_a^b \qquad \left.\frac{}{n+1}\right]_a$

Exponenciales:

1) $\displaystyle\int_a^b e^u\,du = \left. e^u \right]_a^b$

2) $\displaystyle\int_a^b a^u\,du = \left.\frac{a^u}{\ln a}\right]_a^b$

Logarítmicas:

1) $\displaystyle\int_a^b \ln u\,du = \left. u\left(\ln|u|-1\right) \right]_a^b$

2) $\displaystyle\int_a^b \log_a u\,du = \left. u\left(\log_a \frac{|u|}{e}\right) \right]_a^b$

Trigonométricas:

1) $\displaystyle\int_a^b sen\,u\,du = \left. -\cos u \right]_a^b$

7) $\displaystyle\int_a^b \sec u \tan u\,du = \left. \sec u \right]_a^b$

2) $\displaystyle\int_a^b \cos u\,du = \left. sen\,u \right]_a^b$

8) $\displaystyle\int_a^b \csc u \cot u\,du = \left. -\csc u \right]_a^b$

3) $\displaystyle\int_a^b \tan u\,du = \left. -\ln|\cos u| \right]_a^b$

9) $\displaystyle\int_a^b \sec^2 u\,du = \left. \tan u \right]_a^b$

4) $\displaystyle\int_a^b \cot u\,du = \left. \ln|sen\,u| \right]_a^b$

10) $\displaystyle\int_a^b \csc^2 u\,du = \left. -\cot u \right]_a^b$

5) $\displaystyle\int_a^b \sec u\,du = \left. \ln|\sec u + \tan u| \right]_a^b$

11) $\displaystyle\int_a^b \sec^3 u\,du = \left. \frac{1}{2}\sec u \tan u + \frac{1}{2}\ln|\sec u + \tan u| \right]_a^b$

6) $\displaystyle\int_a^b \csc u\,du = \left. \ln|\csc u - \cot u| \right]_a^b$

Trigonométricas inversas:

1) $\displaystyle\int_a^b arcsen\,u\,du = \left. u\,arcsen\,u + \sqrt{1-u^2} \right]_a^b$

4) $\displaystyle\int_a^b arc\cot u\,du = \left. u\,arc\cot u + \frac{1}{2}\ln|u^2+1| \right]_a^b$

2) $\displaystyle\int_a^b arc\cos u\,du = \left. u\,arc\cos u - \sqrt{1-u^2} \right]_a^b$

5) $\displaystyle\int_a^b arc\sec u\,du = \left. u\,arc\sec u - \ln|u+\sqrt{u^2-1}| \right]_a^b$

3) $\displaystyle\int_a^b arc\tan u\,du = \left. u\,arc\tan u - \frac{1}{2}\ln|u^2+1| \right]_a^b$

6) $\displaystyle\int_a^b arc\csc u\,du = \left. u\,arc\csc u + \ln|u+\sqrt{u^2-1}| \right]_a^b$

Hiperbólicas:

1) $\int_a^b senhu\,du = \cosh u \Big]_a^b$

2) $\int_a^b \cosh u\,du = senh u \Big]_a^b$

3) $\int_a^b \tanh u\,du = \ln|\cosh u| \Big]_a^b$

4) $\int_a^b \coth u\,du = \ln|senh u| \Big]_a^b$

5) $\int_a^b sech u\,du = 2\arctan\left(\tanh\dfrac{u}{2}\right)\Big]_a^b$

6) $\int_a^b \csc hu\,du = \ln\left|\tanh\dfrac{u}{2}\right|\Big]_a^b$

7) $\int_a^b \sec h^2 u\,du = \tanh u \Big]_a^b$

8) $\int_a^b \csc h^2 u\,du = -\coth u \Big]_a^b$

9) $\int_a^b \sec hu\tanh u\,du = -\sec hu \Big]_a^b$

10) $\int_a^b \csc hu\coth u\,du = -\csc hu \Big]_a^b$

Hiperbólicas inversas:

1) $\int_a^b arcsenhu\,du = u\,arcsenhu - \sqrt{u^2+1}\Big]_a^b$

2) $\int_a^b arccoshu\,du = u\,arccoshu - \sqrt{u^2-1}\Big]_a^b$

3) $\int_a^b \arctan hu\,du = u\arctan hu + \dfrac{1}{2}\ln|u^2-1|\Big]_a^b$

4) $\int_a^b arccothu\,du = u\,arccothu + \dfrac{1}{2}\ln|u^2-1|\Big]_a^b$

5) $\int_a^b arcsec hu\,du = u\,arcsec hu - \arctan\dfrac{-u}{\sqrt{1-u^2}}\Big]_a^b$

6) $\int_a^b arccsc hu\,du = u\,arccsc hu + \ln\left|u+\sqrt{u^2+1}\right|\Big]_a^b$

Fórmulas de integración definida de funciones que contienen las formas $u^2 \pm a^2$:

1) $\int_a^b \dfrac{du}{u^2+a^2} = \dfrac{1}{a}\arctan\dfrac{u}{a}\Big]_a^b$

2) $\int_a^b \dfrac{du}{u^2-a^2} = \dfrac{1}{2a}\ln\left|\dfrac{u-a}{u+a}\right|\Big]_a^b$

3) $\int_a^b \dfrac{du}{a^2-u^2} = \dfrac{1}{2a}\ln\left|\dfrac{u+a}{u-a}\right|\Big]_a^b$

4) $\int_a^b \dfrac{du}{\sqrt{u^2+a^2}} = \ln\left|u+\sqrt{u^2+a^2}\right|\Big]_a^b$

5) $\int_a^b \dfrac{du}{\sqrt{u^2-a^2}} = \ln\left|u+\sqrt{u^2-a^2}\right|\Big]_a^b$

6) $\int_a^b \dfrac{du}{\sqrt{a^2-u^2}}\,du = arcsen\dfrac{u}{a}\Big]_a^b$

7) $\int_a^b \dfrac{du}{u\sqrt{u^2+a^2}} = -\dfrac{1}{a}\ln\left|\dfrac{a+\sqrt{u^2+a^2}}{u}\right|\Big]_a^b$

8) $\int_a^b \sqrt{u^2+a^2}\,du = \dfrac{u}{2}\sqrt{u^2+a^2} + \dfrac{a^2}{2}\ln\left|u+\sqrt{u^2+a^2}\right|\Big]_a^b$

9) $\int_a^b \sqrt{u^2-a^2}\,du = \dfrac{u}{2}\sqrt{u^2-a^2} - \dfrac{a^2}{2}\ln\left|u+\sqrt{u^2-a^2}\right|\Big]_a^b$

10) $\int_a^b \sqrt{a^2-u^2}\,du = \dfrac{u}{2}\sqrt{a^2-u^2} + \dfrac{a^2}{2}arcsen\dfrac{u}{a}\Big]_a^b$

Fórmulas de integrales impropias:

Integrales impropias del tipo 1 con intervalo de $\left(-\alpha, a\right]$:

$$\int_{-\alpha}^{a} f(x)\, dx = \lim_{t \to -\infty} \int_{t}^{a} f(x)\, dx$$

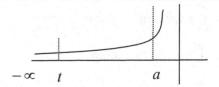

Integrales impropias del tipo 1 con intervalo de $\left[b, \alpha\right)$:

$$\int_{b}^{\infty} f(x)\, dx = \lim_{t \to \infty} \int_{b}^{t} f(x)\, dx$$

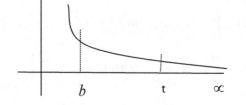

Integrales impropias del tipo 1 con intervalo de $\left(-\alpha, \alpha\right)$:

$$\int_{-\alpha}^{\alpha} f(x)\, dx = \int_{-\alpha}^{c} f(x)\, dx + \int_{c}^{\alpha} f(x)\, dx$$

$$= \lim_{t_1 \to -\alpha} \int_{t_1}^{c} f(x)\, dx + \lim_{t_2 \to \infty} \int_{c}^{t_2} f(x)\, dx$$

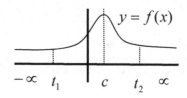

Integrales impropias del tipo 2 con intervalo de $\left[a, b\right)$ y discontinuidad en b:

$$\int_{a}^{b} f(x)\, dx = \lim_{t \to b^-} \int_{a}^{t} f(x)\, dx$$

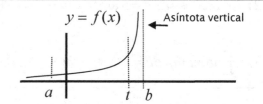

Integrales impropias del tipo 2 con intervalo de $\left(b, c\right]$ y discontinuidad en a:

$$\int_{b}^{c} f(x)\, dx = \lim_{t \to b^+} \int_{t}^{c} f(x)\, dx$$

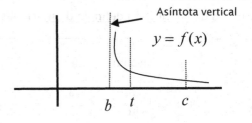

Integrales impropias del tipo 2 con intervalo de $a < b < c$ y discontinuidad en b.

$$\int_{a}^{c} f(x)\, dx = \int_{a}^{b} f(x)\, dx + \int_{b}^{c} f(x)\, dx$$

$$= \lim_{t_1 \to b^-} \int_{a}^{t_1} f(x)\, dx + \lim_{t_2 \to b^+} \int_{t_2}^{c} f(x)\, dx$$

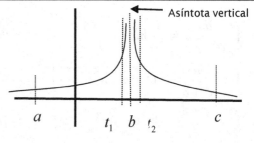

Es difícil y a veces hasta imposible, poder coexistir en una organización donde hacer lo correcto no es lo habitual.

La simulación es otra forma más de mentir, sólo que ahora se encuentra potenciada con el engaño y es el principio de ser perverso.

Lo bueno de las matemáticas, es que no permiten el uso de estas deficiencias humanas.

José Santos Valdez Pérez

UNIDAD 3. APLICACIONES DE LA INTEGRAL.

Clase: 3.1 Cálculo de longitud de curvas.

3.1.1 Cálculo de longitud de curva.   - Ejemplos.
                                                        - Ejercicios.

3.1.1 Cálculo de longitud de curva.

Definiciones:
Curva: Es la gráfica de una función.
Arco: Es una porción limitada de la curva.
Cuerda: Es la recta que toca los puntos extremos de un arco.
Curva rectificable: Cuando existe límite en cada punto de la curva.

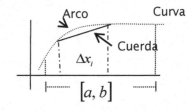

Sean:

R^2 Un plano rectangular.

$[a, b]$ un intervalo cerrado en el eje de las $"X_S"$ de R^2.

f la gráfica de una función continua (rectificable) $y = f(x) \in [a, b]$.

L la longitud de la curva en el intervalo $[a, b]$

$i = 0, 1, 2, 3, \cdots n$ las particiones del intervalo $[a, b]$ de tal forma que

$\quad x_0 = a; \quad x_0 < x_1 < x_2 < \cdots < x_n; \quad y \quad x_n = b$

Δx una partición en el intervalo $[a, b]$

$\Delta x_i = x_i - x_{i-1}$ un iésimo subintervalo de $[a, b]$

Δy_i un iésimo subintervalo en el eje "Y"

$\quad$ como resultado de las imágenes de Δx_i

ΔH_i una iésima hipotenusa del triángulo rectángulo de catetos Δx_i y Δy_i

ΔL_i la iésima sección de la longitud de L

De aquí inferimos que en el intervalo $[a, b]$

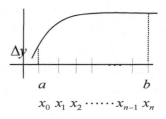

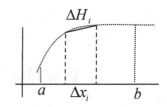

$L \approx \sum_{i=0}^{n} \Delta H_i$ (sumatoria de las longitudes de todas las cuerdas en $[a, b]$)

Antes de seguir adelante vamos a hacer los siguientes razonamientos o inferencias.

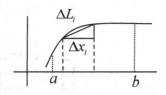

Inferencia 1) Sí $[a, b] = \Delta x_1$ entonces $L \approx \Delta H_1 = \sum_{i=0}^{1} \Delta H_i$

Inferencia 2) Sí $[a, b] = \Delta x_1 + \Delta x_2$ entonces $L \approx \Delta H_1 + \Delta H_2 = \sum_{i=0}^{2} \Delta H_i$

Inferencia 3) Sí $[a, b] = \Delta x_1 + \Delta x_2 + \Delta x_3$ entonces $L \approx \Delta H_1 + \Delta H_2 + \Delta H_3 = \sum_{i=0}^{3} \Delta H_i$

Inferencia 4) Sí $[a, b] = \Delta H_1 + \Delta H_2 + \cdots + \Delta H_{100}$ entonces $L \approx \Delta H_1 + \Delta H_2 + \cdots + \Delta H_{100} = \sum_{i=0}^{100} \Delta H_i$

Inferencia 5) Sí $[a, b] = \Delta H_1 + \Delta H_2 + \cdots + \Delta H_\alpha$ entonces $L = \Delta H_1 + \Delta H_2 + \cdots + \Delta H_\alpha = \sum_{i=0}^{\alpha} \Delta H_i$

Nota: Observe que $"L"$ ya cambió de aproximación a igualdad, y eso significa que la sumatoria de las iésimas hipotenusas es la longitud exacta de la curva en el intervalo $[a, b]$. Pero hay un problema potencial ¡El infinito no es evaluable¡, por lo que tenemos que deducir una sexta inferencia.

Sí dibujamos las longitudes de cada inferencia observamos que Δx_i decrece; es decir $\Delta x_i \to 0$ y de aquí justificamos la última inferencia afirmando que:

Inferencia 6) $Sí \quad \Delta x_i \to 0 \therefore n \to \alpha \quad$ y $\quad L = \lim\limits_{\Delta x_i \to 0} \sum\limits_{n=1}^{\alpha} \Delta H_i \quad$ es la longitud exacta de la curva en el intervalo $[a, b]$.

Además;

como: $\Delta H_i = \sqrt{(\Delta x_i)^2 + (\Delta y_i)^2} = \sqrt{(\Delta x_i)^2 + (\Delta y_i)^2}\left(\dfrac{\Delta x_i}{\Delta x_i}\right) = \sqrt{\dfrac{(\Delta x_i)^2}{(\Delta x_i)^2} + \dfrac{(\Delta y_i)^2}{(\Delta x_i)^2}}(\Delta x_i) = \sqrt{1 + \left(\dfrac{\Delta y_i}{\Delta x_i}\right)^2}(\Delta x_i)$

Entonces: $L = \lim\limits_{\Delta x_i \to 0} \sum\limits_{i=1}^{\alpha} \sqrt{1 + \left(\dfrac{\Delta y_i}{\Delta x_i}\right)^2}(\Delta x_i)$

Que, traducido a una integral, esta quedaría: $L = \int_a^b \sqrt{1 + (f'(x))^2}\, dx$

De la misma forma y por paráfrasis matemática $L = \int_c^d \sqrt{1 + (f'(y))^2}\, dy$

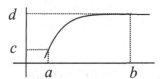

Método para el cálculo de curvas:

1) Haga el bosquejo de la gráfica e identifique la longitud de la curva a calcular.

2) Identifique $a,\ b,\ $ y $\ f(x)$; y obtenga: $f'(x) \quad$ y $\quad (f'(x))^2$

3) Formule la integral para el cálculo de longitud de las curvas. $L = \int_a^b \sqrt{1 + (f'(x))^2}\, dx$

4) Calcule la longitud de la curva.

Indicadores de evaluación:

1) Bosquejo de la gráfica y señalización de la curva en su intervalo de cálculo.
2) Resultado aproximado.
3) Identificación de la fórmula y sus partes.
4) Estructuración de la fórmula.
5) Resultado final.

Ejemplos:

Ejemplo 1) Calcular la longitud de la recta $y = 2$

entre el intervalo $x = -1 \quad$ y $\quad x = 3$:

$$L = \int_a^b \sqrt{1 + (f'(x))^2}\, dx = \begin{cases} a = -1 \\ b = 3 \\ f(x) = 2 \\ f'(x) = 0 \\ [f'(x)]^2 = 0 \end{cases} = \int_{-1}^{3} \sqrt{1 + 0}\, dx = \int_{-1}^{3} \sqrt{1}\, dx = x \ \Big]_{-1}^{3}$$

$$= (3) - (-1) = 3 + 1 = 4$$

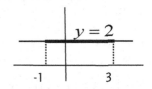

Ejemplo 2) Calcular la longitud de la recta $y = x$ entre el intervalo $x = 1$ y $x = 2$:

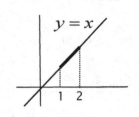

$$L = \int_a^b \sqrt{1 + \left(f'(x)\right)^2}\, dx = \left\langle \begin{array}{l} a = 1 \\ b = 2 \\ f(x) = x \\ f'(x) = 1 \\ \left(f'(x)\right)^2 = 1 \end{array} \right\rangle = \int_1^2 \sqrt{1+1}\, dx = x\sqrt{2}\Big]_1^2 \approx 1.4142$$

Ejemplo 3) Calcular la longitud de la curva $y = x^2 - 2$

entre el intervalo $x = -1$ y $x = 2$:

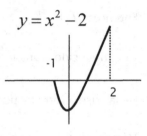

$$L = \int_a^b \sqrt{1 + \left(f'(x)\right)^2}\, dx = \left\langle \begin{array}{l} a = -1 \\ b = 2 \\ f(x) = x^2 - 2 \\ f'(x) = 2x \\ \left(f'(x)\right)^2 = 4x^2 \end{array} \right\rangle = \int_{-1}^2 \sqrt{1 + 4x^2}\, dx \approx 6.1256$$

Ejemplo 4) Calcular la longitud de la curva $y = x^2 - 3$

entre el intervalo de intersección con la recta $y = x - 1$:

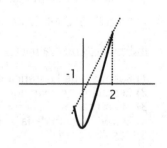

$$L = \int_a^b \sqrt{1 + \left(f'(x)\right)^2}\, dx = \left\langle \begin{array}{l} x^2 - 3 = x - 1; \quad x_1 = -1; \quad x_2 = 2 \\ a = -1; \quad b = 2 \\ f(x) = x^2 - 3 \\ f'(x) = 2x; \quad \left(f'(x)\right)^2 = 4x^2 \end{array} \right\rangle \begin{array}{l} = \int_{-1}^2 \sqrt{1 + 4x^2}\, dx \\[2mm] \approx 6.1256 \end{array}$$

Ejemplo 5) Calcular la longitud de la curva cuya función es $y = \dfrac{4x^2}{3}$

entre el intervalo donde se interfecta con la recta $y = 4x$

$$L = \int_a^b \sqrt{1 + \left(f'(x)\right)^2}\, dx = \left\langle \begin{array}{l} \dfrac{4x^2}{3} = 4x; \quad x_1 = 0; \quad x_2 = 3 \\[2mm] \therefore \quad a = 0; \quad y \quad b = 3 \\[2mm] f(x) = \dfrac{4x^2}{3}; \quad f'(x) = \dfrac{8x}{3} \\[2mm] \left(f'(x)\right)^2 = \dfrac{64x^2}{9} \end{array} \right\rangle = \int_0^3 \sqrt{1 + \dfrac{64x^2}{9}}\, dx \approx 12.614$$

Ejemplo 6) Calcular la longitud de la curva cuya función es $y = 2 - x^2$ entre el intervalo de la recta $y = 0$

$$L = \int_a^b \sqrt{1 + (f'(x))^2}\ dx = \left\langle \begin{array}{l} 2 - x^2 = 0;\quad x_1 = -\sqrt{2};\quad x_2 = \sqrt{2} \\[4pt] \therefore\quad a = -\sqrt{2};\quad y\quad b = \sqrt{2} \\[4pt] f(x) = 2 - x^2;\quad f'(x) = -2x \\[4pt] (f'(x))^2 = 4x^2 \end{array} \right\rangle = \int_{-\sqrt{2}}^{\sqrt{2}} \sqrt{1 + 4x^2}\ dx \approx 5.1240$$

Ejemplo 7) Calcular la longitud de la curva $y = \sqrt{4x}$ entre el intervalo $x = 0$ y $x = 1$:

$$L = \int_a^b \sqrt{1 + (f'(x))^2}\, dx = \left\langle \begin{array}{l} a = 0;\quad b = 1 \\[4pt] f(x) = \sqrt{4x} \\[4pt] f'(x) = \frac{2}{\sqrt{4x}} = \frac{1}{\sqrt{x}};\quad (f'(x))^2 = \frac{1}{x} \end{array} \right\rangle = \int_0^1 \sqrt{1 + \frac{1}{x}}\, dx$$

$y = \sqrt{4x}$

El resultado es una integral que parece difícil de resolver en ausencia de software, sin embargo, al calcular la longitud de la curva con respecto al eje "Y", se observa que la integral es solucionable con métodos ya conocidos, como lo veremos a continuación.

$$L = \int_c^d \sqrt{1 + (f'(y))^2}\, dy = \left\langle \begin{array}{l} \text{Sí}\ y = \sqrt{4x}\ \therefore\ x = \frac{y^2}{4} \\[4pt] \text{como}\ \frac{y^2}{4} = 0\ \therefore\ y = 0\ \therefore\ c = 0 \\[4pt] \text{como}\ \frac{y^2}{4} = 1\ \therefore\ y = 2\ \therefore\ d = 2 \\[4pt] f(y) = \frac{y^2}{4};\quad f'(y) = \frac{y}{2};\quad (f'(y))^2 = \frac{y^2}{4} \end{array} \right\rangle$$

$x = \dfrac{y^2}{4}$

$$= \int_0^2 \sqrt{1 + \frac{y^2}{4}}\, dy = \frac{1}{2}\int_0^2 \sqrt{4 + y^2}\, dy \approx 2.2956$$

Ejercicios:

3.1.1.1 Dada la ecuación de la gráfica de la función y su intervalo de evaluación; calcular la longitud de la curva desarrollando los siguientes pasos: a) Haga el bosquejo de la gráfica de la curva; b) Estructure la integral; c) Calcule la longitud de la curva.		
1) $y = 3$; entre $x = -2$; y $x = 5$ $R = 7$	**7)** $y = x^2 - 2$ en el intervalo de intersección $R = 6.1257$ con la recta $y = x$
2) $y = x + 2$; entre $x = -1$; y $x = 3$	**8)** $y = 3 - x^2$ en el intervalo de intersección con la curva $y = 2x^2$
3) $y = 4 - 3x$; entre $x = 0$; y $x = 3$ $R = 9.4868$	**9)** $y = 4 - x^2$ en el intervalo de intersección $R = 9.2937$ con la recta $y = 0$
4) $y = x^2 + 1$ en el intervalo de intersección con la recta $y = 3$	**10)** $y = 1 - \dfrac{x^2}{4}$; $x = -2$; y $x = 2$
5) $y = x^2 - 4$; entre $x = 0$; y $x = 2$ $R = 4.646$	**11)** $y = \sqrt{3x}$; entre $x = 1$ y $x = 4$ $R = 3.4765$
6) $y = x^2 - 9$ entre $x = -3$ y $x = 0$	**12)** $y = \sqrt{2x} + 1$ entre $x = 0$ y $x = 2$

Clase: 3.2 Cálculo de áreas.
3.2.1 Clasificación de las áreas.
3.2.2 Cálculo de áreas limitadas por una función y el eje "X"; que se localizan arriba del eje de las "X".
3.2.3 Cálculo de áreas limitadas por una función y el eje "X"; que se localizan abajo del eje de las "X".
3.2.4 Cálculo de áreas limitadas por una función y el eje "X"; que se localizan arriba y abajo del eje de las "X".
3.2.5 Cálculo de áreas limitadas por dos funciones y localizadas en cualquier parte de R^2.
- Ejemplos.
- Ejercicios.

3.2.1 Clasificación de las áreas:

Las áreas para efectos de cálculo se clasifican según sus características y localización, así tenemos:

Clasificación	Localización	Representación gráfica	Estructuración de la integral
Tipo I	Áreas limitadas por una función y el eje "X"; que se localizan arriba del eje de las "X".	$y = f(x)$ A a b	$A = \int_a^b f(x)dx$
Tipo II	Áreas limitadas por una función y el eje "X"; que se localizan abajo del eje de las "X".	a b A $y = f(x)$	$A = -\int_a^b f(x)dx$
Tipo III	Áreas limitadas por una función y el eje "X"; que se localizan arriba y abajo del eje de las "X".	$y = f(x)$ a b A_2 A_1 c	$A = -A_1 + A_2$ $= -\int_a^b f(x)dx + \int_b^c f(x)dx$
Tipo IV	Áreas limitadas por dos funciones y localizadas en cualquier parte de R^2.	$y = f(x)$ A $y = g(x)$ a b	$A = \int_a^b \big(f(x) - g(x)\big)dx$

3.2.2 Cálculo de áreas limitadas por una función y el eje "X"; que se localizan arriba del eje de las "X".

Por definición de la integral definida, se entiende que el valor de la integral de la función $y = f(x)$ para $f(x) > 0$ es el área bajo la gráfica de la función entre las

rectas $x = a$ y $x = b$; entonces podemos concluir que: $A = \int_a^b f(x)dx$

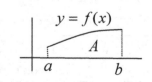

Método de cálculo de áreas limitadas por una función y el eje "X"; que se localizan arriba del eje de las "X".

1) Haga el bosquejo de la gráfica e identifique el área limitada.

2) Aplique la fórmula $A = \int_a^b f(x)dx$

3) Identifique a; b y $f(x)$.

   Nota: De ser necesario obtenga los puntos de intersección entre la gráfica de la función y el eje de las "X".
4) Formule la integral definida.
5) Calcule el área.

Indicadores de evaluación:

1) Bosquejo de la gráfica y señalización del área a calcular.
2) Resultado aproximado.
3) Identificación de la fórmula y sus partes.
4) Estructuración de la fórmula.
5) Resultado final.

Ejemplos:

Ejemplo 1) Calcular el área limitada por las gráficas cuyas ecuaciones son:

$y = 2$; $y = 0$; $x = 1$; y $x = 5$

$A = \int_a^b f(x)dx = \left\langle \begin{array}{l} a = 1 \\ b = 5 \\ f(x) = 2 \end{array} \right\rangle = \int_1^5 2\,dx = 2x\big]_1^5 = (2(5)) - (2(1)) = 8$

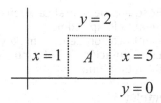

Nota: El valor de esta área la podemos corroborar al calcular por geometría el área de un rectángulo que es:
$A = lado \times lado = (4)(2) = 8$; sin embargo, el cálculo integral se ocupa de problemas más complejos como lo veremos a continuación.

Ejemplo 2) Calcular el área limitada por las gráficas cuyas ecuaciones son:

$y = 1 - x^2$ y $y = 0$

$A = \int_a^b f(x)dx = \left\langle \begin{array}{l} 1 - x^2 = 0 \quad \therefore \quad x_1 = -1; \quad x_2 = 1 \\ a = -1; \quad b = 1; \quad f(x) = 1 - x^2 \end{array} \right\rangle \begin{array}{l} = \int_{-1}^1 (1 - x^2)dx \\ = x - \dfrac{x^3}{3}\Big]_{-1}^1 = \dfrac{4}{3} \end{array}$

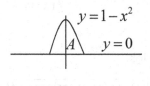

Ejercicios:

3.2.2.1. Dada las ecuaciones del área limitada por sus gráficas, calcular el área desarrollando los siguientes pasos: a) Haga el bosquejo de las gráficas que forman el área.				
	b) Estructure la integral.				
	c) Calcular el área limitada.				
1)	$y = 3$; $y = 0$; $x = 0$; $x = 5$ $R = 15.000$	5)	$y = 4 - 2x^2$; $y = 0$ $R \approx 7.5424$
2)	$y = x + 1$; $y = 0$; y $x = 1$	6)	$y = \sqrt{x + 2}$; $y = 0$; $x = 2$
3)	$y = 2x^2$; $y = 0$; $x = 5$ $R \approx 0.6666$	7)	$y = \sqrt{4x}$; $y = 0$; y $x = 4$ $R \approx 10.6667$
4)	$y = x^2 + 1$; $y = 0$; $x = -2$; y $x = 4$	8)	$y = \sqrt[3]{x}$; $y = 0$; $y = 4$

3.2.3 Cálculo de áreas limitadas por una función y el eje "X"; que se localizan abajo del eje de las "X".

Sí para una función $y = f(x)$ en el intervalo $[a,b]$ para $f(x) > 0$ es el área
bajo la gráfica de la función, entonces para $f(x) < 0$ podemos inferir que:

$$A = -\int_a^b f(x)dx$$

Método de cálculo de áreas limitadas por una función y el eje "X"; que se localizan abajo del eje de las "X".

1) Haga el bosquejo de la gráfica e identifique el área limitada.

2) Aplique la fórmula $A = -\int_a^b f(x)dx$

3) Identifique a; b y $f(x)$.

Nota: De ser necesario obtenga los puntos de intersección entre la gráfica de $y = f(x)$ y el eje de las "X"

4) Formule la integral definida.
5) Calcule el área.

Los indicadores a evaluar son los siguientes:

1) Bosquejo de la gráfica y señalización del área a calcular.
2) Resultado aproximado.
3) Identificación de la fórmula y sus partes.
4) Estructuración de la fórmula de cálculo.
5) Resultado final.

Ejemplo:

Calcular el área limitada por las gráficas cuyas ecuaciones son:
$y = -\sqrt{x}$; $y = 0$;   y $x = 4$

$$A = -\int_a^b f(x)\,dx = \left\langle \begin{matrix} a = 0; & b = 4 \\ f(x) = -\sqrt{x} \end{matrix} \right\rangle = -\int_0^4 \left(-\sqrt{x}\right)dx = \frac{2\sqrt{x^3}}{3}\Bigg]_0^4 = \frac{16}{3}$$

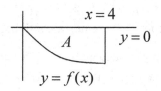

Ejercicios:

3.2.3.1 Dada las ecuaciones del área limitada por sus gráficas, calcular el área desarrollando los siguientes pasos: a) Haga el bosquejo de las gráficas que forman el área. b) Estructure la integral. c) Calcular el área limitada.		
1) $y = -3$; $y = 0$; $x = 0$; $x = 5$ $R = 15.000$	5) $y = x^2 - 1$; y $y = 0$ $R \approx 1.3333$	
2) $y = 4x$; $y = 0$; y $x = -2$	6) $y = -4 - 2x^2$; $y = 0$; $x = -1$; y $x = 1$	
3) $y = x+1$; $y = 0$; y $x = -2$; $R = 0.5000$	7) $y = -\sqrt{8x}$; $y = 0$; y $x = 4$ $R \approx 15.0849$	
4) $y = -2x^2$; y $x = 10$;	8) $y = -\sqrt{x+2}$; $y = 0$; y $x = 2$	

3.2.4 Cálculo de áreas limitadas por una función y el eje "X"; que se localizan arriba y abajo del eje de las "X".

De las dos inferencias anteriores podemos concluir la presente fórmula para el cálculo del valor del área, y desde luego podemos hace extensivo el razonamiento para casos similares. Así en el presente caso tenemos:

$$A = A_1 + A_2 = \pm\int_a^b f(x)\,dx \mp \int_b^c f(x)\,dx$$

Notas: Sí $"A"$ está abajo del eje "X" la integral es $(-)$;

Si $"A"$ esta arriba del eje "X" la integral es $(+)$.

Método de cálculo de áreas limitadas por una función y el eje "X"; que se localizan arriba y abajo del eje de las "X".

1) Haga el bosquejo de la gráfica e identifique el área limitada.

2) Aplique la fórmula $A = A_1 + A_2 = \pm\int_a^b f(x)\,dx \mp \int_b^c f(x)\,dx$

3) Identifique a; b; c; y $f(x)$

   Nota: $"c"$ se logra obteniendo el punto de intersección entre la gráfica de $y = f(x)$ y el eje de las "X"

4) Formule la integral definida.
5) Calcule el área.

Indicadores de evaluación:

1) Bosquejo de la gráfica y señalización del área a calcular.
2) Resultado aproximado.
3) Identificación de la fórmula y sus partes.
4) Estructuración de la fórmula de cálculo.
5) Resultado final.

Ejemplo:

Calcular el área limitada por las gráficas cuyas ecuaciones son:

$$y = x; \quad y = 0; \quad x = -1 \quad y \quad x = 1$$

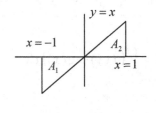

$$A = -A_1 + A_2 = -\int_a^c f(x)\,dx + \int_c^b f(x)\,dx = \left\langle \begin{array}{l} a = -1; \quad c = 0; \quad b = 1 \\ f(x) = x \end{array} \right\rangle$$

$$= -\int_{-1}^0 x\,dx + \int_0^1 x\,dx = -\frac{x^2}{2}\Big]_{-1}^0 + \frac{x^2}{2}\Big]_0^1 = 1$$

Ejercicios:

3.2.4.1 Dada las ecuaciones del área limitada por sus gráficas, calcular el área desarrollando los siguientes pasos: a) Haga el bosquejo de las gráficas que forman el área.		
b) Estructure la integral.		
c) Calcular el área limitada.		
1)	$y = 5x; \quad y = 0; \quad x = -1; \quad y \quad x = 2;$ $R = 12.500$	4)	$y = x^2 - 1; \quad y \quad y = 4$
2)	$y = x + 1; \quad x = -4; \quad y \quad x = 0;$	5)	$y = 4x^3; \quad y = 0; \quad x = -4 \quad y \quad x = 2$ $R = 272.0$
3)	$y = 2x^2 - 1; \quad y = 0; \quad x = -2 \quad y \quad x = 2;$ $R \approx 8.5522$	6)	$y = \sqrt{x} - 1; \quad y \quad y = 1$

3.2.5 Cálculo áreas limitadas por dos funciones y localizadas en cualquier parte de R².

Al analizar la función $y = f(x)$ en el intervalo $[a,b]$ para $f(x) > 0$ es el área bajo la gráfica de la función con signo positivo, y que para $f(x) < 0$ también es el área, pero con signo negativo, ahora podemos inferir una nueva fórmula para el caso de áreas limitadas entre dos gráficas y que desde luego podemos hace extensivo el razonamiento para casos en todo el espacio rectangular.

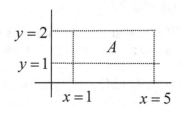

$$A = \int_a^b (f(x) - g(x))\, dx$$

Método de cálculo de áreas limitadas por dos funciones y localizadas en cualquier parte de R².

1) Haga el bosquejo de las gráficas e identifique el área limitada.

2) Aplique la fórmula $A = \int_a^b (f(x) - g(x))\, dx$

3) Identifique a; b; $f(x)$ y $g(x)$.

   Nota: De ser necesario obtenga los puntos de intersección $(a \ y \ b)$ entre las gráficas de $y = f(x)$ y $y = g(x)$

4) Formule la integral definida.
5) Calcule el área.

Indicadores de evaluación:

1) Bosquejo de la gráfica y señalización del área a calcular.
2) Resultado aproximado.
3) Identificación de la fórmula y sus partes.
4) Estructuración de la fórmula de cálculo.
5) Resultado final.

Ejemplos:

Ejemplo 1) Calcular el área limitada por las gráficas cuyas ecuaciones son:
$$y = 2; \quad y = 1; \quad x = 1; \ y \ x = 5$$

$$A = \int_a^b (f(x) - g(x))\, dx = \left\langle \begin{matrix} a = 1 \\ b = 5 \\ f(x) = 2 \\ g(x) = 1 \end{matrix} \right\rangle = \int_1^5 (2 - 1)\, dx = x \Big]_1^5 = 5 - 1 = 4$$

Nota: Nuevamente insistimos en que el valor de esta área la podemos corroborar al calcular por geometría el área de un rectángulo que es: $A = lado \ x \ lado = (4)(1) = 4$; sin embargo, el cálculo integral se ocupa de problemas más complejos como lo veremos a continuación.

Ejemplo 2) Calcular el área limitada por las gráficas cuyas ecuaciones son:
$$y = x^2; \quad y \quad y = \sqrt{x}$$

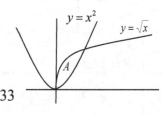

$$A = \int_a^b (f(x) - g(x))dx = \left\langle \begin{matrix} x^2 = \sqrt{x} \quad \therefore \\ x_1 = a = 0; \quad x_2 = 1 \\ f(x) = \sqrt{x}; \quad g(x) = x^2 \end{matrix} \right\rangle = \int_0^1 (\sqrt{x} - x^2)\, dx$$
$$= \frac{2\sqrt{x^3}}{3} - \frac{x^3}{3} \Big]_0^1 = 0.3333$$

Ejemplo 3) Calcular el área limitada por las gráficas cuyas ecuaciones son:

$y = 2 - x^2; \quad y \quad y = -2$

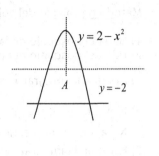

$A = \int_a^b (f(x) - g(x))dx = \begin{vmatrix} 2 - x^2 = -2 & \therefore \\ x_1 = a = -2; & x_2 = b = 2 \\ f(x) = 2 - x^2; & g(x) = -2 \end{vmatrix}$

$= \int_{-2}^{2} ((2 - x^2) - (-2))dx$

$= \int_{-2}^{2} (4 - x^2)dx$

$= 4x - \dfrac{x^3}{3}\bigg]_{-2}^{2} = 10.666$

Ejercicios:

3.2.5.1 Dada las ecuaciones del área limitada por sus gráficas, calcular el área desarrollando los siguientes pasos: a) Haga el bosquejo de las gráficas que forman el área. b) Estructure la integral. c) Calcular el área limitada.		
1) $y = 3; \ y = 1; \ x = 2; \ y = 5 \quad R = 6.0000$	5)	$y = 2 - x^2; \ y = x \quad 5) = 4.5000$
2) $y = x + 1; \ y = 1; \ x = 1$	6)	$y = x^2 + 2; \ y = x + 2$
3) $y = x^2; \ y = 1 \quad R = \approx 1.3333$	7)	$y = 4 - x^2; \ y = 2 - x \quad 7) = 4.5000$
4) $y = 4x^2; \ y = 2x$	8)	$y = \sqrt{x}; \ y = 1; \ y \quad x = 3$

Clase: 3.3 Cálculo de volúmenes.

3.3.1 Cálculo del volumen generado por giro de áreas bajo la gráfica de una función.   - Ejemplos.
3.3.2 Cálculo del volumen generado por áreas entre dos gráficas de funciones.   - Ejercicios.

3.3.1 Cálculo del volumen generado por giro de áreas positivas y bajo la gráfica de una función.

Sean: - R^2

- $[a,b]$ un intervalo cerrado $\in X$

- A el área limitada por las gráficas de las funciones $y = r$ y

$y = 0$ definidas en $[a,b]$ y las gráficas de las ecuaciones

$x = a$ y $x = b$.

- Si giramos el área A alrededor del eje de las X se forma
un volumen cilíndrico llamado "Sólido de revolución".

- A' el área circular del cilindro.

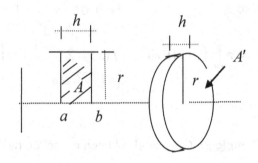

- h la altura del cilindro.
- r el radio del cilindro.

- Si r es constante entonces el cilindro es recto, y su volumen es: $V = A'h;$ como $A' = \pi r^2 \therefore V = \pi r^2 h$

- Si r es variable entonces $r = f(x); \quad r^2 = (f(x))^2$ y $h = b - a = \int_a^b dx$

$\therefore \ V = \pi \int_a^b (f(x))^2 dx$ Llamado método de los discos.

Método de cálculo del volumen generado por giro de áreas positivas y bajo la gráfica de una función:

1) Haga el bosquejo de las gráficas e identifique el área a girar.
2) Haga el bosquejo del volumen generado al girar el área alrededor del eje de las "X".

3) Aplique la integral $V = \pi \int_a^b (f(x))^2 \, dx$

4) Identifique $a;\ b,\ y\ f(x)$ y obtenga $(f(x))^2$

   Nota: de ser necesario obtenga los puntos de intersección $a\ y\ b$.

5) Formule la integral definida.
6) Calcule el volumen.

Indicadores de evaluación:

1) Bosquejo de la gráfica y señalización del volumen a calcular
2) Resultado aproximado (sólo en casos sencillos).
3) Identificación de la fórmula y sus partes.
4) Estructuración de la fórmula.
5) Resultado final.

Ejemplos:

Ejemplo 1) Calcular el volumen del sólido de revolución, generado al hacer girar alrededor del eje de las "X" el área limitada por las gráficas cuyas ecuaciones son: $y = 2;\quad y = 0;\quad x = 1;\quad y\quad x = 3$.

Paso 1)

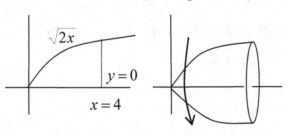

$y = 2$

$x = 1 \quad x = 3 \quad y = 0$

Paso 2)

Paso 3)   Paso 4)   Paso 5)   Paso 6)

$$V = \pi \int_a^b (f(x))^2 \, dx = \left\langle \begin{array}{l} a = 1;\quad b = 3 \\ f(x) = 2 \\ (f(x))^2 = 4 \end{array} \right\rangle = \pi \int_1^3 4 \, dx = 4\pi x \ \Big]_1^3 = 8\pi$$

Ejemplo 2) Calcular el volumen del sólido de revolución generado al hacer girar alrededor del eje de las "X" el área limitada por las gráficas cuyas ecuaciones son: $y = \sqrt{x};\quad y = 0;\quad y\quad x = 4$.

$\sqrt{2x}$

$y = 0$

$x = 4$

$$V = \pi \int_a^b (f(x))^2 \, dx = \left\langle \begin{array}{l} \sqrt{2x} = 0 \quad \rightarrow x = 0 \\ \therefore\ a = 0;\quad b = 4 \\ f(x) = \sqrt{2x} \\ (f(x))^2 = 2x \end{array} \right\rangle$$

$$= \pi \int_0^4 2x \, dx = \pi x^2 \Big]_0^4 = (16\pi) - (0) = 16\pi$$

Ejercicios:

3.3.1.1 Calcular el volumen del sólido de revolución generado al hacer girar alrededor del eje de las "X" el área
limitada por las gráficas cuyas ecuaciones se dan y desarrollando los siguientes pasos:
a) Haga el bosquejo de la gráfica del área y del volumen.
b) Estructure la integral definida.
c) Calcule el volumen.

1)	$y = 2;\quad y = 0;\quad x = 2;\quad x = 4$ $R \approx 25.132$	5)	$y = \sqrt{2x};\quad y = 0;\quad x = 2$ $R \approx 12.566$
2)	$y = 2x;\quad y = 0;\quad x = 2$	6)	$y = x^2;\quad y = 0;\quad x = 3$
3)	$y = x;\quad y = 0;$ entre $x = 1;\ y\ x = 3$ $R \approx 27.227$	7)	$y = 4x;\quad y = 0;\quad x = 4$ $R \approx 1072.33$
4)	$y = \sqrt[3]{x};\quad y = 0;\quad x = 8$	8)	$y = 4 - x^2;\quad y = 0$

3.3.2 Cálculo del volumen generado por áreas entre gráficas de funciones.

En la clase anterior estudiamos el volumen generado
al girar el área bajo la gráfica de una función y
obtuvimos que para el cálculo del volumen la ecuación

era: $\quad V = \pi \int_a^b (f(x))^2\, dx$

Sí ahora el área A es limitada por dos gráficas
de funciones:

$y = f(x)\ \ y\ \ y = g(x)$ tales que $f(x) > g(x)$

y por las rectas $x = a\ \ y\ \ x = b$ entonces:

$$V = \pi \int_a^b \left((f(x))^2 - (g(x))^2 \right) dx$$

Llamado método de las arandelas.

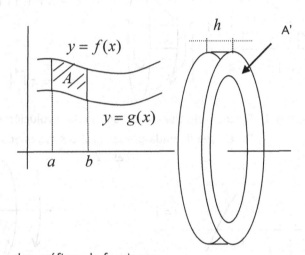

Método de cálculo del volumen generado por áreas entre dos gráficas de funciones.

1) Haga el bosquejo de las gráficas e identifique el área a girar.
2) Haga el bosquejo del volumen generado al girar el área alrededor del eje de las "X".

3) Aplique la integral $V = \pi \int_a^b \left((f(x))^2 - (g(x))^2 \right) dx$

4) Identifique $a,\ b,\ f(x),\ y\ g(x)$ y obtenga: $(f(x))^2\ \ y\ \ (g(x))^2$.

   Nota: de ser necesario obtenga los puntos de intersección de intersección $a\ y\ b$.

5) Formule la integral de cálculo.
6) Calcule el volumen.

Indicadores de evaluación:

1) Bosquejo de la gráfica y señalización del volumen a calcular
2) Resultado aproximado (sólo en casos sencillos).
3) Identificación de la fórmula y sus partes.
4) Estructuración de la fórmula de cálculo.
5) Resultado final.

Ejemplos:

Ejemplo 1) Calcular el volumen del sólido de revolución generado al hacer girar alrededor del eje de las "X" el área limitada por las gráficas cuyas ecuaciones son: $y = 5;$ $y = 1;$ $x = 2;$ y $x = 4$

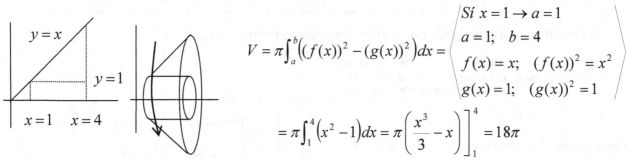

$$V = \pi \int_a^b \left((f(x))^2 - (g(x))^2 \right) dx = \left\langle \begin{array}{l} a = 2 \\ b = 4 \\ f(x) = 5; \quad (f(x))^2 = 25 \\ g(x) = 1; \quad (g(x))^2 = 1 \end{array} \right\rangle$$

$$= \pi \int_2^4 (25 - 1) dx = \pi \int_2^4 24\, dx = \pi (24x) \Big]_2^4 = 48\pi$$

Ejemplo 2) Calcular el volumen del sólido de revolución generado al hacer girar alrededor del eje de las "X" el área limitada por las gráficas cuyas ecuaciones son: $y = x;$ $y = 1;$ y $x = 4$

$$V = \pi \int_a^b \left((f(x))^2 - (g(x))^2 \right) dx = \left\langle \begin{array}{l} Sí\ x = 1 \to a = 1 \\ a = 1; \quad b = 4 \\ f(x) = x; \quad (f(x))^2 = x^2 \\ g(x) = 1; \quad (g(x))^2 = 1 \end{array} \right\rangle$$

$$= \pi \int_1^4 (x^2 - 1) dx = \pi \left(\frac{x^3}{3} - x \right) \Big]_1^4 = 18\pi$$

Ejemplo 3) Calcular el volumen del sólido de revolución generado al hacer girar el área alrededor del eje de las "X" el área limitada por las gráficas cuyas ecuaciones son: $y = 2 - x^2;$ y $y = 1.$

Paso 1)   Paso 2)

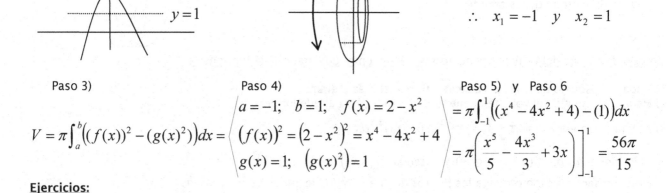

$Sí\quad 2 - x^2 = 1$

$\therefore\quad x_1 = -1$ y $x_2 = 1$

Paso 3)   Paso 4)   Paso 5) y Paso 6

$$V = \pi \int_a^b \left((f(x))^2 - (g(x)^2) \right) dx = \left\langle \begin{array}{l} a = -1; \quad b = 1; \quad f(x) = 2 - x^2 \\ (f(x))^2 = \left(2 - x^2 \right)^2 = x^4 - 4x^2 + 4 \\ g(x) = 1; \quad (g(x)^2) = 1 \end{array} \right\rangle$$

$$= \pi \int_{-1}^1 \left((x^4 - 4x^2 + 4) - (1) \right) dx$$

$$= \pi \left(\frac{x^5}{5} - \frac{4x^3}{3} + 3x \right) \Big]_{-1}^1 = \frac{56\pi}{15}$$

Ejercicios:

3.3.2.1 Calcular el volumen del sólido de revolución generado al hacer girar alrededor del eje de las "X" el área limitada por las gráficas cuyas ecuaciones se dan y desarrollando los siguientes pasos: a) Haga el bosquejo de la gráfica del área y del volumen. b) Estructure la integral definida. c) Calcule el volumen.			
1)	$y = 2;$ $y = 1;$ $x = 3;$ y $x = 6;$ $R \approx 28.274$	4)	$y = 4 - x^2;$ y $y = 2$
2)	$y = 4x;$ $y = 1;$ y $x = 4;$	5)	$y = \sqrt{2x};$ $y = 2;$ y $x = 4$ $R \approx 12.566$
3)	$y = x^2;$ y $y = 1$ $R \approx 5.0265$	6)	$y = x^2;$ y $y = \sqrt{8x}$

Clase: 3.4 Cálculo de momentos y centros de masa.

3.4.1 Conceptos básicos.
3.4.2 Cálculo de momentos y centros de masa; de láminas con áreas de funciones positivas.
3.4.3 Cálculo de momentos y centros de masa; de láminas con área entre gráficas de funciones.
- Ejemplos.
- Ejercicios.

3.4.1 Conceptos básicos:

Área: Es la cantidad de una superficie determinada por las ecuaciones que la limitan: y su cálculo se realiza a través de la misma definición del cálculo integral por la fórmula:

$$A = \int_a^b f(x)\, dx$$

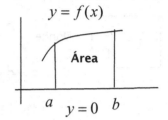

Masa: Es la cantidad de materia de un cuerpo.

Volumen de la masa: Es el área por el espesor; cuya fórmula queda definida por:

$$V = Ah$$

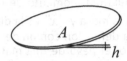

Densidad de masa: Es la masa por unidad de volumen.

$$\rho_m = \frac{m}{V}$$ Donde: ρ_m es la densidad de masa en: kg_m/m^3 ; lb_m/ft^3 ; etc. (se obtiene en tablas)

m la masa en: kg_m; lb_m; etc..

V el volumen en: m^3; ft^3; etc..

Masa: Es una porción limitada de materia y su cálculo se determina de la forma:

Sí la fórmula de la densidad de masa es: $\rho_m = \dfrac{m}{V}$ Entonces: $$m = \rho_m V$$

A continuación, se presenta una tabla de densidades de masa de los materiales más comunes.

Tabla: Densidades de masa "ρ_m".								
Material	kg_m/m^3	lb_m/ft^3	Material	kg_m/m^3	lb_m/ft^3	Material	kg_m/m^3	lb_m/ft^3
Acero	7800	487	Hierro	7850	490	Plata	10500	654
Aluminio	2700	169	Latón	8700	540	Plomo	11300	705
Cobre	8890	555	Madera (Roble)	810	51	Vidrio	2600	162
Hielo	920	57	Oro	19300	1 204			

Lámina: Es una placa de material con masa y grosor uniforme, cuyas dimensiones del espesor "h" es despreciable con respecto a las dimensiones del área; y por lo tanto la masa por área es la medida que usaremos; como extensión a este concepto observemos que en el manejo comercial para la adquisición de estos materiales se efectúa en kg/m^2; lb/ft^2; etc..; es de aclarar, que aunque el kg es una medida de fuerza y no de masa, haremos los cálculos en kilogramos masa kg_m por ser estos más cercanos a la realidad profesional.

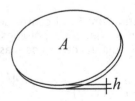

Región laminar: Es el área de una lámina localizada en el plano rectangular.

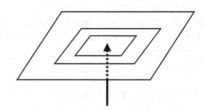

Centro de masa laminar: Es el punto de equilibrio de la lámina; entendiéndose este como el punto de apoyo donde tiene su efecto una fuerza hipotética perpendicular a la lámina que la mantiene estable. En realidad, es el "centro de área" de la lámina, con la particularidad de que su espesor es despreciable.

Densidad laminar: Es la masa por unidad de área.

$$\rho_l = \frac{m}{A}$$

Donde: ρ_l es la densidad laminar en: $\frac{kg_m}{m^2}$; $\frac{lb_m}{ft^2}$; m la masa en: kg_m; lb_m; y

A es el área en: m^2; ft^2. y si $\rho_l = \frac{m}{A}$ Entonces: $m = \rho_l A$

Momentos de masa con respecto a un punto:

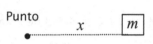
Punto x $\boxed{m}$

Definición: Es la masa por la distancia a un punto de referencia.
La fórmula del momento de masa con respecto a un punto: $M = mx$ donde:
"m" es la masa y "x" es la distancia.
Nota: La definición común de "Momento" relaciona a la fuerza por la distancia, sin embargo, el peso de una masa es un tipo de fuerza que es variable por el lugar en que se encuentra con respecto a la atracción de la gravedad, por lo que hemos preferido definir el "Momento de masa" por ser constante.

3.4.2 Cálculo de momentos y centros de masa de láminas con áreas de funciones positivas.

Momento de masa con respecto al eje "Y":

Definición: Es la masa de la región laminar por la distancia horizontal entre el centro de masa laminar y el eje de las "Y".

Fórmula del momento de masa con respecto al eje "Y";

$$M_y = mx = \left\langle \begin{matrix} como: \\ m = \rho_l A \end{matrix} \right\rangle = \rho_l A x = \left\langle como: A = \int_a^b f(x)\,dx \right\rangle = \rho_l \int_a^b x\,f(x)\,dx$$

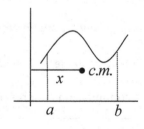

Momento de masa con respecto al eje "X":

Definición: Es la masa de la región laminar por la distancia vertical entre el centro de masa laminar y el eje de las "X".
Fórmula del momento de masa con respecto al eje "Y";

$$M_x = my = \left\langle \begin{matrix} como: \\ m = \rho_l A \end{matrix} \right\rangle = \rho_l A y = \left\langle \begin{matrix} A = \int_a^b f(x)\,dx \\ y = \frac{f(x)}{2} \end{matrix} \right\rangle = \frac{\rho_l}{2} \int_a^b \left(f(x)\right)^2 dx$$

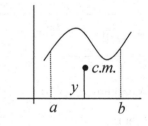

Centro de masa:

Definición: Es el centro del área de la región laminar; también es conocido como "centroide" por considerar despreciable al espesor de la lámina.
Fórmula del centro de masa:

$$c.m. = (x,\,y) = \left\langle \begin{matrix} Sí & M_y = mx & \therefore & x = \frac{M_y}{m} \\ Sí & M_x = my & \therefore & y = \frac{M_x}{m} \end{matrix} \right\rangle = \left(\frac{M_y}{m},\, \frac{M_x}{m} \right)$$

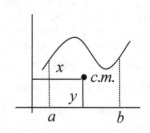

 Formulario para el cálculo de momentos y centros de masa: (de láminas con área de funciones positivas).

R^2 un plano cartesiano.

$[a,b]$ un intervalo cerrado en el eje "X".

f la gráfica de una función $y = f(x)$ continua en $[a,b]$

A el área de una región laminar positiva y bajo la gráfica
    de una función, y limitada por gráficas cuyas ecuaciones son:
$y = f(x);\ \ y = 0;\ \ x = a;\ \ y\ \ x = b;$ entonces:

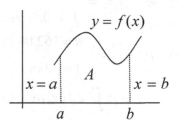

a)	Area	$A = \int_a^b f(x)\,dx$ en m^2	e)	Momento de masa con respecto al eje Y.	$M_y = \rho_l \int_a^b x\,f(x)\,dx$	en $kg_m.m$
b)	Volumen	$V = Ah$ en m^3	f)	Momento de masa con respecto al eje X.	$M_x = \dfrac{\rho_l}{2} \int_a^b (f(x))^2\,dx$	en $kg_m.m$
c)	Masa.	$m = \rho_m V$ en kg_m	g)	Centro de masa.	$c.m. = \left(\dfrac{M_y}{m}, \dfrac{M_x}{m} \right)$	en (m, m)
d)	Densidad laminar.	$\rho_l = \dfrac{m}{A}$ en $\dfrac{kg_m}{m^2}$				

Método de cálculo de momentos y centros de masa de láminas con área de funciones positivas.

1) Haga el bosquejo del área; (de ser necesario obtenga los puntos de intersección).
2) Aplique las integrales de cálculo.
3) Identifique sus componentes.
4) Formule las integrales específicas y
5) Proceda a su cálculo.

Indicadores de evaluación:

1) Bosquejo de la gráfica y señalización de la región laminar.
2) Resultado aproximado del centro de masa.
3) Identificación de las fórmulas y sus partes.
4) Estructuración de la fórmula de cálculo.
5) Resultado final.

Ejemplos:

Ejemplo 1) Calcular los momentos y centros de masa de una lámina de aluminio de 10 mm de espesor y área
           limitada por las gráficas cuyas ecuaciones son: $y = 2;\ \ y = 0;\ \ x = 1;\ \ x = 4.$ con medidas en metros.

a) $\ A = \int_a^b f(x)\,dx = \left\langle \begin{matrix} a = 1;\ \ b = 4 \\ f(x) = 2 \end{matrix} \right\rangle = \int_1^4 2\,dx = 2x\big]_1^4 = 6.0\,m^2$

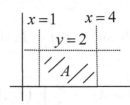

b) $\ V = Ah = \left\langle \begin{matrix} A = 6.0m^2 \\ h = 10mm\left(\frac{1m}{1000mm}\right) = 0.01m \end{matrix} \right\rangle = (6.0)(0.01) = 0.06m^3$

c) $m = \rho_m V = \left\langle \begin{array}{l} \rho_m = 2700 \frac{kg_m}{m^3} \\ V = 0.06\,m^3 \end{array} \right\rangle = (2700)(0.06) = 162.00\,kg_m$

d) $\rho_l = \dfrac{m}{A} = \left\langle \begin{array}{l} m = 162.00\,kg_m \\ A = 6.0m^2 \end{array} \right\rangle = \dfrac{162}{6} = 27.00\,\dfrac{kg_m}{m^2}$

e) $M_y = \rho_l \displaystyle\int_a^b x\,f(x)\,dx = (27)\int_1^4 x(2)\,dx = 27\int_1^4 2x\,dx = 27x^2\Big]_1^4 = 405\,kg_m \cdot m$

f) $M_x = \dfrac{\rho_l}{2} \displaystyle\int_a^b (f(x))^2\,dx = \dfrac{(27)}{2} \int_1^4 (2)^2\,dx = \dfrac{27}{2} \int_1^4 4\,dx = 54x\Big]_1^4 = 162.00\,kg_m \cdot m$

g) $c.m. = \left(\dfrac{M_y}{m}, \dfrac{M_x}{m} \right) = \left(\dfrac{405}{162}, \dfrac{162}{162} \right) = (2.5m, 1m)$

Es de observarse que a primera vista del rectángulo, el centro de masa se ubica en $(2.5, 1)$

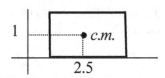

Ejemplo 2) Calcular los momentos y centro de masa de una lámina de latón de 6.0 mm de espesor y área limitada por las gráficas cuyas ecuaciones son: $y = 2 - x^2$ y $y = 0$, con medidas en metros.

a) $A = \displaystyle\int_a^b f(x)\,dx = \left\langle \begin{array}{l} 2 - x^2 = 0; \quad \rightarrow \\ x_1 = -\sqrt{2}; \quad x_2 = \sqrt{2} \\ \therefore \quad a = -\sqrt{2}; \quad b = \sqrt{2} \\ f(x) = 2 - x^2 \end{array} \right\rangle \begin{array}{l} = \displaystyle\int_{-\sqrt{2}}^{\sqrt{2}} (2 - x^2)\,dx \\[2mm] = 2x - \dfrac{x^3}{3}\Big]_{-\sqrt{2}}^{\sqrt{2}} = 3.7712m^2 \end{array}$

b) $V = Ah = \left\langle \begin{array}{l} A = 3.7712m^2 \\ h = 6.0mm\left(\frac{1m}{1000mm}\right) = 0.006m \end{array} \right\rangle = (3.7712)(0.006) = 0.0226m^3$

c) $m = \rho_m V = \left\langle \begin{array}{l} \rho_m = 8700 \frac{kg_m}{m^3} \\ V = 0.0226\,m^3 \end{array} \right\rangle = (8700)(0.0226) \approx 196.62\,kg_m$

d) $\rho_l = \dfrac{m}{A} = \left\langle \begin{array}{l} m = 196.62kg_m \\ A = 3.7712m^2 \end{array} \right\rangle = \dfrac{196.62}{3.7712} = 52.13\dfrac{kg_m}{m^2}$

e) $M_y = \rho_l \displaystyle\int_a^b x\,f(x)\,dx = (52.13)\int_{-\sqrt{2}}^{\sqrt{2}} x(2 - x^2)\,dx = (52.13)\left(x^2 - \dfrac{x^4}{4} \right)\Bigg]_{-\sqrt{2}}^{\sqrt{2}} = 0.00\,kg_m \cdot m$

f) $M_x = \dfrac{\rho_l}{2} \displaystyle\int_a^b (f(x))^2\,dx = \dfrac{(52.13)}{2} \int_{-\sqrt{2}}^{\sqrt{2}} (2 - x^2)^2\,dx = \dfrac{52.13}{2}\left(\dfrac{x^5}{5} - \dfrac{4x^3}{3} + 4x \right)\Bigg]_{-\sqrt{2}}^{\sqrt{2}} \approx 157.27\,kg_m \cdot m$

g) $c.m. = \left(\dfrac{M_y}{m}, \dfrac{M_x}{m} \right) = \left(\dfrac{0}{196.85}, \dfrac{157.27}{196.85} \right) = (0m, 0.79m)$

Ejercicios:

3.4.2.1 Dado el material; espesor de la lámina y las ecuaciones de las gráficas del área limitada con medidas en metros; Calcular: a) El área; b) El volumen; c)La masa; d)La densidad laminar; e) El momento con respecto al eje $"Y"$; f) El momento con respecto al eje $"X"$; y g) El centro de masa.

1) Lámina de acero; espesor 4.0 mm; ecuaciones del área limitada $y = 2;\ y = 0;\ x = 0\ y\ x = 2$ $R = a$) $4m^2$; b) $0.016m^3$; c) $124.8kg_m$ d) $31.2kg_m / m^2$; e) $124.8kg_m.m$; f) $124.8kg_m.m$; g) $(1m, 1m)$

2) Lámina de vidrio; espesor 6.0 mm; ecuaciones del área limitada $y = 2;\ y = 0;\ x = 2\ y\ x = 4$

3) Lámina de cobre; espesor 5.0 mm; ecuaciones del área limitada $y = 4 - x^2;$ y $y = 0$. $R = a$) $10.6666m^2$; b) $0.0533m^3$; c) $473.83kg_m$; d) $44.422kg_m / m^2$; e) $0kg_m.m$; f) $758.13kg_m.m$; g) $(0m, 1.6m)$.

4) Lámina de oro; espesor 2.0 mm; ecuaciones del área limitada $y = \sqrt{x};$ $y = 0;$ y $x = 4$

5) Lámina de aluminio; espesor 10 mm; ecuaciones del área limitada $y = 1 - x^2;$ $y = 0$ $R = a$) $1.3333\,m^2$; b) $0.0133\,m^3$; c) $36kg_m$; d) $27\,kg_m / m^2$; e) $0kg_m.m$; f) $14.4kg_m.m$; g) $(0m, 0.4m)$.

3.4.3 Cálculo de momentos y centros de masa, (de láminas con área entre gráficas de funciones):

En la sección anterior estudiamos los momentos y centros de masa para láminas con área positiva, y mostramos para el cálculo las ecuaciones correspondientes al área, el volumen, la masa, la densidad laminar, los momentos y el centro de masa; Ahora consideraremos el área $"A"$ limitada por dos funciones y dos ecuaciones a saber: $y = f(x)$; $y = g(x)$; $x = a$; y $x = b$ $\forall\ f(x) < g(x)$

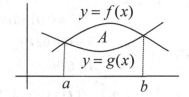

Entonces por paráfrasis matemática obtenemos las siguientes fórmulas

Formulario para el cálculo de momentos y centros de masa; (de láminas con área entre gráficas de funciones).

a)	Area	$A = \int_a^b \big(f(x) - g(x)\big)dx$	en m^2
b)	Volumen	$V = Ah$	en m^3
c)	Masa.	$m = \rho_m V$	en kg_m
d)	Densidad laminar.	$\rho_l = \dfrac{m}{A}$	en $\dfrac{kg_m}{m^2}$
e)	Momento de masa con respecto al eje Y.	$M_y = \rho_l \int_a^b x\big(f(x) - g(x)\big)dx$	en $kg_m.m$
f)	Momento de masa con respecto al eje X.	$M_x = \dfrac{\rho_l}{2}\int_a^b \big((f(x))^2 - (g(x))^2\big)dx$	en $kg_m.m$
g)	Centro de masa.	$c.m. = \left(\dfrac{M_y}{m}, \dfrac{M_x}{m}\right)$	en (m, m)

Método de cálculo de momentos y centros de masa, de láminas con área entre gráficas de funciones:

1) Haga el bosquejo del área entre las gráficas.
2) Aplique las integrales de cálculo, e identifique sus componentes.
3) Formule las integrales específicas.
4) Proceda a su cálculo.

Los indicadores a evaluar son los siguientes:

1) Bosquejo de la gráfica y señalización de la región laminar.
2) Resultado aproximado del centro de masa.
3) Identificación de las fórmulas y sus partes.
4) Estructuración de la fórmula de cálculo.
5) Resultado final.

Ejemplos:

Ejemplo 1) Dada la lámina de cobre de 3.0 mm de espesor y el área limitada por las gráficas cuyas ecuaciones son: $y = 3$; $y = 1$; $x = 2$; y $x = 5$; con medidas en metros; Calcular: a) El área; b) el volumen; c) La masa; d) La densidad laminar; e) El momento con respecto al eje "Y"; f) El momento con respecto al eje "X"; y g) El centro de masa.

a) $\quad A = \int_a^b (f(x) - g(x))dx = \left\langle \begin{array}{l} a = 2; \quad b = 5 \\ f(x) = 3; \quad g(x) = 1 \end{array} \right\rangle = \int_2^5 (3-1)dx = \int_2^5 2\,dx$
$= 2x \Big]_2^5 = 6.0\,m^2$

b) $\quad V = Ah = \left\langle \begin{array}{l} A = 6.0\,m^2 \\ h = 3.0mm\left(\frac{1m}{1000mm}\right) = 0.003m \end{array} \right\rangle = (6.0)(0.003) = 0.018\,m^3$

c) $\quad m = \rho_m V = \left\langle \begin{array}{l} \rho_m = 8890\,\frac{kg_m}{m^3} \\ V = 0.0180\,m^3 \end{array} \right\rangle = (8890)(0.0180) \approx 160.02\,kg_m$

d) $\quad \rho_l = \frac{m}{A} = \left\langle \begin{array}{l} m = 160.02\,kg_m \\ A = 6.0\,m^2 \end{array} \right\rangle = \frac{160.02}{6} = 26.67\,\frac{kg_m}{m^2}$

e) $\quad M_y = \rho_l \int_a^b x(f(x) - g(x))dx = (26.67)\int_2^5 x(3-1)\,dx = (26.67)x^2 \Big]_2^5 \approx 560.07\,kg_m \cdot m$

f) $\quad M_x = \frac{\rho_l}{2} \int_a^b \left((f(x))^2 - (g(x)^2\right)dx = \frac{(26.67)}{2}\int_2^5 \left((3)^2 - (1)^2\right)dx = \frac{26.67}{2}(8x) \Big]_2^5 \approx 320.04\,kg_m \cdot m$

g) $\quad c.m. = \left(\frac{M_y}{m}, \frac{M_x}{m}\right) = \left(\frac{560.07}{160.02}, \frac{320.04}{160.02}\right) \approx (3.5, 5.2)\,(m, m)$

Es de observarse que a primera vista del rectángulo,
el centro de masa se ubica en $(3.5, 2)$

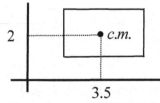

Ejemplo 2) Dada la lámina de plata de 2mm de espesor y el área limitada por las gráficas cuyas ecuaciones son: $y = x$; y $y = x^2$. con medidas en metros; Calcular: a) El área; b) el volumen; c) La masa; d) La densidad laminar; e) El momento con respecto al eje "Y"; f) El momento con respecto al eje "X"; y g) El centro de masa.

a) $A = \int_a^b (f(x) - g(x))dx = \left\langle \begin{matrix} Sí\ x = x^2 \therefore\ x_1 = 0; \\ x_2 = 1 \therefore a = 0;\quad b = 1 \\ f(x) = x;\quad g(x) = x^2 \end{matrix} \right\rangle = \int_0^1 (x - x^2)dx = \left. \frac{x^2}{2} - \frac{x^3}{3} \right]_0^1 = 0.1666\,m^2$

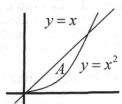

b) $V = Ah = \left\langle \begin{matrix} A = 0.1666\,m^2 \\ h = 2.0mm\left(\frac{1m}{1000mmm}\right) = 0.002m \end{matrix} \right\rangle = (0.1666)(0.002) = 0.0003\,m^3$

c) $m = \rho_m V = \left\langle \begin{matrix} \rho_m = 10500\,\frac{kg_m}{m^3} \\ V = 0.0003\,m^3 \end{matrix} \right\rangle = (10500)(0.0003) \approx 3.1500\,kg_m$

d) $\rho_l = \frac{m}{A} = \left\langle \begin{matrix} m = 3.1500\,kg_m \\ A = 0.1666 \end{matrix} \right\rangle = \frac{3.1500}{0.1666} = 18.9075\,\frac{kg_m}{m^2}$

e) $M_y = \rho_l \int_a^b x(f(x) - g(x))dx = (18.9075)\int_0^1 x(x - x^2)dx = (18.9075)\left. \left(\frac{x^3}{3} - \frac{x^4}{4} \right) \right]_0^1 \approx 1.5756\,kg_m.m$

f) $M_x = \frac{\rho_l}{2} \int_a^b ((f(x))^2 - (g(x)^2)dx = \frac{18.9075}{2}\int_0^1 (x^2 - x^4)dx = \frac{18.9075}{2}\left. \left(\frac{x^3}{3} - \frac{x^5}{5} \right) \right]_0^1 \approx 1.2605\,kg_m.m$

g) $c.m. = \left(\frac{M_y}{m}, \frac{M_x}{m} \right) \approx \left(\frac{1.5756}{3.15}, \frac{1.2605}{3.15} \right) \approx (0.5, 0.4)\,(m, m)$

Ejercicios:

3.4.3.1 Dado el material; espesor de la lámina y las ecuaciones de las gráficas del área limitada, con medidas en metros; Calcular: a) El área; b) el volumen; c) La masa; d) La densidad laminar; e) El momento con respecto al eje "Y"; f) El momento con respecto al eje "X"; y g) El centro de masa.
1) Lámina de roble; espesor 12.0 mm; ecuaciones del área limitada $y = 2;\ y = 1;\ x = -1$ y $x = 1$ $R = a)\ 2m^2;\quad b)\ 0.0240m^3;\quad c)\ 21.36kg_m;\quad d)\ 10.68kg_m/m^2;\quad e)\ 0kg_m.m;$ $\quad f)\ 32.04kg_m.m;\quad g)\ (0m, 1.5m).$
2) Lámina de hierro; espesor 3.0 mm; ecuaciones del área limitada $y = 4;\ y = 2;\ x = 3$ y $x = 5$
3) Lámina de cobre; espesor 4.0 mm; ecuaciones del área limitada $y = 4 - x^2;\quad y = 0$ $R = a)\ 3.7712m^2;\quad b)\ 0.0150m^3;\quad c)\ 134.10kg_m;\quad d)\ 35.5603kg_m/m^2;\quad e)\ 0kg_m.m;$ $\quad f)\ 375.498kg_m.m;\quad g)\ (0m, 2.8m).$
4) Lámina de oro; espesor 1.0 mm; ecuaciones del área limitada $y = \sqrt{x};\ y = 1;\ y\ x = 4$
5) Lámina de hierro; espesor 2.0 mm; ecuaciones del área limitada $y = x^2 + 1;\quad y = 2$ $R = a)\ 1.3333m^2;\quad b)\ 0.00266m^3;\quad c)\ 20.9333kg_m;\quad d)\ 15.7kg_m/m^2;\quad e)\ 0kg_m.m;$ $\quad f)\ 33.4933kg_m.m;\quad g)\ (0m, 1.6m).$
6) Lámina de vidrio; espesor 5.0 mm; ecuaciones del área limitada $y = 6 - x^2;\quad y = 2;$

Clase: 3.5 Cálculo del trabajo.

4.5.1 Cálculo de trabajo realizado por fuerzas en desplazamiento de cuerpos.   - Ejemplos.
4.5.2 Cálculo del trabajo realizado por un resorte elástico   - Ejercicios.
4.5.3 Cálculo del trabajo realizado por presión en los gases.

3.5.1 Trabajo realizado por fuerzas en desplazamiento de cuerpos:

<u>Trabajo realizado por fuerza constante:</u> Es el producto de la fuerza aplicada constantemente a un cuerpo por la distancia de su desplazamiento.

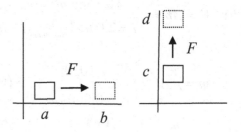

$W = Fd$ Donde: W es el trabajo en $kg_f.m$.

$\qquad$ F es la fuerza en kilogramos "kg_f"

$\qquad$ d es la distancia en metros "m" entre "a" y "b".

<u>Trabajo realizado por fuerza variable:</u> Es el producto de la fuerza variable aplicada a un cuerpo por la distancia de su desplazamiento.

$$W = Fd = \left\langle \begin{array}{l} como\ F\ es\ variable \\ \therefore F = f(x) \quad y \quad d = b - a = \int_a^b dx \end{array} \right\rangle = \int_a^b f(x)\,dx \quad \therefore \qquad W = \int_a^b f(x)\,dx$$

$$\text{Y por paráfrasis matemática también:} \qquad W = \int_c^d f(y)\,dy$$

Nota: Para efectos de agilidad en el aprendizaje, durante el proceso de desarrollo de solución del problema omitiremos las unidades y hasta el final del cálculo, las mismas serán especificadas.

Ejemplo 1) Movimiento de cuerpos por fuerza constante.

Calcular el trabajo realizado para deslizar un cuerpo sobre el piso, desde una posición $x = 1m$ a otra posición $x = 4m$ si se le ha aplicado una fuerza constante de $10kg$.

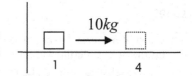

Por ser de fuerza constante: $W = Fd = \left\langle \begin{array}{l} F = 10 \\ d = 4 - 1 = 3 \end{array} \right\rangle = (10)(3) = 30\,kg_f.m$

y aplicando la integral del trabajo veremos que el resultado es el mismo:

$$W = \int_a^b f(x)\,dx = \left\langle \begin{array}{l} a = 1; \quad b = 4 \\ f(x) = 10 \end{array} \right\rangle = \int_1^4 10\,dx = 10x\big]_1^4 = 30\,kg_f.m$$

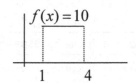

Ejemplo 2) Movimiento de cuerpos por fuerza variable.

Cuanto trabajo se efectúa al mover un cuerpo si al cual se le ha aplicado una fuerza variable de comportamiento igual a $\sqrt{x}\ kg_f$ entre una distancia $x = 1m$ a otra $x = 4m$.

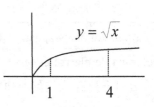

$$W = \int_a^b f(x)\,dx = \left\langle \begin{array}{l} a = 1; \quad b = 4 \\ f(x) = \sqrt{x} \end{array} \right\rangle = \int_1^4 \sqrt{x}\,dx = \frac{2\sqrt{x^3}}{3}\Bigg]_1^4 \approx \frac{14}{3}\,kg_f.m$$

Observación: El ejemplo anterior al parecer es relativamente sencillo, sin embargo, en la aplicación práctica los problemas no resultan ser así, ya que estos requieren de otras áreas del conocimiento un tanto ajenas al cálculo, llámense estos conocimientos de la física, de la química, etc., donde se hace necesario estructurar sus propias integrales partiendo siempre de la fórmula fundamental $W = \int_a^b f(x)\,dx$

Ejercicios:

3.5.1.1   Calcular el trabajo realizado según las indicaciones que establecidas y desarrollando los siguientes pasos: a) Bosquejo de la gráfica; b) Estructuración de la integral; c) Resultado.

1)   Calcular el trabajo realizado para levantar verticalmente un cuerpo, desde una posición $y = 0.0\,m$ a otra posición $y = 5.0\,m$ si se le ha aplicado una fuerza constante de $20\,kg_f$.

$R = 100\,kg_f \cdot m$

2)   Calcular el trabajo realizado al mover un cuerpo con fuerza variable de comportamiento igual a $\frac{2}{\sqrt{3x}}\,kg_f$ entre una distancia inicial $x = -2\,m$ y una distancia final $x = 5\,m$.

3)   Cuanto trabajo se efectúa al mover un cuerpo si al cual se le ha aplicado una fuerza variable de comportamiento igual a $4 - x^2\,kg_f$ entre una distancia $x = -1m$ y $x = 2m$.

$R = 9\,kg_f \cdot m$

3.5.2 Cálculo del trabajo realizado por un resorte elástico. Conceptos básicos:

<u>Deformación.</u> - Son los cambios relativos de las dimensiones de los cuerpos por fuerzas que operan sobre los mismos.
<u>Esfuerzo.</u> - Es la capacidad de resistencia a la deformación que tienen los cuerpos.
<u>Elasticidad.</u> - Es la capacidad que tienen los cuerpos de recuperar su forma original cuando han sido deformados.
<u>Análisis del gráfico de elasticidad:</u> Experimento: Sí a un cuerpo se le aplica una fuerza creciente tal, que al final se rompe, se puede observar su comportamiento en el gráfico Deformación-Esfuerzo.

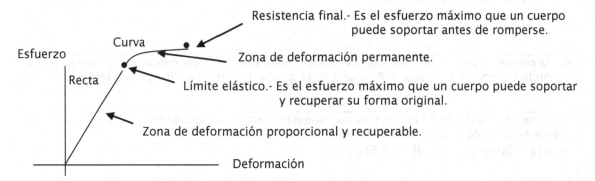

<u>Conclusión (Llamada Ley de Hooke):</u> Dentro del límite elástico, el esfuerzo es directamente proporcional a la deformación.

<u>Paráfrasis de la ley de Hooke:</u> Dentro del límite elástico y para áreas transversales constantes, la fuerza $"F"$ es directamente proporcional a la distancia de estiramiento $"x"$, o sea:

$Cuando \quad F \, \alpha \, x \quad \Rightarrow \quad F = kx \quad \therefore \quad k = \dfrac{F}{x}$ Donde: k es la constante de proporcionalidad en $\dfrac{kg_f}{m}$

F es la fuerza en $"kg_f"$.

x es la distancia de estiramiento en metros $"m"$.

<u>Extensión de la paráfrasis de la ley de Hooke:</u> Dentro del límite elástico y para áreas transversales constantes, la fuerza variable es directamente proporcional a la distancia de estiramiento.

$f(x) = kx$ Donde: $f(x)$ es la función.

k es la constante de proporcionalidad.

x es la variable de estiramiento.

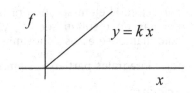

De donde inferimos que:

$$Sí \quad W = \int_a^b f(x)\,dx = \langle f(x) = kx \rangle = k\int_a^b x\,dx \quad \therefore \quad W = k\int_a^b x\,dx$$

Ejemplo: Para estirar un resorte de 10 cm de longitud inicial a una longitud final de 15 cm se requieren de 20 kilogramos de fuerza; Calcular:

a) La constante de proporcionalidad del resorte.
b) El trabajo realizado durante el estiramiento de 10 cm a 15 cm.
c) El trabajo realizado durante el estiramiento de 12 cm a 15 cm.
d) Cuál sería el trabajo realizado si el resorte después de los 15cm se estiraría 5 cm más?

a) $k = \dfrac{F}{x} = \left\langle \begin{array}{l} F = 20\,kg_f \\ x = 15-10 = 5\,cm = 0.05m \end{array} \right\rangle = \dfrac{20}{0.05} = 400\,\dfrac{kg_f}{m}$

b) $W = k\int_a^b x\,dx = \left\langle \begin{array}{l} k = 400\,\frac{kg_f}{m} \\ a = 0.0m; \quad b = 0.05m \end{array} \right\rangle = 400\int_{0.0}^{0.05} x\,dx = 200x^2 \Big]_{0.00}^{0.05} = 0.5\,kg_f.m$

c) $W = k\int_a^b x\,dx = \left\langle \begin{array}{l} k = 400\,kg_f/m \\ a = 0.02m; \quad b = 0.05m \end{array} \right\rangle = 400\int_{0.02}^{0.05} x\,dx = 200x^2 \Big]_{0.02}^{0.05} = 0.42\,kg_f.m$

d) $W = k\int_a^b x\,dx = \left\langle \begin{array}{l} k = 400\,\frac{kg_f}{m} \\ a = 0.05m; \quad b = 0.10m \end{array} \right\rangle = 400\int_{0.05}^{0.10} x\,dx = 200x^2 \Big]_{0.05}^{0.10} = 1.5\,kg_f.m$

Ejercicios:

3.5.2.1	Calcular la constante de proporcionalidad y el trabajo realizado según las indicaciones establecidas y desarrollando los siguientes pasos: a) Bosquejo de la gráfica; b) Estructuración de la integral; y c) Resultado.
1)	Al estirar un resorte de 20 cm de longitud original, hasta alcanzar una longitud final de 25 cm, si se le ha aplicado una fuerza de 100 kg. $R = (k = 2000\,kg_f/m; \quad W = 2.5\,kg_f \cdot m)$
2)	Al comprimir un resorte de longitud inicial $20\,pu\lg$, si la fuerza aplicada es de $1000\,lb_f$, y la longitud final fue de $10\,pu\lg$.

3.5.3 Cálculo del trabajo realizado por presión en los gases:

Conceptos básicos:

Presión: Es la fuerza aplicada a un cuerpo por unidad de área. $p = \dfrac{F}{A}$

Ley de los gases: La presión es inversamente proporcional al volumen.

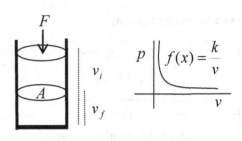

$$Cuando \quad p \, \alpha \, \frac{1}{v} \quad \Rightarrow \quad p = k\left(\frac{1}{v}\right) = \frac{k}{v} \quad \therefore \quad k = pv$$

Donde: k es la constante de proporcionalidad.

p es la presión en $\frac{kg_f}{m^2}$

v es el volumen correspondiente a una presión en m^3.

Paráfrasis de la ley de los gases: Para áreas constantes, la fuerza variable es inversamente proporcional al volumen.

$$Cuando \quad f(x) \, \alpha \, \frac{1}{v} \Rightarrow f(x) = \frac{k}{v}$$

Donde:

k es la constante de proporcionalidad en $kg_f . m$

v es la variable del volumen en m^3.

De aquí inferimos que:

$$Si \quad W = \int_a^b f(x)\,dx = \left\langle \begin{array}{c} a = v_i; \quad b = v_f \\ f(x) = \dfrac{k}{V} \end{array} \right\rangle = k\int_{v^i}^{v_f} \frac{1}{V}\,dv \quad \therefore \quad W = k\int_{v_i}^{v_f} \frac{1}{V}\,dv$$

Ejemplo: Calcular el trabajo realizado por un gas con volumen inicial de $0.1 m^3$ y presión de $12000\,\frac{kg_f}{m^2}$ si se expande hasta ocupar un volumen final de $0.2 m^3$.

$$W = k\int_{v_i}^{v_f} \frac{1}{v}\,dv = \left\langle \begin{array}{c} k = pv = \left\langle \begin{array}{c} p = 12000\,\frac{kg_f}{m^2} \\ v = 0.1 m^3 \end{array} \right\rangle = 1200\,kg_f . m \\ v_i = 0.1 m^3; \quad v_f = 0.2 m^3 \end{array} \right\rangle = 1200\int_{0.1}^{0.2} \frac{1}{v}\,dv = 1200\ln|v|\big]_{0.1}^{0.2} \approx 831.77\,kg_f . m$$

Ejercicios:

3.5.3.1	Calcular la constante de proporcionalidad y el trabajo realizado según las indicaciones establecidas y desarrollando los siguientes pasos: a) Bosquejo de la gráfica; b) Estructuración de la integral; y c) Resultado.	
	1)	Al comprimir un gas con volumen inicial de $10\,ft^3$ a una presión de 100 lb/ft² hasta ocupar un volumen final de $5\,ft^3$. $R = (k = 1000\,lb_f \cdot ft \quad W = -500\,lb_f \cdot ft)$
	2)	Al comprimir un gas con volumen inicial de 1.0 m³ a la presión de 10 000 kg/m² hasta alcanzar un volumen final de 0.8 m³.
	3)	Al comprimir un gas con volumen inicial de 0.50 m³ a la presión de 11 000 kg/m² hasta alcanzar un volumen final de 0.25 m³. $R = (\,k = 5500\,kg_f \cdot m \quad W = -2750\,kg_f \cdot m)$

Evaluaciones tipo: Unidad 3: Aplicaciones de la integral.

Evaluaciones tipo (A):

	NOMBRE DE LA INSTITUCIÓN EDUCATIVA E X A M E N		Número de lista:
	Cálculo Integral	Unidad: 3	
			Clave:

1) Calcular la longitud de la recta: $y = x + 2$ entre el intervalo $x = -2$ y $x = 3$	Indicadores a evaluar: a) Bosquejo de la gráfica. b) Estructuración de la integral. c) Resultado.	Valor: 30 puntos.
2) Calcular el volumen del sólido de revolución generado al hacer girar alrededor del eje de las "X" el área limitada por las gráficas cuyas ecuaciones son: $y = 4 - x^2$ y $y = 0.$	Indicadores a evaluar: a) Bosquejo de la gráfica. b) Estructuración de la integral. c) Resultado.	Valor: 40 puntos.
3) Calcular el trabajo realizado al mover un cuerpo con fuerza variable de comportamiento igual a $\dfrac{3}{\sqrt{5x}}\ kg_f$ entre una distancia inicial $x = -1\,m$ y una distancia final $x = 4\,m$.	Indicadores a evaluar: a) Bosquejo de la gráfica. b) Estructuración de la integral. c) Resultado.	Valor: 30 puntos.

	NOMBRE DE LA INSTITUCIÓN EDUCATIVA E X A M E N		Número de lista:
	Cálculo Integral	Unidad: 3	
			Clave:

1) Calcular la longitud de la curva: $y = 1 - \dfrac{x^2}{4}$ entre el intervalo $x = -2$ y $x = 2$	Indicadores a evaluar: a) Bosquejo de la gráfica. b) Estructuración de la integral. c) Resultado.	Valor: 40 puntos.
2) Dada la lámina de cobre de 10 mm de espesor y área limitada por las gráficas cuyas ecuaciones son: $2 - x^2$ y $y = 0;$ con medidas en metros; Calcular: a) $A = ?$ (el área). b) $V = ?$ (Volumen) c) $m = ?$ (la masa). d) $\rho_l = ?$ (la densidad laminar). e) $M_y = ?$ (el momento con respecto al eje "Y"). f) $M_x = ?$ (el momento con respecto al eje "X"). g) $c.m. = ?$ (el centro de masa).	Indicadores a evaluar: a) Bosquejo de la gráfica. b) Estructuración de las integrales. c) Resultado.	Valor: 60 puntos.

Evaluaciones tipo (B):

NOMBRE DE LA INSTITUCIÓN EDUCATIVA			
Ficha No 1. Unidad 3.		Tema: Aplicaciones de la integral. Materia: Cálculo integral.	
No	**Pregunta:**	**Problema:**	**Indicadores a evaluar:**
1.1)	Calcular: La longitud de la curva	$y = 2x^2 + 3$ $x = -1;\quad x = 2$	1) Bosqueja y señala la gráfica de la curva. 2) Identifica y estructura la fórmula y sus partes. 3) Resultado final.
1.2)	Calcular: El Área	$y = \sqrt{2x}$ $y = 0;\quad x = 4$	1) Bosqueja y señala la gráfica del área. 2) Identifica y estructura la fórmula y sus partes. 3) Resultado final.
1.3)	Calcular: El volumen	$y = x^2 + 4 \quad x = -2$ $y = 0 \qquad x = 2$	1) Bosqueja y señala la gráfica del volumen. 2) Identifica y estructura la fórmula y sus partes. 3) Resultado final.
1.4)	Calcular: Momentos y el Centro de masa.	$y = 1 - x^2;\quad y = 0$ Espesor: 3mm. Material: Cobre.	1) Bosqueja y señala la gráfica del centro de masa. 2) Identifica y estructura la fórmula y sus partes. 3) Resultado final.

NOMBRE DE LA INSTITUCIÓN EDUCATIVA			
Ficha No 2. Unidad 3.		Tema: Aplicaciones de la integral. Materia: Cálculo integral.	
No	**Pregunta:**	**Problema:**	**Indicadores a evaluar:**
2.1)	Calcular: La longitud de la curva	$y = 2x^2 - 2$ $x = -1;\quad x = 2$	1) Bosqueja y señala la gráfica de la curva. 2) Identifica y estructura la fórmula y sus partes. 3) Resultado final.
2.2)	Calcular: El Área	$y = \sqrt{3x}$ $y = 0;\quad x = 4$	1) Bosqueja y señala la gráfica del área. 2) Identifica y estructura la fórmula y sus partes. 3) Resultado final.
2.3)	Calcular: El volumen	$y = x^2 + 3 \quad x = -2$ $y = 0 \qquad x = 2$	1) Bosqueja y señala la gráfica del volumen. 2) Identifica y estructura la fórmula y sus partes. 3) Resultado final.
2.4)	Calcular: Momentos y el Centro de masa.	$y = 2 - x^2;\quad y = 0$ Espesor: 4mm. Material: Plata.	1) Bosqueja y señala la gráfica del centro de masa. 2) Identifica y estructura la fórmula y sus partes. 3) Resultado final.

NOMBRE DE LA INSTITUCIÓN EDUCATIVA			
Ficha No 3. Unidad 3.		Tema: Aplicaciones de la integral. Materia: Cálculo integral.	
No	**Pregunta:**	**Problema:**	**Indicadores a evaluar**
3.1)	Calcular: La longitud de la curva	$y = 2x^2 - 1$ $x = -1;\quad x = 2$	1) Bosqueja y señala la gráfica de la curva. 2) Identifica y estructura la fórmula y sus partes. 3) Resultado final.
3.2)	Calcular: El Área	$y = \sqrt{4x}$ $y = 0;\quad x = 4$	1) Bosqueja y señala la gráfica del área. 2) Identifica y estructura la fórmula y sus partes. 3) Resultado final.
3.3)	Calcular: El volumen	$y = x^2 + 2 \quad x = -2$ $y = 0 \qquad x = 2$	1) Bosqueja y señala la gráfica del volumen. 2) Identifica y estructura la fórmula y sus partes. 3) Resultado final.
3.4)	Calcular: Momentos y el Centro de masa.	$y = 3 - x^2;\quad y = 0$ Espesor: 5mm. Material: Acero.	1) Bosqueja y señala la gráfica del centro de masa. 2) Identifica y estructura la fórmula y sus partes. 3) Resultado final.

Evaluación tipo (C):

Alumno	Evaluación	Participaciones	Examen sorpresa	Tareas	Puntualidad y Asistencia	Valores	Calificación final de la unidad

NOMBRE DE LA INSTITUCIÓN EDUCATIVA
EVALUACIÓN DE CÁLCULO INTEGRAL

Fecha: Hora:

Unidad: 3. Tema: Aplicaciones de la integral

Clave:

1)

Apellido paterno	Apellido materno	Nombre(s)	No. de lista:

2)

Apellido paterno	Apellido materno	Nombre(s)	No. de lista:

(1)

(2)

1) Iniciada la evaluación no se permite el uso de celulares, internet, ni intercambiar información o material.
2) Cualquier operación, actitud o intento de fraude será sancionada con la no aprobación del examen.
3) Los resultados estarán disponibles en un tiempo no mayor de 72 horas hábiles.
4) Para tener derecho a sus puntos extras deberá obtener como mínimo un 40 % en el presente examen.

Problema 1) Cálculo de la longitud de curva. $$y = 4 - 3x^2 \qquad entre: x = -1 \quad y \quad x = 1$$	Indicadores a evaluar: 1) Gráfica. 2) Identificación de la fórmula 3) Estructuración de la fórmula de cálculo. 4) Resultado de la calculadora.	Valor: 25 puntos

Problema 2) Cálculo del área $$y = \sqrt{4x} \quad y = 2 \quad y \quad x = 3$$	Indicadores a evaluar: 1) Gráfica. 2) Identificación de la fórmula 3) Estructuración de la fórmula de cálculo. 4) Resultado de la calculadora.	Valor: 25 puntos

Problema 3) Cálculo del volumen. $$y = 2x^2 + 1 \quad y = 0 \quad entre: x = -2 \quad y \quad x = 2$$	Indicadores a evaluar: 1) Gráfica. 2) Identificación de la fórmula 3) Estructuración de la fórmula de cálculo. 4) Resultado de la calculadora.	Valor: 25 puntos (contestar en el reverso de la hoja)
Problema 4) Cálculo de momentos y centro de masa. $$y = \sqrt{4x}; \quad y = 0; \quad y \quad x = 2$$ Material: Aluminio. Espesor: 6 mm.	Indicadores a evaluar: 1) Gráfica. 2) Identificación de las fórmulas 3) Estructuración de las fórmulas de cálculo 4) Resultado de la calculadora.	Valor: 25 puntos (contestar en el reverso de la hoja)

Formularios: Unidad 3; Aplicaciones de la integral.

Fórmulas de integrales para el cálculo de la longitud de curvas:	Con respecto al Eje "X":	$L = \int_a^b \sqrt{1 + (f'(x))^2}\, dx$
	Con respecto al Eje "Y":	$L = \int_a^b \sqrt{1 + (f'(y))^2}\, dy$
Fórmulas de integrales para el cálculo de áreas:	Cálculo de áreas bajo la gráfica y arriba del eje "X".	$A = \int_a^b f(x)dx$
	Cálculo de áreas en gráficas abajo del eje "X".	$A = -\int_a^b f(x)\, dx$
	Cálculo de áreas entre gráficas:	$A = \int_a^b (f(x) - g(x))dx$
Fórmula de integrales para el cálculo de volúmenes:	Cálculo de volúmenes generados al girar áreas bajo una gráfica y arriba del eje "X".	$V = \pi \int_a^b (f(x))^2 dx$
	Cálculo de volúmenes generados al girar áreas entre gráficas.	$V = \pi \int_a^b \left[(f(x))^2 - (g(x))^2 \right] dx$

Fórmulas de integrales para el cálculo de momentos y centros de masa de láminas con área de funciones positivas:

a)	Área.	$A = \int_a^b f(x)dx$	e)	Momento laminar con respecto al eje Y.	$M_y = \rho_l \int_a^b x\, f(x)dx$
b)	Volumen	$V = Ah$	f)	Momento laminar con respecto al eje X.	$M_x = \dfrac{\rho_l}{2} \int_a^b (f(x))^2 dx$
c)	Masa.	$m = \rho_m V$	g)	Centro de masa.	$c.m. = \left(\dfrac{M_y}{m}, \dfrac{M_x}{m} \right)$
d)	Densidad laminar.	$\rho_l = \dfrac{m}{A}$			

Fórmulas de integrales para el cálculo de momentos y centros de masa de láminas con área entre gráficas de funciones:

a)	Área.	$A = \int_a^b (f(x) - g(x))dx$	e)	Momento laminar con respecto al eje Y.	$M_y = \rho_l \int_a^b x(f(x) - g(x))dx$
b)	Volumen	$V = Ah$	f)	Momento laminar con respecto al eje X.	$M_x = \dfrac{\rho_l}{2} \int_a^b ((f(x))^2 - (g(x))^2)dx$
c)	Masa.	$m = \rho_m V$	g)	Centro de masa.	$c.m. = \left(\dfrac{M_y}{m}, \dfrac{M_x}{m} \right)$
d)	Densidad laminar.	$\rho_l = \dfrac{m}{A}$			

Fórmulas de integrales para el cálculo del trabajo:	Trabajo realizado por fuerza variable:	$W = \int_a^b f(x)dx$	$W = \int_c^d f(y)dy$
	Trabajo realizado por un resorte elástico:	$W = k \int_a^b x\, dx$	$k = \dfrac{F}{x}$
	Trabajo realizado por presión en los gases:	$W = k \int_{v_i}^{v_f} \dfrac{1}{v} dv$	$k = pv$

La lealtad solo es justa cuando se participa en lo que se compromete y el compromiso de hacer lo que es correcto.

El valor más escaso de la naturaleza humana es la lealtad, ¡Es ahí donde se encuentra lo más interesante de las matemáticas ¡

José Santos Valdez Pérez

UNIDAD 4. TÉCNICAS DE INTEGRACIÓN.

Clase: 4.1 Técnica de integración por cambio de variable.

4.1.1 Aplicaciones de la técnica de integración por cambio de variable.   - Ejemplos.
4.1.2 Método de integración por cambio de variable.   - Ejercicios.

4.1.1 Aplicaciones de la técnica de integración por cambio de variable:

Esta técnica resuelve integrales del tipo $\int x u^n dx$

4.1.2 Método de integración por cambio de variable:

1) Analice la función y saque la constante.
2) Identifique $"u"$; a partir de $"u"$ obtener $"x"$ y a partir de $"x"$ obtener $"dx"$.
3) Sustituir $"u"$; $"x"$; y $"dx"$ en la integral (Nota: toda la integral debe de estar en términos de $"u"$).
4) Integrar.
5) Sustituir $"u"$ por su valor original; (Nota: Todo el resultado debe quedar en términos de $"x"$).

Indicadores a evaluar:
1) Identifica y aplica las propiedades.
2) Hace cambio de variable.
3) Obtiene la integral.
4) Presenta el resultado final.

Ejemplos:

1) $\int 3x(x^2+1)^4\, dx = \left\langle \begin{array}{l} \Rightarrow Por\ la\ fórmula \\ de\ funciones\ que \\ contienen "u" \\ \\ \Rightarrow Por\ cambio \\ de\ \text{variable} \end{array} \right. = 3\left(\dfrac{1}{2}\right)\int(x^2+1)^4(2xdx) = \dfrac{3}{10}(x^2+1)^5 + c$

$= \left\langle \begin{array}{l} x^2+1 = u \\ x = \sqrt{u-1} \\ dx = \dfrac{du}{2\sqrt{u-1}} \end{array} \right\rangle = 3\int\sqrt{u-1}(u)^4\dfrac{du}{2\sqrt{u-1}} = \dfrac{3}{2}\int u^4 du$

$= \dfrac{3}{10}u^5 + c = \dfrac{3}{10}(x^2+1)^5 + c$

2) $\int\dfrac{3x}{2\sqrt{4x-1}}dx = \left\langle \begin{array}{l} 4x-1 = u \\ x = \dfrac{u+1}{4} \\ dx = \dfrac{du}{4} \end{array} \right\rangle = \dfrac{3}{2}\int\dfrac{\frac{u+1}{4}}{\sqrt{u}}\dfrac{du}{4} = \dfrac{3}{32}\int\dfrac{u+1}{\sqrt{u}}du = \dfrac{3}{32}\int\sqrt{u}\,du + \dfrac{3}{32}\int u^{-\frac{1}{2}}du$

$= \dfrac{1}{16}\sqrt{(u)^3} + \dfrac{3}{16}\sqrt{u} + c = \dfrac{1}{16}\sqrt{(4x-1)^3} + \dfrac{3}{16}\sqrt{4x-1} + c$

3) $\int 5x(1-2x)^5\, dx = \left\langle \begin{array}{l} u = 1-2x; \quad du = -2\,dx \\ x = \dfrac{1-u}{2}; \quad dx = \dfrac{du}{-2} \end{array} \right\rangle = \int 5\left(\dfrac{1-u}{2}\right)u^5\left(\dfrac{du}{-2}\right) = -\dfrac{5}{4}\int(1-u)u^5 du$

$= -\dfrac{5}{4}\int(u^5 - u^6)du = -\dfrac{5u^6}{4(6)} + \dfrac{5u^7}{4(7)} + c = -\dfrac{5(1-2x)^6}{24} + \dfrac{5(1-2x)^7}{28} + c$

4) $\int x\sqrt{2x-1}\, dx = \left\langle \begin{array}{l} u = 2x-1; \quad du = 2\,dx \\ x = \dfrac{u+1}{2}; \quad dx = \dfrac{du}{2} \end{array} \right\rangle = \int\left(\dfrac{u+1}{2}\right)\sqrt{u}\left(\dfrac{du}{2}\right) = \dfrac{1}{4}\int(u+1)\sqrt{u}\,du$

$= \dfrac{1}{4}\int\left(u^{\frac{3}{2}} + u^{\frac{1}{2}}\right)du = \dfrac{1}{4}\dfrac{u^{\frac{5}{2}}}{\frac{5}{2}} + \dfrac{1}{4}\dfrac{u^{\frac{3}{2}}}{\frac{3}{2}} + c = \dfrac{\sqrt{u^5}}{10} + \dfrac{\sqrt{u^3}}{6} + c = \dfrac{\sqrt{(2x-1)^5}}{10} + \dfrac{\sqrt{(2x-1)^3}}{6} + c$

Ejercicios:

4.1.2.1 Por la técnica de integración por cambio de variable; obtener la integral indefinida de las siguientes funciones:			
1)	$\int 3x(5x+2)^3\,dx \qquad R = \frac{3}{125}(5x+2)^5 - \frac{3}{50}(5x+2)^4 + c$	2)	$\int 8x\,(4-2x)^5\,dx$
3)	$\int 8x\sqrt{4x-1}\,dx \qquad R = \frac{1}{5}\sqrt{(4x-1)^5} + \frac{1}{3}\sqrt{(4x-1)^3} + c$	4)	$\int 4x\sqrt{1-2x}\,dx$
5)	$\int \dfrac{x}{\sqrt{2x-1}}\,dx \qquad R = \frac{1}{6}\sqrt{(2x-1)^3} + \frac{1}{2}\sqrt{2x-1} + c$	6)	$\int \dfrac{2x}{5\sqrt{3-4x}}\,dx$

Clase: 4.2 Técnica de integración por partes.

4.2.1 Fundamentos de la técnica de integración por partes.   - Ejemplos.
4.2.2 Aplicaciones de la técnica de integración por partes.   - Ejercicios.
4.2.3 Método de integración por partes.

4.2.1 Fundamentos de la técnica de integración por partes.

Fórmula de integración por partes:
Sean:
- u, v funciones de la misma variable independiente.

Sí $d(uv) = udv + vdu$ es el diferencial del producto uv $\therefore$ $udv = d(uv) - vdu$

Sí $\int udv = \int d(uv) - \int vdu$ $\therefore$ $\int udv = uv - \int vdu$ Llamada fórmula de integración por partes.

Requisitos para poder integrar por partes:
1) Siempre "dx" debe ser una parte de "dv".

2) Siempre debe de ser posible integrar "dv".

Recomendaciones en la integración por partes:
1) Si no hay producto "$u\,dv$" entonces formarlo haciendo "$dv = dx$".

2) Elegir como "dv" a la función que tenga apariencia más complicada.
3) No sacar la constante.

4.2.2 Aplicaciones de la técnica de integración por partes:

Resuelve integrales del tipo: $\int udv$ que generalmente son productos de funciones; así tenemos:

1) Algebraicas y algebraicas.
2) Algebraicas y trigonométricas.
3) Algebraicas y logarítmicas.
4) Algebraicas y exponenciales.
5) Trigonométricas inversas.

4.2.3 Método de integración por partes:
1) Analice la función y no saque la constante.
2) Identifique "u" y "dv".

3) A partir de "u" obtener "du".

4) A partir de "dv" obtener "v" aplicando la fórmula "$v = \int dv$".

5) Sustituir "u"; "v" y "du" en la fórmula $\int udv = uv - \int vdu$

6) Integre; el proceso puede ser reiterativo.

Indicadores de evaluación:

1) Identifica y aplica las propiedades.
2) Identifica y obtiene las partes de la fórmula de integración por partes.
3) Obtiene la integral.
4) Presenta el resultado final.

Ejemplos:

1) $\int x\sqrt{x}\,dx = \left\langle \begin{array}{l} \Rightarrow \text{Por la fórmula} \\ \quad \text{que contiene } x^n \\ \\ \Rightarrow \text{Por int}egración \\ \quad \text{por partes} \end{array} \right\rangle = \left\langle \begin{array}{l} = \int x^{3/2}dx = \dfrac{2}{5}\sqrt{x^5}+c \\ \\ \int u\,dv = uv - \int v\,du \\ u = x;\ dv = \sqrt{x}\,dx;\ du = dx \\ v = \int dv = \int \sqrt{x}\,dx = \dfrac{2}{3}\sqrt{x^3} \end{array} \right\rangle = (x)\left(\dfrac{2}{3}\right)\sqrt{x^3} - \int \dfrac{2}{3}\sqrt{x^3}\,dx$

$$= \dfrac{2}{3}\sqrt{x^5} - \dfrac{4}{15}\sqrt{x^5}+c = \dfrac{2}{5}\sqrt{x^5}+c$$

2) $\int 2x\cos x\,dx = \left\langle \begin{array}{l} \int u\,dv = uv - \int v\,du \\ u = 2x;\quad dv = \cos x\,dx \\ v = \int dv = \int \cos x\,dx = sen\,x + c \\ du = 2dx \end{array} \right\rangle = (2x)(sen\,x) - \int (sen\,x)(2dx)$

$$= 2x\,senx - 2\int sen\,x\,dx = 2x\,sen\,x - 2(-\cos x + c) = 2x\,sen\,x + 2\cos x + c$$

Nota: En el proceso de integración puede resultar otra integral aún más complicada, por lo que se recomienda cambiar el orden de las funciones; Ejemplo:

3) $\int 2x\ln 3x\,dx = \left\langle \begin{array}{l} \int u\,dv = uv - \int v\,du \\ u = 2x;\quad dv = \ln 3x\,dx;\quad du = 2dx \\ v = \int dv = \int \ln 3x\,dx = x(\ln|3x|-1)+c \end{array} \right\rangle \begin{array}{l} = (2x)(x(\ln|3x|-1)) - \int (x(\ln|3x|-1))(2dx) \\ = 2x^2(\ln|3x|-1) - 2\int x(\ln|3x|-1)dx \end{array}$

$= \left\langle \begin{array}{l} \text{como la int}egral\ que\ resultó \\ es\ mas\ complicada\ que\ la \\ original,\ se\ sugiere\ cambiar \\ el\ orden\ de\ las\ funciones \end{array} \right\rangle = \int \ln 3x\,2x\,dx = \left\langle \begin{array}{l} u = \ln 3x; \\ dv = 2xdx; \\ v = \int 2xdx = x^2 + c \\ du = \dfrac{1}{x}dx \end{array} \right\rangle \begin{array}{l} = (\ln 3x)(x^2) - \int (x^2)\left(\dfrac{1}{x}dx\right) \\ \\ = x^2\ln 3x - \dfrac{x^2}{2}+c \end{array}$

4) $\int xe^{2x}dx = \left\langle \begin{array}{l} \int u\,dv = uv - \int v\,du \\ u = x;\quad dv = e^{2x}dx;\quad du = dx \\ v = \int dv = \int e^{2x}dx = \dfrac{1}{2}e^{2x}+c \end{array} \right\rangle = (x)\left(\dfrac{1}{2}e^{2x}\right) - \int \left(\dfrac{1}{2}e^{2x}\right)dx = \dfrac{1}{2}xe^{2x} - \dfrac{1}{4}e^{2x}+c$

5) Por la técnica de integración por partes, integrar: $\int arcsen\, 2x\, dx$

$$\int arcsen2x\, dx = \left\langle \begin{array}{c} estrategia: \\ tome\, a\, dx\, como \\ una\, función \end{array} \right\rangle = \left\langle \begin{array}{c} \int u\, dv = uv - \int v\, du \\ u = arcsen2x; \quad du = \dfrac{2}{\sqrt{1-4x^2}}dx \\ v = \int dv = \int dx = x + c \end{array} \right\rangle$$

$$= (arcsen2x)(x) - \int (x)\left(\frac{2}{\sqrt{1-4x^2}}dx\right) = x\, arcsen2x - 2\left(\frac{1}{-8}\right)\int (1-4x)^{-\frac{1}{2}}(-8x\, dx)$$

$$= x\, arcsen2x + \frac{1}{4}\left(\frac{(1-4x^2)^{\frac{1}{2}}}{\frac{1}{2}} + c\right) = x\, arcsen2x + \frac{1}{2}\sqrt{1-4x^2} + c$$

6) $\int 3e^x sen2x\, dx = \left\langle \begin{array}{c} \int udv = uv - \int vdu \\ u = 3e^x; \quad du = 3e^x dx \\ v = \int dv = \int sen2x\, dx = -\frac{1}{2}\cos 2x + c \end{array} \right\rangle \begin{array}{l} = (3e^x)\left(-\dfrac{1}{2}\cos 2x\right) - \int\left(-\dfrac{1}{2}\cos 2x\right)(3e^x dx) \\ = -\dfrac{3}{2}e^x\cos 2x + \dfrac{3}{2}\int e^x \cos 2x\, dx \end{array}$

$$= -\frac{3}{2}e^x\cos 2x + \left\langle \int \frac{3}{2}e^x\cos 2xdx = \begin{array}{c} u = \frac{3}{2}e^x; \quad du = \frac{3}{2}e^x dx \\ v = \int \cos 2xdx = \frac{1}{2}sen2x + c \end{array} = \left(\frac{3}{2}e^x\right)\left(\frac{1}{2}sen2x\right) - \int\left(\frac{1}{2}sen2x\right)\left(\frac{3}{2}e^x dx\right)\right\rangle$$

$$= -\frac{3}{2}e^x\cos 2x + \frac{3}{4}e^x sen2x - \frac{3}{4}\int e^x sen2xdx = \left\langle \begin{array}{c} Sí \int 3e^x sen2x = -\dfrac{3}{2}e^x\cos 2x + \dfrac{3}{4}e^x sen2x - \dfrac{3}{4}\int e^x sen2xdx \\ \therefore 3\int e^x sen2xdx + \dfrac{3}{4}\int e^x sen2xdx = -\dfrac{3}{2}e^x\cos 2x + \dfrac{3}{4}e^x sen2x \\ \therefore \dfrac{15}{4}\int e^x sen2xdx = -\dfrac{3}{2}e^x\cos 2x + \dfrac{3}{4}e^x sen2x \end{array} \right\rangle$$

$$= \left\langle \begin{array}{c} Sí \dfrac{15}{4}\int e^x sen2xdx = -\dfrac{3}{2}e^x\cos 2x + \dfrac{3}{4}e^x sen2x \\ \therefore \int 3e^x sen2xdx = \dfrac{4}{5}\left(-\dfrac{3}{2}e_x\cos 2x + \dfrac{3}{4}e^x sen2x\right) \end{array} \right\rangle = -\frac{6}{5}e^x\cos 2x + \frac{3}{5}e^x sen2x + c$$

Ejercicios:

4.2.3.1 Por la técnica de integración por partes; obtener la integral indefinida de las siguientes funciones:		
1) $\int 3xe^{2x}dx = ?$ $R = \dfrac{3}{2}xe^{2x} - \dfrac{3}{4}e^{2x} + c$	5) $\int \dfrac{2x}{3}sen\, 5x\, dx$ $R = -\dfrac{2}{15}x\cos 5x + \dfrac{2}{75}sen5x + c$	9) $\int 2x\sec^2 x\, dx$ $R = 2x\tan x$ $+ 2\ln|\cos x| + c$
2) $\int 4xe^{\frac{x}{2}}dx$	6) $\int 2x\cos 4x\, dx$	10) $\int 2x\ln 3x\, dx$
3) $\int 2x^2 e^{3x}dx$ $R = \dfrac{4}{3}x^2 e^{3x} - \dfrac{8}{9}xe^{3x} + \dfrac{1}{9}e^{3x} + c$	7) $\int \dfrac{3x\cos 2x}{5}dx$ $R = \dfrac{3}{10}x\, sen2x + \dfrac{3}{20}\cos 2x + c$	11) $\int 4\arccos 2xdx$ $R = 4x\arccos 2x$ $- 2\sqrt{1-4x^2} + c$
4) $\int x\, sen\, 2x\, dx$	8) $\int 3x\cos 2x\, dx$	12) $\int \arctan 2x\, dx$

Clase: 4.3 Técnica de integración del seno y coseno de m y n potencia.
4.3.1   Análisis de la estructura de la tabla: Integración del seno y coseno de m y n potencia.
4.3.2   Método de integración del seno y coseno de m y n potencia.
- Ejemplos.
- Ejercicios.

4.3.1 Análisis de la estructura de la tabla: Técnica de integración del seno y coseno de m y n potencia.

Antes de abordar el método de integración respectivo, vamos a hacer un análisis de la estructura de la tabla "Método de integración del seno y coseno de m y n potencia; y para lo cual se presenta a continuación una síntesis, y más adelante se presenta la tabla completa.

Estructura de la tabla "Técnica de integración del seno y coseno de m y n potencia".		
FORMA	CASOS	RECOMENDACION SUSTITUIR, APLICAR Y/O DESARROLLAR
I. $\int sen^m u\, du$		
II. $\int \cos^n u\, du$		
III. $\int sen^m u \cos^n u\, du$		

Del resultado del análisis se presentan las siguientes observaciones:

A) Existen 3 formas de integrales.
B) Cada forma de integral presenta casos que se caracterizan por las potencias de las funciones.
C) Para cada forma y caso se dan las recomendaciones de sustituir, aplicar y/o desarrollar.

4.3.2 Método de integración del seno y coseno de m y n potencia:

1) Analice la función y saque la constante.
2) Identifique la forma y caso de la integral.
3) Atienda las recomendaciones.
4) Integre.
5) Observe los siguientes lineamientos.
   5.1) Es posible, que en un mismo problema después de aplicar las recomendaciones de la forma y caso identificado, el resultado nos lleve a otra u otras integrales, donde de nuevo tengamos que repetir el método.
   5.2) Cuando en una recomendación resultan sumas y/o restas; se procede a hacer las operaciones algebraicas de las sumas y/o restas y al mismo tiempo se separan las integrales antes de seguir adelante.
   5.3) Siempre que sea aplicable, en un producto de funciones, mantenga el orden de las funciones; es decir primero el seno y después el coseno.
   5.4) Si dos o más casos son aplicables a una integral, entonces use el caso de la función de menor potencia.
   5.5) En un grupo de integrales se recomienda "no integrar hasta que todas las integrales sean directamente solucionables".

Indicadores de evaluación:

1) Identifica y aplica las propiedades.
2) Identifica la forma y caso de la integral.
3) Aplica las recomendaciones.
4) Presenta el resultado final.

Tabla: Técnica de integración del seno y coseno de m y n potencia.

FORMA	CASOS	RECOMENDACION SUSTITUIR, APLICAR Y/O DESARROLLAR	
I. $\int sen^m u\,du$	1) Sí $m=1$	Aplicar:	$\int sen\,u\,du=-\cos u+c$
	2) Sí $m=2$	Sustituir:	$sen^2 u=\dfrac{1}{2}-\dfrac{1}{2}\cos 2u$
	3) Sí $m>2$	Desarrollar:	$1a.\quad sen^m u=sen^{m-2}u\,sen^2 u$
		Sustituir:	$2a.\quad sen^2 u=(1-\cos^2 u)$
II. $\int \cos^n u\,du$	1) Sí $n=1$	Aplicar:	$\int \cos u\,du=sen\,u+c$
	2) Sí $n=2$	Sustituir:	$\cos^2 u=\dfrac{1}{2}+\dfrac{1}{2}\cos 2u$
	3) Sí $n>2$	Desarrollar:	$1a.\quad \cos^n u=\cos^{n-2}u\,\cos^2 u$
		Sustituir:	$2a.\quad \cos^2 u=(1-sen^2 u)$
III. $\int sen^m u\,\cos^n u\,du$	1) Sí m y/o $n=1$	Aplicar:	$\int u^n du=\dfrac{u^{n+1}}{n+1}+c$
	2) Sí $m=impar>1$ y $n>1$	Desarrollar:	$1a.\quad sen^m u=sen^{m-1}u\,sen\,u$
		Sustituir:	$2a.\quad sen^2 u=1-\cos^2 u$
	3) Sí $n=impar>1$ y $m>1$	Desarrollar:	$1a.\quad \cos^n u=\cos^{n-1}u\,\cos u$
		Sustituir:	$2a.\quad \cos^2 u=1-sen^2 u$
	4) Sí m y $n=par$ y $m=n$	Desarrollar:	$1a.\quad sen^m u\cos^n u=(sen\,u\cos u)^{m\ o\ n}$
		Sustituir:	$2a.\quad sen\,u\cos u=\dfrac{1}{2}sen\,2u$
	5) Sí m y $n=par$ y $m>n$	Desarrollar:	$1a.\quad sen^m u\cos^n u=(sen\,u\cos u)^n\,sen^{m-n}u$
		Sustituir:	$2a.\quad sen\,u\cos u=\dfrac{1}{2}sen\,2u$
		Sustituir:	$3a.\quad sen^2 u=\dfrac{1}{2}-\dfrac{1}{2}\cos 2u$
	6) Sí m y $n=par$ y $m<n$	Desarrollar:	$1a.\quad sen^m u\cos^n u=(sen\,u\cos u)^m\,\cos^{n-m}u$
		Sustituir:	$2a.\quad sen\,u\cos u=\dfrac{1}{2}sen\,2u$
		Sustituir:	$3a.\quad \cos^2 u=\dfrac{1}{2}+\dfrac{1}{2}\cos 2u$

Ejemplos:

1) $\displaystyle \int sen2x\,dx=\left\langle\begin{array}{l} forma\,I;\,caso1 \\ Aplicar:\int sen\,u\,du=-\cos u+c\end{array}\right\rangle=\dfrac{1}{(2)}\int sen2x\,(2dx)=-\dfrac{1}{2}\cos 2x+c$

2) $\displaystyle\int 3\cos^2 5x\,dx = \left\langle\begin{array}{l} forma\,II;\quad caso\,2\\ recomendación:\\ \cos^2 u = \frac{1}{2}+\frac{1}{2}\cos 2u \end{array}\right\rangle = 3\int\left(\frac{1}{2}+\frac{1}{2}\cos 10x\right)dx = \frac{3}{2}\int dx + \frac{3}{2}\int\cos 10x\,dx = \frac{3x}{2}+\frac{3}{20}sen10x+c$

3) $\displaystyle\int\cos^3 2x\,dx = \left\langle\begin{array}{l} forma\,II;\quad caso\,3\\ 1a.\,recomendación:\\ \cos^m u = \cos^{m-2}u\cos^2 u \end{array}\right\rangle = \int(\cos 2x\cos^2 2x)dx = \left\langle\begin{array}{l} 2a.recomendación\\ \cos^2 u = 1-sen^2 u \end{array}\right\rangle = \int(\cos 2x)(1-sen^2 2x)dx$

$\displaystyle = \int\cos 2x\,dx - \int sen^2 2x\cos 2x\,dx = \left\langle\begin{array}{l}\int sen^2 2x\cos 2x\,dx\\ forma\,III;\quad caso\,1\end{array}\right\rangle = \int\cos 2x\,dx - \int(sen2x)^2\cos 2x\,dx = \frac{1}{2}sen2x - \frac{1}{6}sen^3 2x+c$

4) $\displaystyle\int\frac{sen^3\frac{x}{2}}{5}dx = \left\langle\begin{array}{l} forma\,I;\quad caso\,3\\ 1a.\,recomendación:\\ sen^m u = sen^{m-2}u\,sen^2 u \end{array}\right\rangle = \frac{1}{5}\int\left(sen\frac{x}{2}sen^2\frac{x}{2}\right)dx = \left\langle\begin{array}{l} 2a.recomendación\\ sen^2 u = 1-\cos^2 u \end{array}\right\rangle = \frac{1}{5}\int\left(sen\frac{x}{2}\right)\left(1-\cos^2\frac{x}{2}\right)dx$

$\displaystyle = \frac{1}{5}\int sen\frac{x}{2}dx - \frac{1}{5}\int\cos^2\frac{x}{2}sen\frac{x}{2}dx = \left\langle\begin{array}{l}\int\cos^2\frac{x}{2}sen\frac{x}{2}dx\\ forma\,III;\quad caso\,1\end{array}\right\rangle = \frac{1}{5}\int sen\frac{x}{2}dx - \frac{1}{5}\int\left(\cos\frac{x}{2}\right)^2 sen\frac{x}{2}dx = -\frac{2}{5}\cos\frac{x}{2}+\frac{2}{15}\cos^3\frac{x}{2}+c$

5) $\displaystyle\int\cos^4 2x\,dx = \int\cos^2 2x\cos^2 2x\,dx = \int\cos^2 2x(1-sen^2 2x)dx = \int\cos^2 2x\,dx - \int\cos^2 2x\,sen^2 2x\,dx$

$\displaystyle = \int\left(\frac{1}{2}+\frac{1}{2}\cos 4x\right)dx - \int(\cos 2x\,sen2x)^2 dx = \frac{1}{2}\int dx + \frac{1}{2}\int\cos 4x\,dx - \int\left(\frac{1}{2}sen4x\right)^2 dx$

$\displaystyle = \frac{1}{2}\int dx + \frac{1}{2}\int\cos 4x\,dx - \frac{1}{4}\int sen^2 4x\,dx = \frac{1}{2}\int dx + \frac{1}{2}\int\cos 4x\,dx - \frac{1}{4}\int\left(\frac{1}{2}-\frac{1}{2}\cos 8x\right)dx$

$\displaystyle = \frac{1}{2}\int dx + \frac{1}{2}\int\cos 4x\,dx - \frac{1}{8}\int dx + \frac{1}{8}\int\cos 8x\,dx = \frac{x}{2}+\frac{1}{8}sen4x - \frac{x}{8}+\frac{1}{64}sen8x+c$

6) $\displaystyle\int sen^4 x\cos^2 x\,dx = \int(senx\cos x)^2 sen^2 x\,dx = \int\left(\frac{1}{2}sen2x\right)^2 sen^2 x\,dx = \frac{1}{4}\int sen^2 2x\left(\frac{1}{2}-\frac{1}{2}\cos 2x\right)dx$

$\displaystyle = \frac{1}{8}\int sen^2 2x\,dx - \frac{1}{8}\int sen^2 2x\cos 2x\,dx = \frac{1}{8}\int\left(\frac{1}{2}-\frac{1}{2}\cos 4x\right)dx - \frac{1}{8}\int(sen2x)^2\cos 2x\,dx$

$\displaystyle = \frac{1}{16}\int dx - \frac{1}{16}\int\cos 4x\,dx - \frac{1}{8}\int(sen2x)^2\cos 2x\,dx = \frac{x}{16}-\frac{1}{64}sen4x - \frac{1}{48}sen^3 2x+c$

Ejercicios:

	4.3.2.1 Por la técnica de integración del seno y coseno de m y n potencia; obtener la integral indefinida de las siguientes funciones:		
1)	$\displaystyle\int 3sen^2 2x\,dx \qquad R = \frac{3}{2}x - \frac{3}{8}sen4x+c$	5)	$\displaystyle\int 3\cos^4 2x\,dx \qquad R = \frac{9}{8}x+\frac{3}{8}sen4x+\frac{3}{64}\cos 8x+c$
2)	$\displaystyle\int\frac{1}{2}\cos^2\frac{x}{3}dx$	6)	$\displaystyle\int\cos^5\frac{x}{2}dx$
3)	$\displaystyle\int\cos^3\frac{3x}{2}dx$ $R = \frac{2}{3}sen\frac{3x}{2}-\frac{2}{9}sen^3\frac{3x}{2}+c$	7)	$\displaystyle\int\frac{1}{2}sen^3 2x\cos^4 2x\,dx$ $R = -\frac{1}{20}\cos^5 2x+\frac{1}{28}\cos^7 2x+c$
4)	$\displaystyle\int 2sen^4 5x\,dx$	8)	$\displaystyle\int 3sen^2 x\cos^4 x\,dx$

Clase: 4.4 Técnica de integración de la tangente y secante de m y n potencia.

4.4.1 Análisis de la estructura de la tabla: "Técnica de integración de la tangente y secante de m y n potencia:
4.4.2 Método de integración de la tangente y secante de m y n potencia.
- Ejemplos.
- Ejercicios.

4.4.1 Análisis de la estructura de la tabla: "Técnica de integración de la tangente y secante de m y n potencia:

Antes de abordar el método de integración respectivo, vamos a hacer un análisis de la estructura de la tabla "Integración de la tangente y secante de m y n potencia; y para lo cual se presenta a continuación una síntesis, y más adelante se presenta la tabla completa.

Estructura de la tabla "Técnica de integración de la tangente y secante de m y n potencia".

FORMA	CASOS	RECOMENDACION SUSTITUIR, APLICAR Y/O DESARROLLAR
I. $\int tg^m u\, du$		
II. $\int \sec^n u\, du$		
III. $\int tg^m u \sec^n u\, du$		

Del resultado del análisis se presentan las siguientes observaciones:

A) Existen 3 formas de integrales.
B) Cada forma de integral presenta casos que se caracterizan por las potencias de las funciones.
C) Para cada forma y caso se dan las recomendaciones de sustituir, aplicar y/o desarrollar.

4.4.2 Método de integración de la tangente y secante de m y n potencia:

1) Analice la función y saque la constante.
2) Identifique la forma y caso de la integral.
3) Atienda las recomendaciones.
4) Integre.
5) Observe los siguientes lineamientos.
  5.1) Es posible, que en un mismo problema después de aplicar las recomendaciones de la forma y caso identificado, el resultado nos lleve a otra u otras integrales, donde de nuevo tengamos que repetir el método.
  5.2) Cuando en una recomendación resultan sumas y/o restas; se procede a hacer las operaciones algebraicas de las sumas y/o restas y al mismo tiempo se separan las integrales antes de seguir adelante.
  5.3) Siempre que sea aplicable, en un producto de funciones, mantenga el orden de las funciones; es decir primero la tangente y después la secante.
  5.4) Si dos o más casos son aplicables a una integral, entonces use el caso de la función de menor potencia.
  5.5) En un grupo de integrales se recomienda "no integrar hasta que todas las integrales sean directamente solucionables".

Indicadores a evaluar:

1) Identifica y aplica las propiedades.
2) Identifica la forma y caso de la integral.
3) Aplica las recomendaciones.
4) Presenta el resultado final.

Tabla: Técnica de integración de la tangente y secante de m y n potencia.

FORMA	CASOS	RECOMENDACIÓN SUSTITUIR, APLICAR Y/O DESARROLLAR	
I. $\int \tan^m u\, du$	1) Sí $m=1$	Aplicar:	$\int \tan u\, du = \ln\lvert \sec u\rvert + c$ o $\int \tan u\, du = -\ln\lvert \cos u\rvert + c$
	2) Sí $m=2$	Sustituir:	$\tan^2 u = \sec^2 u - 1$
	3) Sí $m>2$	Desarrollar:	$1a.\quad \tan^m u = \tan^{m-2} u \tan^2 u$
		Sustituir:	$2a.\quad \tan^2 u = \sec^2 u - 1$
		Aplicar:	$3a.\quad \int u^n du = \dfrac{u^{n+1}}{n+1} + c$
II. $\int \sec^n u\, du$	1) Sí $n=1$	Aplicar:	$\int \sec u\, du = \ln\lvert \tan u + \sec u\rvert + c$
	2) Sí $n=2$	Aplicar:	$\int \sec^2 u\, du = \tan u + c$
	3) Sí $n=3$	Aplicar:	$\int \sec^3 u\, du = \dfrac{1}{2}\tan u \sec u + \dfrac{1}{2}\ln\lvert \tan u + \sec u\rvert + c$
	4) Sí $n=par>2$	Desarrollar:	$1a.\quad \sec^n u = \sec^{n-2} u \sec^2 u$
		Sustituir:	$2a.\quad \sec^2 u = \tan^2 u + 1$
	5) Sí $n=impar>3$	Aplicar:	Técnica de integración por partes.
III. $\int \tan^m u \sec^n u\, du$	1) Sí $m=1$ y $n=1$	Aplicar:	$\int \tan u \sec u\, du = \sec u + c$
	2) Sí $n=2$	Aplicar:	$\int u^n du = \dfrac{u^{n+1}}{n+1} + c$
	3) Sí $n=par>2$	Desarrollar:	$1a.\quad \sec^n u = \sec^{n-2} u \sec^2 u$
		Sustituir:	$2a.\quad \sec^2 u = \tan^2 u + 1$
	4) Sí $m=impar$	Desarrollar:	$1a.\quad \tan^m u \sec^n u = \tan^{m-1} u \sec^{n-1} u \tan u \sec u$
		Sustituir:	$2a.\quad \tan^2 u = \sec^2 u - 1$
		Aplicar:	$3a.\quad \int u^n du = \dfrac{u^{n+1}}{n+1} + c$
	5) Sí $m=par$ y $n=impar$	Aplicar:	Técnica de integración por partes

Ejemplos:

1) $\displaystyle\int \tan 2x\, dx = \left\langle \begin{array}{l} forma\,I;\ caso\,1 \\ Aplicar: \int \tan u\, du = \ln|\sec u| + c \\ \acute{o}\int \tan u\, du = -\ln|\cos u| + c \end{array} \right\rangle = \frac{1}{(2)}\int \tan 2x\,(2dx) = \frac{1}{2}\ln|\sec 2x| + c$

2) $\displaystyle\int 2\tan^2 \frac{x}{3}\, dx = \left\langle \begin{array}{l} forma\,I;\ \ caso\,2 \\ recomendación: \\ \tan^2 u = \sec^2 u - 1 \end{array} \right\rangle = 2\int\left(\sec^2 \frac{x}{3} - 1\right)dx = 2\int \sec^2\frac{x}{3}\,dx - 2\int dx = 6\tan\frac{x}{3} - 2x + c$

3) $\displaystyle\int \frac{5\sec^3}{4} 2x\, dx = \left\langle \begin{array}{l} forma\,II;\ \ caso\,3 \\ 1a.\,recomendación;\ aplicar: \\ \int \sec^3 u = \frac{1}{2}\tan u\sec u + \frac{1}{2}\ln|\tan u + \sec u| + c \end{array} \right\rangle \begin{array}{l} = \frac{5}{8}\left(\frac{1}{2}\tan 2x\sec 2x + \frac{1}{2}\ln|\tan 2x + \sec 2x| + c\right) \\[6pt] = \frac{5}{16}\tan 2x\sec 2x + \frac{5}{16}\ln|\tan 2x + \sec 2x| + c \end{array}$

4) $\displaystyle\int 3\tan^4 2x\sec^2 2x\, dx = \left\langle \begin{array}{l} 1a.\,recomendación \\ \int u^n du = \frac{u^{n+1}}{n+1} + c \end{array} \right\rangle = 3\int (\tan 2x)^4 \sec^2 2x\, dx = \frac{3}{10}\tan^5 2x + c$

5) $\displaystyle\int 2\tan^5 x\sec^3 x\, dx = \left\langle \begin{array}{l} 1a.\,recomendación \\ \tan^m u\sec^n u = \tan^{m-1}\sec^{n-1} u\tan u\sec u \end{array} \right\rangle = 2\int \tan^4 x\sec^2 x\tan x\sec x\, dx$

$\displaystyle = \left\langle \begin{array}{l} 2a.\,recomendación \\ \tan^2 u = \sec^2 u - 1 \therefore \tan^4 u = (\sec^2 u - 1)^2 \end{array} \right\rangle \begin{array}{l} = 2\int (\sec^2 x - 1)^2 \sec^2 x\tan x\sec x\, dx \\[6pt] = 2\int(\sec^4 x - 2\sec^2 x + 1)\sec^2 x\tan x\sec x\, dx \end{array}$

$\displaystyle = 2\int \sec^6 x\tan x\sec x\, dx - 4\int \sec^4 x\tan x\sec x\, dx + 2\int \sec^2 x\tan x\sec x\, dx = \left\langle \begin{array}{l} 3a.\,recomendación \\ \int u^n du = \frac{u^{n+1}}{n+1} + c \end{array} \right\rangle$

$\displaystyle = 2\int (\sec x)^6 \tan x\sec x\, dx - 4\int (\sec x)^4 \tan x\sec x\, dx + 2\int (\sec x)^2 \tan x\sec x\, dx$

$\displaystyle = \frac{2\sec^7 x}{7} - \frac{4\sec^5 x}{5} + \frac{2\sec^3 x}{3} + c$

Ejercicios:

4.4.2.1 Por la técnica de integración de la tangente y secante de $"m"\ y\ "n"$ potencia, obtener la integral indefinida por de las siguientes funciones:		
1) $\displaystyle\int \sec^2 2x\, dx \quad R = \frac{1}{2}\tan 2x + c$	5)	$\displaystyle\int 4\sec^4 2x\, dx \quad R = \frac{2}{3}\tan 2x + 2\tan 2x + c$
2) $\displaystyle\int 3\tan^2 2x\, dx$	6)	$\displaystyle\int \tan^4 3x\, dx$
3) $\displaystyle\int \sec^3 3x\, dx$ $R = \frac{1}{6}\tan 3x\sec 3x + \frac{1}{6}\ln|\tan 3x + \sec 3x| + c$	7)	$\displaystyle\int \tan^5 2x\sec^4 2x\, dx$ $R = \frac{1}{16}\sec^8 2x - \frac{1}{6}\sec^6 2x + \frac{1}{8}\sec^4 2x + c$
4) $\displaystyle\int 2\tan^3 5x\, dx$	8)	$\displaystyle\int \tan^3 2x\sec^4 2x\, dx$

Clase: 4.5 Técnica de integración de la cotangente y cosecante de m y n potencia.

4.5.1 Análisis de la estructura de la tabla: "Técnica d integración de la cotangente y cosecante de m y n potencia.

4.5.2 Método de integración de la cotangente y cosecante de m y n potencia.
- Ejemplos.
- Ejercicios.

4.5.1 Análisis de la estructura de la tabla: "Técnica de integración de la cotangente y cosecante de m y n potencia".

Antes de abordar el método de integración respectivo, vamos a hacer un análisis de la estructura de la tabla "Método de integración de la cotangente y cosecante de m y n potencia; y para lo cual se presenta a continuación una síntesis, y más adelante se presenta la tabla completa.

Estructura de la tabla "Técnica de integración de la cotangente y cosecante de m y n potencia".		
FORMA	CASOS	RECOMENDACION SUSTITUIR, APLICAR Y/O DESARROLLAR
I. $\int ctg^m u\, du$		
II. $\int csc^n u\, du$		
III. $\int ctg^m u\, csc^n u\, du$		

Del resultado del análisis se presentan las siguientes observaciones:

A) Existen 3 formas de integrales.
B) Cada forma de integral presenta casos que se caracterizan por las potencias de las funciones.
C) Para cada forma y caso se dan las recomendaciones de sustituir, aplicar y/o desarrollar.

Método de integración de la cotangente y cosecante de m y n potencia:

1) Analice la función y saque la constante.

2) Identifique la forma y caso de la integral.

3) Atienda las recomendaciones.

4) Integre.

5) Observe los siguientes lineamientos.

5.1) Es posible, que en un mismo problema después de aplicar las recomendaciones de la forma y caso identificado, el resultado nos lleve a otra u otras integrales, donde de nuevo tengamos que repetir el método.

5.2) Cuando en una recomendación resultan sumas y/o restas; se procede a hacer las operaciones algebraicas de las sumas y/o restas y al mismo tiempo se separan las integrales antes de seguir adelante.

5.3) Siempre que sea aplicable, en un producto de funciones, mantenga el orden de las funciones; es decir primero la cotangente y después la cosecante.

5.4) Si dos o más casos son aplicables a una integral, entonces use el caso de la función de menor potencia.

5.5) En un grupo de integrales se recomienda "no integrar hasta que todas las integrales sean directamente solucionables".

Indicadores de evaluación:

1) Identifica y aplica las propiedades.
2) Identifica la forma y caso de la integral.
3) Aplica las recomendaciones.
4) Presenta el resultado final.

4.5.3 Tabla: Técnica de integración de la cotangente y cosecante de m y n potencia:

FORMA	CASOS	RECOMENDACIÓN SUSTITUIR, APLICAR Y/O DESARROLLAR	
I. $\int \cot^m u\, du$	1) $Sí\ m=1$	Aplicar:	$\int \cot u\, du = \ln\left\|\, sen\, u\,\right\| + c$
	2) $Sí\ m=2$	Sustituir:	$\cot^2 u = \csc^2 u - 1$
	3) $Sí\ m>2$	Desarrollar:	$1a.\quad \cot^m u = \cot^{m-2} u \cot^2 u$
		Sustituir:	$2a.\quad \cot^2 u = \csc^2 u - 1$
		Aplicar:	$3a.\quad \int u^n du = \dfrac{u^{n+1}}{n+1} + c$
II. $\int \csc^n u\, du$	1) $Sí\ n=1$	Aplicar:	$\int \csc u\, du = \ln\left\|\csc u - \cot u\right\| + c$
	2) $Sí\ n=2$	Aplicar:	$\int \csc^2 u\, du = -\cot u + c$
	3) $Sí\ n=impar>1$	Aplicar:	Técnica de integración por partes.
	4) $Sí\ n=par>2$	Desarrollar:	$1a.\quad \csc^n u = \csc^{n-2} u \csc^2 u$
		Sustituir:	$2a.\quad \csc^2 u = \cot^2 u + 1$
III. $\int \cot^m u\, \csc^n u\, du$	1) $Sí\ m=1\ y\ n=1$	Aplicar:	$\int \cot u \csc u\, du = -\csc u + c$
	2) $Sí\ n=2$	Aplicar:	$\int u^n du = \dfrac{u^{n+1}}{n+1} + c$
	3) $Sí\ n=par>2$	Desarrollar:	$1a.\quad \csc^n u = \csc^{n-2} u \csc^2 u$
		Sustituir:	$2a.\quad \csc^2 u = \cot^2 u + 1$
	4) $Sí\ m=impar$	Desarrollar:	$1a.\ \cot^m u \csc^n u = \cot^{m-1} u \csc^{n-1} u \cot u \csc u$
		Sustituir:	$2a.\quad \cot^2 u = \csc^2 u - 1$
		Aplicar:	$\int u^n du = \dfrac{u^{n+1}}{n+1} + c$
	5) $Sí\ m=par$ $y\ n=impar$	Aplicar:	Técnica de integración por partes

Ejemplos:

1) $\displaystyle\int \cot 2x\,dx = \left\langle\begin{array}{l} forma\ I;\ caso\ 1 \\ Aplicar: \int \cot u\,du = \ln|sen\,u| + c \\ \acute{o}\ \int \tan u\,du = -\ln|\cos u| + c \end{array}\right\rangle = \frac{1}{(2)}\int \cot 2x\,(2dx) = \frac{1}{2}\ln|sen\,2x| + c$

2) $\displaystyle\int 3\cot^2 \frac{x}{2}\,dx = \left\langle\begin{array}{l} forma\ I;\quad caso\ 2 \\ recomendaci\acute{o}n: \\ \cot^2 u = \csc^2 u - 1 \end{array}\right\rangle = 3\int\left(\csc^2\frac{x}{2} - 1\right)dx = 3\int \csc^2\frac{x}{2}\,dx - 3\int dx = -6\cot\frac{x}{2} - 3x + c$

3) $\displaystyle\int \frac{\csc^4 x}{3}\,dx = \left\langle\begin{array}{l} forma\ II;\quad caso\ 4 \\ 1a.\ recomendaci\acute{o}n \\ \csc^2 u = \csc^{n-2} u\csc^2 u \end{array}\right\rangle = \frac{1}{3}\int \csc^2 x\csc^2 x\,dx = \left\langle\begin{array}{l} 2a.\ recomendaci\acute{o}n \\ \csc^{n-2} u = \left(\cot^2 u + 1\right)^{\frac{n-2}{2}} \end{array}\right\rangle$

$= \frac{1}{3}\int\left(\cot^2 x + 1\right)\csc^2 x\,dx = \frac{1}{3}\int \cot^2 x\csc^2 x\,dx + \frac{1}{3}\int \csc^2 x\,dx$

$= \frac{1}{3}\int\left(\cot x\right)^2 \csc^2 x\,dx + \frac{1}{3}\int \csc^2 x\,dx = -\frac{1}{9}\cot^3 x - \frac{1}{3}\cot x + c$

4) $\displaystyle\int \cot^5 x\csc^3 x\,dx = \left\langle\begin{array}{l} forma\ III;\quad caso\ 4 \\ 1a.\ recomendaci\acute{o}n: \\ \cot^m u\csc^n u = \cot^{m-1} u\csc^{n-1} u\cot u\csc u \end{array}\right\rangle = \begin{array}{l} \displaystyle = \int \cot^4 x\csc^2 x\cot x\csc x\,dx \\ \left\langle\begin{array}{l} 2a.\ recomendaci\acute{o}n \\ \cot^2 u = \csc^2 u - 1 \\ \therefore \cot^4 u = \left(\csc^2 u - 1\right)^2 \end{array}\right\rangle \end{array}$

$= \int\left(\csc^2 x - 1\right)^2 \csc^2 x\cot x\csc x\,dx = \int\left(\csc^4 x - 2\csc^2 x + 1\right)\csc^2 x\cot x\csc x\,dx$

$= \int \csc^6 x\cot x\csc x\,dx - 2\int \csc^4 x\cot x\csc x\,dx + \int \csc^2 x\cot x\csc x\,dx = -\frac{\csc^7 x}{7} + \frac{2\csc^5 x}{5} - \frac{\csc^3 x}{3} + c$

Ejercicios:

4.5.2.1 Por la técnica de integración de la cotangente y cosecante m y n potencia, obtener la integral indefinida de las siguientes funciones:		
1) $\displaystyle\int \frac{1}{2}\cot\frac{x}{3}\,dx \qquad R = \frac{3}{2}\ln\left|sen\frac{x}{3}\right| + c$	5)	$\displaystyle\int 3\csc^4 2x\,dx \qquad R = -\frac{1}{2}\cot^3 2x - \frac{3}{2}\cot 2x + c$
2) $\displaystyle\int \csc^2 3x\,dx$	6)	$\displaystyle\int 2\cot^5 3x\,dx$
3) $\displaystyle\int 5\cot^3 x\,dx \quad R = -\frac{5}{2}\cot^2 x - 5\ln|sen\,x| + c$	7)	$\displaystyle\int \cot^3 2x\csc^2 2x\,dx \qquad R = -\frac{1}{8}\cot^4 2x + c$
4) $\displaystyle\int \cot^4 5x\,dx$	8)	$\displaystyle\int \cot^3 x\csc^4 x\,dx$

Clase: 4.6 Técnica de integración por sustitución trigonométrica.

4.6.1 Aplicaciones de la técnica de integración por sustitución trigonométrica.   - Ejemplos.
4.6.2 Método de integración por sustitución trigonométrica. | - Ejercicios.

4.6.1 Aplicaciones de la técnica por sustitución trigonométrica:

Se aplica en integrales que contienen alguna de las siguientes formas:
$$\sqrt{u^2 + a^2} \ ; \quad \sqrt{u^2 - a^2} \ ; \quad \sqrt{a^2 - u^2}$$

4.6.2 Método de integración por sustitución trigonométrica:

1) Haga cambio de variable.

2) Identifique la forma y haga sustitución trigonométrica:

Forma	Sustituir:	Sustituir:	Sustituir:
I. $\int \sqrt{u^2 + a^2}\ du$	$\sqrt{u^2 + a^2}\ por\ a\sec z$	$du\ por\ a\sec^2 z\,dz$;	$u\ por\ a\tan z$
II. $\int \sqrt{u^2 - a^2}\ du$	$\sqrt{u^2 - a^2}\ por\ a\tan z$	$du\ por\ a\sec z\tan z\,dz$	$u\ por\ a\sec z$
III. $\int \sqrt{a^2 - u^2}\ du$	$\sqrt{a^2 - u^2}\ por\ a\cos z$	$du\ por\ a\cos z\,dz$	$u\ por\ a\,sen\,z$

3) Integrar la función.

4) Con la forma identificada, haga sustitución triangular; cambiando las funciones trigonométricas del resultado de la integral por las funciones trigonométrica que se obtengan del triángulo que se muestra:

Forma	Triángulo	Valor de Z
I. $\int \sqrt{u^2 + a^2}\ du$		$z = arc\tan \dfrac{u}{a}$
II. $\int \sqrt{u^2 - a^2}\ du$		$z = arc\sec \dfrac{u}{a}$
III. $\int \sqrt{a^2 - u^2}\ du$		$z = arc\,sen \dfrac{u}{a}$

5) Restituir la variable original.

Indicadores de evaluación:
1) Hace cambio de variable y sustitución trigonométrica.
2) Integra.
3) Hace sustitución triangular.
4) Restituye la variable original.
5) Presenta el resultado final.

Ejemplos:

1) $\displaystyle \int \frac{3}{\sqrt{4x^2+1}}\,dx = \left\langle \begin{array}{c} \textit{Paso} \ \ 1 \\[4pt] u^2=4x^2; \quad u=2x; \quad a^2=1; \quad a=1 \\[6pt] du=2dx; \quad dx=\dfrac{du}{2} \end{array} \right\rangle = 3\int \frac{1}{\sqrt{u^2+a^2}}\left(\frac{du}{2}\right) = \frac{3}{2}\int \frac{1}{\sqrt{u^2+a^2}}\,du$

$\displaystyle = \left\langle \begin{array}{c} \textit{Paso} \ \ 2 \\[4pt] \textit{sustituir} \\[4pt] du \ por \ a\sec^2 z\,dz \\[4pt] \sqrt{u^2+a^2} \ por \ a\sec z \end{array} \right\rangle = \frac{3}{2}\int \frac{1}{a\sec z}\left(a\sec^2 z\,dz\right) = \frac{3}{2}\int \sec z\,dz = \overset{\textit{Paso} \ \ 3}{\frac{3}{2}\ln\left|\sec z + \tan z\right| + c}$

Paso 4   El triángulo es:

$\displaystyle = \left\langle \begin{array}{c} \textit{como se tuvo}: \\[4pt] \int \sqrt{u^2+a^2}\,du \end{array} \right.$

$\sec z = \dfrac{\sqrt{u^2+a^2}}{a}$

$\tan z = \dfrac{u}{a}$

$\left. \begin{array}{c} \\ \\ \\ \\ \end{array} \right\rangle$

$\displaystyle = \frac{3}{2}\ln\left|\frac{\sqrt{u^2+a^2}}{a}+\frac{u}{a}\right|+c = \frac{3}{2}\ln\left|\frac{\sqrt{u^2+a^2}+u}{a}\right|+c = \left\langle como \ \ln\frac{x}{y}=\ln x - \ln y \right\rangle = \frac{3}{2}\ln\left|u+\sqrt{u^2+a^2}\right| - \ln|a| + c$

$\displaystyle = \left\langle como\,(-\ln|a|+c)=c\right\rangle = \frac{3}{2}\ln\left|u+\sqrt{u^2+a^2}\right|+c = \left\langle \textit{Paso} \ \ 5 \right\rangle = \frac{3}{2}\ln\left|2x+\sqrt{4x^2+1}\right|+c$

2) $\displaystyle \int \frac{5}{2\left(9x^2+1\right)^2}\,dx = \left\langle \begin{array}{c} \textit{Paso} \ \ 1 \\[4pt] u^2=9x^2; \quad u=3x; \quad a^2=1 \\[6pt] a=1 \quad du=3dx; \quad dx=\dfrac{du}{3} \end{array} \right\rangle = \frac{5}{2}\int \frac{1}{\left(\sqrt{u^2+a^2}\right)^4}\left(\frac{du}{3}\right) = \frac{5}{6}\int \frac{1}{\left(\sqrt{u^2+a^2}\right)^4}\,du$

$\displaystyle = \overset{\textit{Paso} \ \ 3}{\frac{5}{6}\int \frac{1}{(a\sec)^4}\left(a\sec^2 z\,dz\right)} = \frac{5}{6a^3}\int \frac{1}{\sec^2 z}\,dz = \frac{5}{6a^3}\int \cos^2 z\,dz$

$\displaystyle = \left\langle \begin{array}{c} \textit{Paso} \ \ 2 \\[4pt] \textit{sustituir} \\[4pt] du \ por \ a\sec^2 z\,dz \\[4pt] \sqrt{u^2+a^2} \ por \ a\sec z \end{array} \right\rangle = \frac{5}{6a^3}\int \left(\frac{1}{2}+\frac{1}{2}\cos 2z\right)dz = \frac{5}{12a^3}\int dz + \frac{5}{12a^3}\int \cos 2z\,dz$

$\displaystyle = \frac{5}{12a^3}z + \frac{5}{24a^3}sen\,2z + c$

Paso 4   El triángulo es: $sen\,2z = 2\,senz\cos z$ (identidad trigonométrica)

$\displaystyle = \left\langle \begin{array}{c} \textit{como se tuvo}: \\[4pt] \int \sqrt{u^2+a^2}\,du \end{array} \right.$

$sen\,2z = (2)\dfrac{u}{\sqrt{u^2+a^2}}\dfrac{a}{\sqrt{u^2+a^2}}; \quad z=\arctan\dfrac{u}{a}$

$\left. \begin{array}{c} \\ \\ \\ \end{array} \right\rangle$

$\displaystyle = \frac{5}{12a^3}\left(\arctan\frac{u}{a}\right) + \frac{5}{24a^3}\left((2)\frac{u}{\sqrt{u^2+a^2}}\frac{a}{\sqrt{u^2+a^2}}\right) + c = \frac{5}{12a^3}\left(\arctan\frac{u}{a}\right) + \frac{5u}{12a^2\left(u^2+a^2\right)} + c$

$\displaystyle = \left\langle \textit{Paso} \ \ 5 \right\rangle = \frac{5}{12(1)^3}\arctan\left(\frac{3x}{1}\right) + \frac{5(3x)}{12(1)^2\left(9x^2+1\right)} + c = \frac{5}{12}\arctan 3x + \frac{5x}{4\left(9x^2+1\right)} + c$

3) $\displaystyle\int \frac{2x^3}{\sqrt{x^2-5}}\,dx = \left\langle \begin{array}{l} Paso\ 1 \\ u^2=x^2;\ u=x;\ du=dx;\ dx=du \\ a^2=5;\quad a=\sqrt{5} \end{array} \right\rangle = 2\int \frac{u^3}{\sqrt{u^2-a^2}}\,du = \left\langle \begin{array}{l} Paso\ 2 \\ sustituir \\ du\ por\ a\sec z\tan z\,dz \\ \sqrt{u^2-a^2}=a\tan z \\ u=a\sec z \end{array} \right\rangle$

$= 2\int \frac{(a\sec z)^3}{(a\tan z)}(a\sec z\tan z\,dz) = 2a^3\int \sec^4 z\,dz = \langle Paso\ 3\rangle = 2a^3\int \sec^2 z\sec^2 z\,dx$

$= 2a^3\int (\tan^2 z+1)\sec^2 z\,dz = 2a^3\int (\tan z)^2\sec^2 z\,dz + 2a^3\int \sec^2 z\,dz = \frac{2a^3}{3}\tan^3 z + 2a^3\tan z + c$

Paso 4

$= \left\langle \begin{array}{l} como\ se\ tuvo: \\ \int \sqrt{u^2-a^2}\,du \end{array} \right.$

El triángulo es:

$\tan z = \dfrac{\sqrt{u^2-a^2}}{a}$

$= \dfrac{2a^3}{3}\left(\dfrac{\sqrt{u^2-a^2}}{a}\right)^3 + 2a^3\left(\dfrac{\sqrt{u^2-a^2}}{a}\right) + c$

$= \dfrac{2}{3}\sqrt{(u^2-a^2)^3} + 2a^2\sqrt{u^2-a^2} + c$

$= \langle Paso\ 5\rangle = \dfrac{2}{3}\sqrt{(x^2-5)^3} + 10\sqrt{x^2-5} + c$

4) $\displaystyle\int \frac{1}{(4x^2-2)^{\frac{3}{2}}}\,dx = \left\langle \begin{array}{l} Paso\ 1 \\ u^2=4x^2;\ u=2x;\quad a^2=2;\ a=\sqrt{2} \\ du=2dx;\quad dx=\dfrac{du}{2} \end{array} \right\rangle = \int \frac{1}{(\sqrt{u^2-a^2})^3}\left(\frac{du}{2}\right) = \frac{1}{2}\int \frac{1}{(\sqrt{u^2-a^2})^3}\,du$

.Paso 2

$= \left\langle \begin{array}{l} sustituir \\ du\ por\ a\sec z\tan z\,dz \\ \sqrt{u^2-a^2}\ por\ a\tan z \end{array} \right\rangle = \frac{1}{2}\int \frac{1}{(a\tan z)^3}(a\sec z\tan z\,dz) = \frac{1}{2a^2}\int \frac{1}{\tan^2 z}\sec z\,dz = \frac{1}{2a^2}\int ctg^2 z\sec z\,dz$

Paso 3

$= \frac{1}{2a^2}\int \frac{\cos^2 z}{sen^2 z}\frac{1}{\cos z}\,dz = \frac{1}{2a^2}\int (sen z)^{-2}\cos z\,dz = -\frac{1}{2a^2 sen z} + c$

Paso 4

$= \left\langle \begin{array}{l} como\ se\ tuvo: \\ \int \sqrt{u^2-a^2}\,du \end{array} \right.$

El triángulo es:

$sen z = \dfrac{\sqrt{u^2-a^2}}{u}$

$= -\dfrac{1}{2a^2\left(\dfrac{\sqrt{u^2-a^2}}{u}\right)} + c = -\dfrac{u}{2a^2\sqrt{u^2-a^2}} + c = \langle paso\ 5\rangle = -\dfrac{(2x)}{2(2)(\sqrt{4x^2-2})} + c = -\dfrac{x}{2\sqrt{4x^2-2}} + c$

5) $\displaystyle\int \frac{5}{3(2-9x^2)^{\frac{3}{2}}}\,dx = \left\langle \begin{array}{l} Paso\ 1 \\ u^2=9x^2;\ u=3x;\quad a^2=2;\ a=\sqrt{2} \\ du=3dx;\quad dx=\dfrac{du}{3} \end{array} \right\rangle = \frac{5}{3}\int \frac{1}{(\sqrt{a^2-u^2})^3}\left(\frac{du}{3}\right) = \frac{5}{9}\int \frac{1}{(\sqrt{a^2-u^2})^3}\,du$

Paso 2

$= \left\langle \begin{array}{l} Sustituir \\ du\ por\ a\cos z\,dz \\ \sqrt{a^2-u^2}\ por\ a\cos z \end{array} \right\rangle = \frac{5}{9}\int \frac{1}{(a\cos z)^3}(a\cos z\,dz) = \frac{5}{9a^2}\int \frac{1}{\cos^2 z}\,dz = \frac{5}{9a^2}\int \sec^2 z\,dz = \frac{5}{9a^2}\tan z + c$

Paso 3

Paso 4   El triángulo es:

$$= \left\langle \begin{array}{l} como\ se\ tuvo: \\ \int \sqrt{a^2 - u^2}\ du \end{array} \right. \qquad \tan z = \frac{u}{\sqrt{a^2 - u^2}} \left\rangle = \frac{5}{9a^2}\left(\frac{u}{\sqrt{a^2 - u^2}}\right) + c$$

$$= \frac{5u}{9a^2\sqrt{a^2 - u^2}} + c$$

$$= \langle paso\ 5 \rangle = \frac{5(3x)}{9(2)\left(\sqrt{2 - 9x^2}\right)} + c = \frac{5x}{6\sqrt{2 - 9x^2}} + c$$

Paso 1

6) $\displaystyle \int \frac{4x^3}{\sqrt{1 - x^2}}\,dx = \left\langle \begin{array}{ll} u^2 = x^2; & u = x; \quad a^2 = 1; \quad a = 1 \\ du = dx; & dx = du \end{array} \right\rangle = 4\int \frac{u^3}{\sqrt{a^2 - u^2}}(du) = 4\int \frac{u^3}{\sqrt{a^2 - u^2}}\,du$

Paso 2   Paso 3

$$= \left\langle \begin{array}{l} sustituir \\ du\ por\ a\cos z\,dz \\ \sqrt{a^2 - u^2}\ por\ a\cos z \\ u = a\,sen z \end{array} \right. \begin{array}{l} = 4\int \frac{(a\,sen z)^3}{a\cos z}(a\cos z\,dz) = 4a^3\int sen^3 z\,dz = 4a^3\int sen^2 z\,sen z\,dz \\ = 4a^3\int (1 - \cos^2 z)sen z\,dz = 4a^3\int sen z\,dz - 4a^3\int (\cos z)^2 sen z\,dz \\ = -4a^3\cos z + \frac{4a^3}{3}\cos^3 z + c \end{array}$$

Paso 4   El triángulo es:

$$= \left\langle \begin{array}{l} como \\ se\ tuvo: \\ \sqrt{a^2 - u^2} \end{array} \right. \qquad \cos z = \frac{\sqrt{a^2 - u^2}}{a} \left\rangle \begin{array}{l} = -4a^3\left(\frac{\sqrt{a^2 - u^2}}{a}\right) + \frac{4a^3}{3}\left(\frac{\sqrt{a^2 - u^2}}{a}\right)^3 + c \\ = -4a^2\sqrt{a^2 - u^2} + \frac{4}{3}\sqrt{(a^2 - u^2)^3} + c \end{array}$$

$$= \langle\ paso\ 5\ \rangle = -4\,(1)^2\left(\sqrt{1 - x^2}\right) + \frac{4}{3}\left(\sqrt{(1 - x^2)^3}\right) + c = 4\sqrt{1 - x^2} + \frac{4}{3}\sqrt{(1 - x^2)^3} + c$$

Ejercicios:

4.6.2.1 Por la técnica de integración por sustitución trigonométrica; obtener la integral indefinida de las siguientes funciones:	
1) $\displaystyle \int \frac{4}{3x\sqrt{4x^2 + 5}}\,dx$ $R = \frac{4}{3\sqrt{5}}\ln\left\|\frac{\sqrt{4x^2 + 5} - \sqrt{5}}{2x}\right\| + c$	5) $\displaystyle \int \frac{\sqrt{9 - x^2}}{5x^2}\,dx$ $R = -\frac{1}{5x}\sqrt{9 - x^2} - \frac{1}{5}arcsen\frac{x}{3} + c$
2) $\displaystyle \int \frac{2}{x^2\sqrt{x^2 - 4}}\,dx$	6) $\displaystyle \int \frac{2}{x^3\sqrt{x^2 - 9}}\,dx$
3) $\displaystyle \int \frac{x^2}{\sqrt{9x^2 - 1}}\,dx$ $R = \frac{3}{54}x\sqrt{9x^2 - 1} + \frac{1}{54}\ln\left\|3x + \sqrt{9x^2 - 1}\right\| + c$	7) $\displaystyle \int \frac{2}{\left(4x^2 + 3\right)^{\frac{3}{2}}}\,dx$ $R = -\frac{2x}{3\sqrt{4x^2 + 3}} + c$
4) $\displaystyle \int \frac{1}{x\sqrt{3 - 4x^2}}\,dx$	18) $\displaystyle \int \frac{2}{\left(x^2 + 4\right)^{\frac{3}{2}}}\,dx$

Clase: 4.7 Técnica de integración de fracciones parciales con factores no repetidos.

4.7.1 Aplicaciones de la técnica de integración de fracciones parciales con factores no repetidos.   - Ejemplos.
4.7.2 Método de integración de fracciones parciales con factores no repetidos.   - Ejercicios.

4.7.1 Aplicaciones de la técnica de integración de fracciones parciales con factores no repetidos:

Se aplica en integrales del tipo $\int \dfrac{p(x)}{g(x)}dx$ donde $\dfrac{p(x)}{g(x)}$ es una fracción parcial; $p(x) < g(x)$ en grado   y

$g(x)$ sea factorizable con factores no repetidos; es decir: $g(x) = (f_1)(f_2)\cdots$

4.7.2 Método de integración de fracciones parciales con factores no repetidos:

1) Factorice el denominador y sustitúyalo en la integral como se indica: $\int \dfrac{p(x)}{g(x)}dx = \int \dfrac{p(x)}{(f_1)(f_2)\cdots}dx$

2) Iguale la fracción parcial $\dfrac{p(x)}{(f_1)(f_2)}$ a $\dfrac{A}{f_1}+\dfrac{B}{f_2}+\cdots$ y sustitúyala en la integral como se indica:

$$\int \frac{p(x)}{g(x)}dx = \int \frac{p(x)}{(f_1)(f_2)}dx = \int \left(\frac{A}{f_1}+\frac{B}{f_2}+\cdots \right)dx$$

3) Separe las fracciones parciales $\dfrac{p(x)}{g(x)} = \dfrac{A}{f_1}+\dfrac{B}{f_2}+\cdots$ y obtenga los valores de $A;\ B;\ C;\cdots$ y
compruebe la igualdad si lo desea.

Ejemplo: Para $p(x) = ax+b$; y $g(x) = (f_1)(f_2)$

$$\Rightarrow \quad ax+b = A(f_2)+B(f_1) = x(A+B)+B$$

$\dfrac{ax+b}{f_1 \cdot f_2} = \dfrac{A}{f_1}+\dfrac{B}{f_2}$;

$Entonces \quad a = A+B \qquad Dede\ donde \quad A = ?$
$\qquad\qquad\quad\ b = B \qquad\qquad\qquad\qquad\ B = ?$

4) Sustituya los valores de $A;\ B;\ C;\cdots$ en la integral.
5) Integre.

Indicadores de evaluación:
1) Forma la integral con fracciones parciales y números desconocidos.
2) Obtiene los números desconocidos y forma la nueva integral.
3) Integra.
4) Presenta el resultado final.

$\qquad\qquad\qquad\qquad (Paso\ 1) \qquad\qquad (Paso\ 2$

Ejemplo 1) $\quad \int \dfrac{2x-3}{x^2+x}dx \ = \ \int \dfrac{2x-3}{x\,(x+1)}dx \ = \ \int \left(\dfrac{A}{x}+\dfrac{B}{x+1} \right)dx$

$Paso\ 3):$
$\dfrac{2x-3}{x(x+1)} = \dfrac{A}{x}+\dfrac{B}{x+1}$
$\therefore 2x-3 = A(x+1)+B(x)$
$\quad\quad = Ax+A+Bx$
$\therefore 2x = Ax+Bx \to 2 = A+B$
$\therefore -3 = A \ \to A = -3$
$\therefore 2 = (-3)+B \to B = 5$

$Comprobación:$
$\dfrac{2x-3}{x(x+1)} = \dfrac{-3}{x}+\dfrac{5}{x+1}$
$\quad = \dfrac{(-3)(x+1)+5(x)}{x(x+1)}$
$\quad = \dfrac{-3x-3+5x}{x(x+1)}$
$\quad = \dfrac{2x-3}{x(x+1)}$

$Paso\ 4):$
$sustituya\ valores$
$de\ "A"\ y\ de\ "B"$

$= \int \left(\dfrac{-3}{x}+\dfrac{5}{x+1} \right)dx = \left\langle \begin{matrix} Paso\ 5): \\ Integre \end{matrix} \right\rangle = -3\int \dfrac{dx}{x}+5\int \dfrac{dx}{x+1} = -3\ln|x|+5\ln|x+1|+c$

2) $\displaystyle\int \frac{1}{2x^2+4x}\,dx = \langle Paso\,1\rangle = \int \frac{1}{2x\,(x+2)}\,dx = \langle Paso\,2\rangle = \int \left(\frac{A}{2x}+\frac{B}{x+2}\right)dx$

$$= \left\langle\begin{array}{l} Paso\,3): \quad \dfrac{1}{2x(x+2)} = \dfrac{A}{2x}+\dfrac{B}{x+2} \\[2mm] \therefore 1 = A(x+2)+B(2x) \\[2mm] \quad = Ax+2A+2Bx = x(A+2b)+2A \\[2mm] \therefore 0 = x(A+2B) \to 0 = A+2B \to A = -2B \\[2mm] \therefore 1 = 2A \to A = \dfrac{1}{2} \quad \therefore B = \dfrac{A}{-2} = \dfrac{\frac{1}{2}}{-2} = -\dfrac{1}{4} \end{array}\right\rangle \quad \left\langle\begin{array}{l} Comprobación \\[2mm] \dfrac{1}{2x(x+2)} = \dfrac{\frac{1}{2}}{2x}+\dfrac{-\frac{1}{4}}{x+2} \\[3mm] = \dfrac{\frac{1}{2}(x+2)-\frac{1}{4}(2x)}{2x(x+2)} = \dfrac{4x+8-4x}{(8)2x(x+2)} \\[3mm] = \dfrac{1}{2x(x+2)} \end{array}\right\rangle$$

$$= \langle Paso\,4\rangle = \int\left(\frac{\frac{1}{2}}{2x}+\frac{-\frac{1}{4}}{x+2}\right)dx = \langle Paso\,5\rangle = \frac{1}{4}\int\frac{1}{x}\,dx - \frac{1}{4}\int\frac{1}{x+2}\,dx = \frac{1}{4}\ln|x| - \frac{1}{4}\ln|x+2| + c$$

3) $\displaystyle\int \frac{x-5}{x^2-1}\,dx = \langle Paso\,1\rangle = \int \frac{x-5}{(x+1)(x-1)}\,dx = \langle Paso\,2\rangle = \int\left(\frac{A}{x+1}+\frac{B}{x-1}\right)dx$

$$= \langle Paso\,3\rangle = \left\langle\begin{array}{l} \dfrac{x-5}{(x+1)(x-1)} = \dfrac{A}{x+1}+\dfrac{B}{x-1} \\[3mm] \therefore \quad x-5 = A(x-1)+B(x+1) = Ax-A+Bx+B \\[2mm] \therefore \quad x = x(A+B) \to A+B = 1 \quad \therefore \quad -A+B = -5 \\[2mm] \therefore \quad 2B = -4 \to B = -2 \quad y \quad A = 3 \end{array}\right\rangle = \langle Paso\,4\rangle = \int\left(\frac{3}{x+1}+\frac{-2}{x-1}\right)dx$$

$$= \langle Paso\,4\rangle = \int\left(\frac{3}{x+1}+\frac{-2}{x-1}\right)dx = \langle Paso\,5\rangle = 3\int\frac{1}{x+1}\,dx - 2\int\frac{1}{x-1}\,dx = 3\ln|x+1| - 2\ln|x-1| + c$$

Ejercicios:

4.7.2.1 Por la técnica de integración de fracciones parciales con factores no repetidos; obtener la integral indefinida de las siguientes funciones:		
1) $\displaystyle\int \frac{x-1}{x^2+2x}\,dx$ $\quad R = -\dfrac{1}{2}\ln|x| + \dfrac{3}{2}\ln|x+2| + c$	5)	$\displaystyle\int \frac{x+2}{-2x^2+x}\,dx$ $\quad R = 2\ln|x| - \dfrac{5}{2}\ln|1-2x| + c$
2) $\displaystyle\int \frac{x-1}{x^2+3x}\,dx$	6)	$\displaystyle\int \frac{2-x}{x^2+2x}\,dx$
3) $\displaystyle\int \frac{2x+1}{x^2-3x}\,dx$ $\quad R = -\dfrac{1}{3}\ln|x| + \dfrac{7}{3}\ln|x-3| + c$	7)	$\displaystyle\int \frac{2x-1}{4x^2+x}\,dx$ $\quad R = \dfrac{1}{2}\ln|2x-1| - \ln|2x+1| + c$
4) $\displaystyle\int \frac{x-2}{2x^2-5x}\,dx$	8)	$\displaystyle\int \frac{3-2x}{4x^2-1}\,dx$

Clase: 4.8 Técnica de integración de fracciones parciales con factores repetidos.
4.8.1 Aplicaciones de la técnica de integración de fracciones parciales con factores repetidos.
4.8.2 Método de integración de fracciones parciales con factores repetidos-
- Ejemplos.
- Ejercicios.

4.8.1 Aplicaciones de la técnica de integración de fracciones parciales con factores repetidos:

Esta técnica se aplica en integrales del tipo $\int \dfrac{p(x)}{g(x)}dx$ donde $\dfrac{p(x)}{g(x)}$ es una fracción parcial; $p(x) < g(x)$

en grado y $g(x)$ tiene factores repetidos; es decir: $g(x) = f^n$ donde $f^n = (f)(f)^2(f)^3 \cdots (f)^n$

4.8.2 Método de integración de fracciones parciales con factores repetidos:

1) Factorice el denominador: $\int \dfrac{p(x)}{g(x)}dx = \int \dfrac{p(x)}{f^n}dx$

2) Sustituya la fracción parcial por la integral como se indica:

$$\int \frac{p(x)}{g(x)}dx = \int \frac{p(x)}{f^n}dx = \int\left(\frac{A}{f^1} + \frac{B}{f^2} + \cdots\right)dx$$

3) Separe la fracción parcial y obtenga los valores de $A;\ B;\ C;\cdots$ y compruebe la igualdad si lo desea:

Ejemplo: Para $p(x) = ax + b$; y $g(x) = f^2$ $\qquad \dfrac{ax+b}{f^2} = \dfrac{A}{f^1} + \dfrac{B}{f^2}$

$$\Rightarrow \qquad ax + b = A(f^1) + B = x(cA) + A + B$$
$$\therefore \quad a = cA \quad y \quad b = A + B \quad de\ donde \quad A = ? \quad y \quad B = ?$$

4) Sustituya los valores de $A;\ B;\ C;\cdots$ en la integral.
5) Integre.

Indicadores a evaluar:

1) Forma la integral con fracciones parciales y números desconocidos.
2) Obtiene los números desconocidos y forma la nueva integral.
3) Integra.
4) Presenta el resultado final.

Ejemplos:

1) $\int \dfrac{x+3}{x^2+2x+1}dx = \langle Paso\ 1\rangle = \int \dfrac{x+3}{(x+1)^2}dx = \langle Paso\ 2\rangle = \int\left(\dfrac{A}{x+1} + \dfrac{B}{(x+1)^2}\right)$

$= \langle Paso\ 3\rangle = \left\langle \begin{array}{l} \dfrac{x+3}{(x+1)^2} = \dfrac{A}{x+1} + \dfrac{B}{(x+1)^2} \\[2mm] \Rightarrow\ x+3 = A(x+1) + B = Ax + A + B \\[2mm] \Rightarrow\ x = Ax \quad \therefore \quad A = 1 \\[2mm] \Rightarrow\ 3 = A + B \quad \therefore \quad B = 2 \end{array} \right\rangle = \left\langle \begin{array}{l} Demostración\ \dfrac{x+3}{(x+1)^2} = \dfrac{1}{x+1} + \dfrac{2}{(x+1)^2} \\[2mm] \dfrac{1(x+1)^2 + 2(x+1)}{(x+1)(x+1)^2} = \dfrac{(x+1)+2}{(x+1)^2} = \dfrac{x+3}{(x+1)^2} \end{array} \right\rangle$

$= \langle Paso\ 4\rangle = \int\left(\dfrac{1}{x+1} + \dfrac{2}{(x+1)^2}\right)dx = \int \dfrac{1}{x+1}dx + 2\int(x+1)^{-2}dx = \ln|x+1| - \dfrac{2}{x+1} + c$

2) $\displaystyle\int \frac{1-3x}{4x^2-4x+1}\,dx = \left\langle \begin{array}{l} Paso\,1): \\ 4x_2-4x+1=(2x-1)^2 \end{array} \right\rangle = \int \frac{1-3x}{(2x-1)^2}\,dx = \left\langle \begin{array}{l} Paso\,2): \\ f=2x-1;\quad f^2=(2x-1)^2 \end{array} \right\rangle$

$= \displaystyle\int \left(\frac{A}{2x-1} + \frac{B}{(2x-1)^2} \right) dx = \left\langle \begin{array}{l} Paso\,3): \dfrac{1-3x}{(2x-1)^2} \\[2mm] = \dfrac{A}{2x-1} + \dfrac{B}{(2x-1)^2} \\[2mm] \therefore 1-3x = A(2x-1)+B \\ = 2Ax - A + B \\ \therefore -3x = x(2A) \to -3 = 2A \\[2mm] \to A = -\dfrac{3}{2} \\[2mm] \therefore 1 = -A+B \\[2mm] \to B = -\dfrac{1}{2} \end{array} \right\rangle$

$\left\langle \begin{array}{l} Demostración: \\[2mm] \dfrac{1-3x}{(2x-1)^2} = \dfrac{-\frac{3}{2}}{2x-1} + \dfrac{-\frac{1}{2}}{(2x-1)^2} \\[3mm] = \dfrac{\left(-\frac{3}{2}\right)(2x-1)^2 + \left(-\frac{1}{2}\right)(2x-1)}{(2x-1)(2x-1)^2} \\[3mm] = \dfrac{\left(-\frac{3}{2}\right)(2x-1) - \frac{1}{2}}{(2x-1)^2} = \dfrac{-6(2x-1)-2}{4(2x-1)} \\[3mm] = \dfrac{-12x+6-2}{4(2x-1)^2} = \dfrac{1-3x}{(2x-1)^2} \end{array} \right\rangle$

$= \left\langle \begin{array}{l} Paso\,4) \\ Sustituya\,valores \\ de\,"A"\,y\,de\,"B" \end{array} \right\rangle = \displaystyle\int \left(\frac{-\frac{3}{2}}{(2x-1)} + \frac{-\frac{1}{2}}{(2x-1)^2} \right) dx = \left\langle \begin{array}{l} Paso\,5): \\ Integre \end{array} \right\rangle \begin{array}{l} = -\dfrac{3}{2}\displaystyle\int \dfrac{dx}{2x-1} - \dfrac{1}{2}\displaystyle\int \dfrac{dx}{(2x-1)^2} \\[3mm] = -\dfrac{3}{2}\displaystyle\int \dfrac{dx}{2x-1} - \dfrac{1}{2}\displaystyle\int (2x-1)^{-2}\,dx \end{array}$

$= -\dfrac{3}{2}\left(\dfrac{1}{2}\right)\displaystyle\int \dfrac{2dx}{2x-1} - \dfrac{1}{2}\left(\dfrac{1}{2}\right)\displaystyle\int (2x-1)^{-2}(2dx) = -\dfrac{3}{4}\ln|2x-1| - \dfrac{1}{4}\left(\dfrac{(2x-1)^{-1}}{-1}\right) + c = -\dfrac{3}{4}\ln|2x-1| + \dfrac{1}{8x-4} + c$

Ejercicios:

4.8.2.1 Por la técnica de integración de fracciones parciales con factores repetidos; obtener la integral indefinida de las siguientes funciones:			
1)	$\displaystyle\int \frac{x+2}{x^2+2x+1}\,dx \qquad R = \ln|x+1| - \frac{1}{x+1} + c$	5)	$\displaystyle\int \frac{1-2x}{x^2-2x+1}\,dx \quad R = -2\ln|x-1| + \frac{1}{x-1} + c$
2)	$2)\quad \displaystyle\int \frac{2x-5}{(x-4)^2}\,dx$	6)	$\displaystyle\int \frac{2x-1}{(2x^2+1)^2}\,dx$
3)	$\displaystyle\int \frac{3x+1}{(1-2x)^2}\,dx$ $R = 4\ln|x-1| - \frac{9}{x-1} + c$	7)	$\displaystyle\int \frac{x+2}{4x^2-4x+1}\,dx$ $R = \frac{1}{4}\ln|2x-1| - \frac{5}{8x-4} + c$
4)	$\displaystyle\int \frac{x+4}{(3x-2)^2}\,dx$	8)	$\displaystyle\int \frac{2x}{(2-x)^2}\,dx$

Clase: 4.9 Técnica de integración indefinida por series de potencias.

4.9.1 Aplicaciones de la técnica de integración indefinida por series de potencia.   - Ejemplos.
4.9.2 Fundamentos de la técnica de integración indefinida por series de potencia.   - Ejercicios.
4.9.3 Método de integración por series de potencias.

4.9.1 Aplicaciones de la técnica de integración: Integra funciones del tipo: $\displaystyle\int \frac{1}{1-f(x)}\,dx$

4.9.2 Fundamentos de la técnica de integración indefinida por series de potencia:

Sí $\displaystyle y=\frac{1}{1-x}$ y $\displaystyle \frac{1}{1-x}=1+x+x^2+x^3+\cdots \quad \forall\,(-1,1)$

Entonces: $\therefore$ $\displaystyle \int \frac{1}{1-x}\,dx=\int\left(1+x+x^2+x^3+\cdots\right)dx \quad \forall\,(-1,1)$

que aplicada a otras formas más complejas tenemos: $\displaystyle\int\frac{1}{1-f(x)}\,dx=\int\left(1+f(x)+(f(x))^2+(f(x))^3+\cdots\right)dx$

4.9.3 Método de integración indefinida por series de potencia:

1) Acople la función a integrar en el modelo $\frac{1}{1-f(x)}$.

2) Identifique el valor de $f(x)$

3) Sustituya el valor de $f(x)$ en la serie: $1+f(x)+(f(x))^2+(f(x))^3+\cdots$

4) Sustituya en la integral la serie $1+f(x)+(f(x))^2+(f(x))^3+\cdots$

5) Integre

Indicadores de evaluación:

1) Acopla la función a integrar en el modelo $\frac{1}{1-f(x)}$.

2) Forma la integral en serie de potencia.
3) Integra.
4) Presenta el resultado final.

Ejemplos:

1) $\displaystyle \int \frac{2}{1-2x^3}\,dx=\langle Paso\,1\rangle=2\int\frac{1}{1-(2x^3)}\,dx=$
$\left|\begin{array}{l} Paso\,2)\quad f(x)=2x^3 \\[4pt] Paso\,3)\quad Serie:\ 1+f(x)+(f(x))^2+(f(x))^3+\cdots \\[4pt] \qquad \dfrac{1}{1-2x^3}=1+(2x^3)+(2x^3)^2+(2x^3)^3+\cdots \\[4pt] \qquad \dfrac{1}{1-2x^3}=1+2x^3+2^2x^6+2^3x^9+\cdots \end{array}\right\rangle$

$=\langle Paso\,4\rangle=2\int(1+2x^3+2^2x^6+2^3x^9+\cdots)\,dx=\langle Paso\,5=\rangle 2x+\dfrac{(2)(2)\,x^4}{4}=\dfrac{(2)(2^2)\,x^7}{7}+\dfrac{(2)(2^3)\,x^8}{8}+\cdots+c$

2) $\displaystyle \int \frac{10}{1+3x^3}\,dx=10\int\frac{1}{1-(-3x^3)}\,dx=10\int\left(1+(-3x^3)+(-3x^3)^2+(-3x^3)^3+\cdots\right)dx$

$\displaystyle =10\int\left(1-3x^3+9x^6-27x^9\pm\cdots\right)dx=10\left(x-\frac{3x^4}{4}+\frac{9x^7}{7}-\frac{27x^{10}}{10}+\cdots+c\right)$

$\displaystyle =(10)x-\frac{(10)(3)\,x^4}{(4)}+\frac{(10)(9)\,x^7}{(7)}-\frac{(10)(27)\,x^{10}}{(10)}\pm\cdots+c$

3) $\int \dfrac{x^3}{2-x}\,dx = \dfrac{1}{2}\int x^3\left(\dfrac{1}{1-\frac{x}{2}}\right)dx = \dfrac{1}{2}\int x^3\left(1+\left(\dfrac{x}{2}\right)+\left(\dfrac{x}{2}\right)^2+\left(\dfrac{x}{2}\right)^3+\cdots\right)dx$

$= \dfrac{1}{2}\int\left(x^3+\dfrac{x^4}{(2)}+\dfrac{x^5}{(2)^2}+\dfrac{x^6}{(2)^3}+\cdots\right)dx = \dfrac{x^4}{(2)(4)}+\dfrac{x^5}{(2)(2)(5)}+\dfrac{x^6}{(2)(2)^2(6)}+\dfrac{x^7}{(2)(2)^3(7)}+\cdots+c$

Ejercicios:

4.9.3.1 Por la técnica de integración por series de potencia; obtener la integral indefinida de las siguientes funciones:			
1)	$\int \dfrac{2}{1-x^2}\,dx \qquad R = x+\dfrac{x^3}{3}+\dfrac{x^5}{5}+\dfrac{x^7}{7}+\cdots+c$	2)	$\int \dfrac{3}{1+2x}\,dx$
3)	$\int \dfrac{2}{3-x^3}\,dx \qquad R = \dfrac{(2)x}{(3)}+\dfrac{(2)x^3}{(3)(3)}+\dfrac{(2)x^6}{(3)(3)^2(6)}+\dfrac{(2)x^9}{(3)(3)^3(9)}+\cdots+c$	4)	$\int \dfrac{2x^2}{3+x^4}\,dx$

Clase: 4.10 Técnica de integración indefinida por series de Maclaurin.
4.10.1 Fundamentos de la técnica de integración por series de Maclaurin.   - Ejemplos.
4.10.2 Método de integración indefinida por series de Maclaurin.   - Ejercicios.

4.10.1 Fundamentos de la técnica de integración indefinida por series de Maclaurin:

Definición: La serie de Maclaurin es una función $y = f(x)$ representada por la serie de potencia $\displaystyle\sum_{n=0}^{\alpha} a_n x^n$

donde $a_n = \dfrac{f^{(n)}(0)}{n!}$; "$n$" es el orden de la derivada de la función y además $f^{(0)}(0) = f(0) = R$

De donde: $f(x) = \dfrac{f(0)}{0!}+\dfrac{f'(0)x}{1!}+\dfrac{f''(0)x^2}{2!}+\dfrac{f'''(0)x^3}{3!}+\cdots$ llamada serie de Maclaurin.

Entonces: $\displaystyle\int f(x)dx = \int\left(\dfrac{f(0)}{0!}+\dfrac{f'(0)x}{1!}+\dfrac{f''(0)x^2}{2!}+\dfrac{f'''(0)x^3}{3!}+\cdots\right)dx$

y como prueba de que la igualdad se cumple observemos lo siguiente: Aplicar la serie de Maclaurin para $f(x) = x^2$

$f(x) = x^2 = \dfrac{(0)^2}{1}+\dfrac{2(0)x}{1}+\dfrac{2x^2}{2}+\dfrac{(0)x^3}{6}+\cdots = \dfrac{0}{1}+\dfrac{0}{1}+\dfrac{2x^2}{2}+\dfrac{0}{6}+\cdots = 0+0+x^2+0+\cdots = x^2$

Condiciones que deben de cumplirse para aplicar la serie de Maclaurin:
Sí $y = f(x)$ y se cumplen las siguientes condiciones:

1) $f(0) = R$ R es un número real

2) Existen $f'(0);\ f''(0);\ f'''(0)\cdots$

3) $f(x) = \dfrac{f(0)}{0!}+\dfrac{f'(0)x}{1!}+\dfrac{f''(0)x^2}{2!}+\dfrac{f'''(0)x^3}{3!}+\cdots$

4) La serie sea integrable.

De lo anterior podemos inferir que:

Sí $\quad f(x) = \dfrac{f(0)}{0!} + \dfrac{f'(0)x}{1!} + \dfrac{f''(0)x^2}{2!} + \dfrac{f'''(0)x^3}{3!} + \cdots$

Entonces: $\quad \displaystyle\int f(x)dx = \int \left(\dfrac{f(0)}{0!} + \dfrac{f'(0)x}{1!} + \dfrac{f''(0)x^2}{2!} + \dfrac{f'''(0)x^3}{3!} + \cdots \right) dx$

4.10.2 Método de integración indefinida por series de Maclaurin:

1) Obtenga la serie de Maclaurin de la función elemental (tomada de la función a integrar).
  1.1) Identifique la función elemental.
  1.2) Obtenga $f(0); f'(0); f''(0); f'''(0) \cdots$ (al menos los primeros cuatro términos no nulos)
  2.3) Sustituya $f(0); f'(0); f''(0); f'''(0) \cdots$ en la serie de Maclaurin.

$\dfrac{f(0)}{0!} + \dfrac{f'(0)x}{1!} + \dfrac{f''(0)x^2}{2!} + \dfrac{f'''(0)x^3}{3!} + \cdots$ (el resultado es la serie de Maclaurin de la función elemental).

2) Obtenga la serie de Maclaurin de la función a integrar:
  2.1) Identifique el nuevo valor de $"x"$ en la función a integrar.
  2.2) Sustituya el nuevo valor de $"x"$ en la serie de Maclaurin de la función elemental.

$\dfrac{f(0)}{0!} + \dfrac{f'(0)(Nuevo\ valor\ de\ x)}{1!} + \dfrac{f''(0)(Nuevo\ valor\ de\ x)^2}{2!} + \dfrac{f'''(0)(Nuevo\ valor\ de\ x)^3}{3!} + \cdots$

  (El resultado es la serie de Maclaurin de la función a integrar).

3) Sustituya la serie de Maclaurin de la función a integrar por la función a integrar.

4) Integre.

Indicadores de evaluación:

1) Obtiene la serie de Maclaurin de la función elemental.
2) Obtiene la serie de Maclaurin de la función a integrar
3) Forma la integral en serie de Maclaurin.
4) Integra.
5) Presenta el resultado final.

Ejemplo 1) Resolver la integral $\displaystyle\int e^{\sqrt{x}}dx$

$$\int e^{\sqrt{x}}dx = \left\langle \begin{array}{l} Paso\ 1) \\[2mm] 1.1)\ La\ función\ elemental\ de\ y = e^{\sqrt{x}}\ es\ y = e^{x} \\[2mm] 1.2)\ f(0) = e^0 = 1;\quad f'(0) = \left(e^x\right)_{x=0} = e^{(0)} = 1; \\[2mm] \qquad f''(0) = \left(e^x\right)_{x=0} = e^0 = 1;\quad f'''(0) = \left(e^0\right)_{x=0} = e^{(0)} = 1 \\[3mm] 1.3)\quad Serie\ de\ Maclaurin:\ \dfrac{f(0)}{0!} + \dfrac{f'(0)x}{1!} + \dfrac{f''(0)x^2}{2!} + \dfrac{f'''(0)x^3}{3!} + \cdots \\[3mm] \qquad e^x = \dfrac{(1)}{0!} + \dfrac{(1)x}{1!} + \dfrac{(1)x^2}{2!} + \dfrac{(1)x^3}{3!} + \cdots = \dfrac{1}{0!} + \dfrac{x}{1!} + \dfrac{x^2}{2!} + \dfrac{x^3}{3!} + \cdots \end{array} \right\rangle$$

$Paso\ 2)$

2.1) *el nuevo valor de* $"x"$ *es* $\sqrt{x}$

2.2) $e^x = \dfrac{1}{0!} + \dfrac{x}{1!} + \dfrac{x^2}{2!} + \dfrac{x^3}{3!} + \cdots$

$=$
$$e^{\sqrt{x}} = \dfrac{1}{0!} + \dfrac{\left(\sqrt{x}\right)}{1!} + \dfrac{\left(\sqrt{x}\right)^2}{2!} + \dfrac{\left(\sqrt{x}\right)^3}{3!} + \cdots$$

$$= \dfrac{1}{0!} + \dfrac{\sqrt{x}}{1!} + \dfrac{x}{2!} + \dfrac{\sqrt{x^3}}{3!} + \cdots$$

$Paso\ 3)$

$$= \int \left(\dfrac{1}{0!} + \dfrac{\sqrt{x}}{1!} + \dfrac{x}{2!} + \dfrac{\sqrt{x^3}}{3!} + \cdots \right) dx$$

$Paso\ 4)$

$$= \dfrac{x}{0!} + \dfrac{2\sqrt{x^3}}{(1!)(3)} + \dfrac{x^2}{(2!)(2)} + \dfrac{2\sqrt{x^5}}{(3!)(5)} + \cdots + c$$

Ejemplo 2) Integrar la función: $\displaystyle\int \dfrac{\cos x^2}{3}\, dx$

$$\int \dfrac{\cos x^2}{3}\, dx =$$

$Paso\ 1)$ *La función elemental de* $y = \cos x^2$ *es* $y = \cos x$

$f(0) = \cos(0) = 1 \qquad f'(0) = \left(-sen x\right)_{x=0} = -sen(0) = 0$

$f''(0) = \left(-\cos x\right)_{x=0} = -\cos(0) = -1$

$f'''(0) = \left(sen x\right)_{x=0} = sen(0) = 0$

$f^4(0) = \left(\cos x\right)_{x=0} = \cos(0) = 1$

$f^5(0) = \left(-sen x\right)_{x=0} = -sen(0) = 0$

$f^6(0) = \left(-\cos x\right)_{x=0} = -\cos(0) = -1$

$\therefore$ *la serie de Maclaurin de la función elemental es:*

$$\dfrac{1}{0!} + \dfrac{(0)x}{1!} + \dfrac{-1x^2}{2!} + \dfrac{(0)x^3}{3!} + \dfrac{(1)x^4}{4!} - \dfrac{(0)x^5}{5!} + \dfrac{(-1)x^6}{6!} + \cdots$$

$$= \dfrac{1}{0!} - \dfrac{x^2}{2!} + \dfrac{x^4}{4!} - \dfrac{x^6}{6!} \pm \cdots$$

$Paso\ 2)$

El nuevo valor de $"x"$ *es* $"x^2"$

$$= \dfrac{1}{0!} - \dfrac{\left(x^2\right)^2}{2!} + \dfrac{\left(x^2\right)^4}{4!} - \dfrac{\left(x^2\right)^6}{6!} \pm \cdots$$

$$= \dfrac{1}{0!} - \dfrac{x^4}{2!} + \dfrac{x^8}{4!} - \dfrac{x^{12}}{6!} \pm \cdots$$

$Paso\ 3)$

$$= \dfrac{1}{3} \int \left(\dfrac{1}{0!} - \dfrac{x^4}{2!} + \dfrac{x^8}{4!} - \dfrac{x^{12}}{6!} \pm \cdots \right) dx =$$

$Paso\ 4)$

$$\dfrac{x}{(3)(0!)} - \dfrac{x^5}{(3)(2!)(5)} + \dfrac{x^9}{(3)(4!)(9)} - \dfrac{x^{13}}{(3)(6!)(13)} \pm \cdots + c$$

Ejercicios:

4.10.2.1 Por la técnica de integración por series de Maclaurin; obtener la integral indefinida de las siguientes funciones:			
1)	$\displaystyle\int 3\,e^{2x^2}\, dx \qquad R = \dfrac{x}{0!} + \dfrac{2x^3}{(1!)(3)} + \dfrac{4x^5}{(2!)(5)} + \dfrac{8x^7}{(3!)(7)} + \cdots + c$	2)	$\displaystyle\int \dfrac{2\,sen\, x^2}{3}\, dx$
3)	$\displaystyle\int \dfrac{\cos \sqrt{x}}{4}\, dx \qquad R = \dfrac{x}{(0!)} - \dfrac{x^2}{(2!)(2)} + \dfrac{x^3}{(4!)(3)} - \dfrac{x^4}{(6!)(4)} \pm \cdots + c$	4)	$\displaystyle\int \arctan \sqrt{x}\ dx$

Clase: 4.11 Técnica de integración indefinida por series de Taylor.
4.11.1 Fundamentos de la técnica de integración indefinida por series de Taylor.   - Ejemplos.
4.11.2 Método de integración indefinida por series de Taylor.   - Ejercicios.

4.11.1 Fundamentos de la técnica de integración indefinida por series de Taylor.

Definición: La serie de Taylor es una función $y = f(x)$ representada por la serie de potencia centrada en c

$\sum_{n=0}^{\alpha} a_n x^n$ donde $a_n = \dfrac{f^{(n)}(c)}{n!}$; "$n$" es el orden de la derivada de la función y además $f^{(0)}(c) = f(c) = R$

de donde: $\quad f(x) = \dfrac{f(c)}{0!} + \dfrac{f'(c)(x-c)}{1!} + \dfrac{f''(c)(x-c)^2}{2!} + \dfrac{f'''(c)(x-c)^3}{3!} + \cdots \quad$ llamada serie de Taylor.

y como prueba de que la igualdad se cumple, observemos lo siguiente: Aplicar la serie de Taylor para
$f(x) = 2x \quad \forall c = 1$

$$f(x) = 2x \;\forall(c=1) = \frac{2(1)}{1} + \frac{2\,(x-1)}{1} + \frac{0(x-1)^2}{2} + \frac{0(x-0)^3}{6} + \cdots = \frac{2}{1} + \frac{2x-2}{1} + \frac{0}{2} + \frac{0}{6} + \cdots = 2x$$

Notas: 1) Es de observarse que la serie de Maclaurin es un caso particular de la serie de Taylor donde $c = 0$.
      2) Al abordar un problema de integración por series se inicia generalmente con la aplicación de la serie de Maclaurin, y la serie de Taylor tiene su utilidad cuando al evaluar el primer término de la serie de Maclaurin el resultado es indefinido, y cuando esto pasa se busca un número (el más sencillo para efectos de cálculos) donde la función al ser evaluada en ese número el resultado es definido.

Ejemplo 1) $f(x) = \cos x \quad f(0) = 1$ (la función es definida y por lo tanto se aplica la serie de Maclaurin).

Ejemplo 2) $f(x) = \dfrac{1}{x} \quad f(0) = \dfrac{1}{0} = Indefinido \quad$ (la función es indefinida y por lo tanto se aplica la serie de Taylor; entonces se busca un número que resulta ser el 1 o sea $c = 1 \quad ya\ que\ f(1) = \dfrac{1}{1} = 1$

Condiciones que deben de cumplirse para aplicar la serie de Taylor:
Sí $y = f(x)$ y se cumplen las siguientes condiciones:

    1) $f(0) = Indefinido$

    2) Exista un número "c" tal que $f(c) = R$;

    3) Existan $f'(c); f''(c); f'''(c) \cdots$

    4) $f(x) = \dfrac{f(c)}{0!} + \dfrac{f'(c)(x-c)}{1!} + \dfrac{f''(c)(x-c)^2}{2!} + \dfrac{f'''(c)(x-c)^3}{3!} + \cdots$

    5) La serie sea integrable.

De lo anterior podemos inferir que:

De lo anterior podemos inferir que: Sí $f(x) = \dfrac{f(c)}{0!} + \dfrac{f'(c)(x-c)}{1!} + \dfrac{f''(c)(x-c)^2}{2!} + \dfrac{f'''(c)(x-c)^3}{3!} + \cdots$

Entonces: $\quad \displaystyle\int f(x)dx = \int \left(\dfrac{f(0)}{0!} + \dfrac{f'(0)x}{1!} + \dfrac{f''(0)x^2}{2!} + \dfrac{f'''(0)x^3}{3!} + \cdots \right) dx$

4.11.2 Método de integración indefinida por series de Taylor:

1) Obtenga la serie de Taylor de la función elemental, tomada de la función a integrar.
   1.1) Identifique la función elemental de la función a integrar.
   1.2) Busque un número "c" fácil de evaluar de tal forma que $f(c) = R$ (ya que $f(0) = Indefinido$)
   1.3) Obtenga $f(c); f'(c); f''(c); f'''(c) \cdots$ (al menos los primeros cuatro términos no nulos)
   1.4) Sustituya $f(c); f'(c); f''(c); f'''(c) \cdots$ en la serie de Taylor de la función elemental.

$$\frac{f(c)}{0!} + \frac{f'(c)(x-c)}{1!} + \frac{f''(c)(x-c)^2}{2!} + \frac{f'''(x-c)^3}{3!} + \cdots$$

(El resultado es la función elemental representada en serie de Taylor)

2) Obtenga la serie de Taylor de la función a integrar:

   2.1) Identifique el nuevo valor de "x" en la función a integrar.

   2.2) Sustituya el nuevo valor de "x" en la serie de Taylor de la función elemental.

$$\frac{f(c)}{0!} + \frac{f'(0)\left(Nuevo\ valor\ de\ x-c\right)}{1!} + \frac{f''(c)\left(Nuevo\ valor\ de\ x-c\right)^2}{2!} + \frac{f'''(c)\left(Nuevo\ valor\ de\ x-c\right)^3}{3!} + \cdots$$

   (El resultado es la función a integrar representada en serie de Taylor).

3) Sustituya la serie de Taylor de la función a integrar por la función a integrar.

4) Integre.

Indicadores a evaluar:

1) Obtiene la serie de Taylor de la función elemental.
2) Obtiene la serie de Taylor de la función a integrar
3) Forma la integral en serie de Taylor.
4) Integra.
5) Presenta el resultado final.

Ejemplo 1) Resolver la integral $\int 3\ln\sqrt{x}\ dx$

$$\int 3\ln\sqrt{x}\ dx = \left\langle \begin{array}{l} Paso\ 1)\quad La\ función\ elemental\ de\ y = \ln\sqrt{x}\ es\ y = \ln x \\[4pt] f(0) = \ln(0) = inefinido \therefore c = 1\quad f(1) = \ln(1) = 0 \\[6pt] f'(1) = \left(\tfrac{1}{x}\right)_{x=1} = 1\quad f''(1) = \left(-\tfrac{1}{x^2}\right)_{x=1} = -\tfrac{1}{(1)^2} = -1 \\[8pt] f'''(1) = \left(\tfrac{2}{x^3}\right)_{x=1} = \tfrac{2}{(1)^3} = 2\quad f^4(1) = \left(-\tfrac{6}{x^4}\right)_{x=1} = -\tfrac{6}{(1)^4} = -6 \\[8pt] \therefore la\ serie\ de\ Taylor\ es: \\[6pt] \dfrac{1(x-1)}{1!} + \dfrac{-1(x-1)^2}{2!} + \dfrac{2(x-1)^3}{3!} + \dfrac{-6(x-1)^4}{4!} + \cdots \\[10pt] = \dfrac{(x-1)}{0!} - \dfrac{(x-1)^2}{2!} + \dfrac{2(x-1)^3}{3!} - \dfrac{6(x-1)^4}{4!} \pm \cdots \\[10pt] = \dfrac{x}{0!} - \dfrac{1}{0!} - \dfrac{x^2}{2!} + \dfrac{2x}{2!} - \dfrac{1}{2!} \pm \cdots \end{array} \right\rangle = \left\langle \begin{array}{l} Paso\ 2) \\[4pt] El\ nuevo\ valor\ de\ "x"\ es\ "\sqrt{x}" \\[6pt] \dfrac{\left(\sqrt{x}\right)}{0!} - \dfrac{1}{0!} - \dfrac{\left(\sqrt{x}\right)^2}{2!} + \dfrac{2\left(\sqrt{x}\right)}{2!} - \dfrac{1}{2!} \pm \cdots \\[10pt] = \dfrac{\sqrt{x}}{0!} - \dfrac{1}{0!} - \dfrac{x}{2!} + \dfrac{2\sqrt{x}}{2!} - \dfrac{1}{2!} \pm \cdots \end{array} \right\rangle$$

$Paso\ 3)$ $Paso\ 4)$

$$= 3\int\left(\frac{\sqrt{x}}{0!} - \frac{1}{0!} - \frac{x}{2!} + \frac{2\sqrt{x}}{2!} - \frac{1}{2!} \pm \cdots\right)dx = \frac{(3)(2)\sqrt{x^3}}{(0!)(3)} - \frac{(3)x}{0!} - \frac{(3)x^2}{(2!)(2)} + \frac{(3)(2)(2)\sqrt{x^3}}{(2!)(3)} - \frac{(3)x}{2!} \pm \cdots + c$$

Ejercicios:

	4.11.2.1 Por la técnica de integración por series de Taylor obtener la integral indefinida de las siguientes funciones:	
1)	$\int 2\ln x^2\,dx \qquad R = \dfrac{x^3}{(1!)(3)} - \dfrac{x}{(1!)} - \dfrac{x^5}{(2!)(5)} + \dfrac{2x^3}{(2!)(3)} - \dfrac{x}{(2!)} \pm \cdots + c$	2) $\int \dfrac{2}{3}\ln\sqrt[3]{x}\ dx$
3)	$\int arc\sec\sqrt{x}\ dx$ $R = \dfrac{(1.047)x}{(0!)} + \dfrac{(3.072)(2)\sqrt{x^3}}{(1!)(3)} - \dfrac{(3.072)(2)x}{(1!)} - \dfrac{(33.29)x^2}{(2!)(2)} \pm \cdots + c$	4) $\int 2arc\sec x^2\ dx$

Evaluaciones tipo: Unidad 4. Técnicas de integración.

Evaluaciones tipo (A):

	NOMBRE DE LA INSTITUCIÓN EDUCATIVA	Número de lista:	
	E X A M E N		
	Cálculo Integral Unidad: 4	Clave:	

1) $\int \dfrac{5dx}{9x^2+2}\, dx$	Técnica: Uso de tablas de fórmulas.	Valor: 30 puntos.
2) $\int \cos^5 \dfrac{x}{2}\, dx$	Técnica: Integración del seno y coseno de "m" y "n" potencia.	Valor: 30 puntos.
3) $\int \dfrac{x-2}{x^2-5x}\, dx$	Técnica: Integración de fracciones parciales con factores no repetidos.	Valor: 40 puntos.

	NOMBRE DE LA INSTITUCIÓN EDUCATIVA	Número de lista:	
	E X A M E N		
	Cálculo Integral Unidad: 4	Clave:	

1) $\int \dfrac{xdx}{\sqrt{2x-1}} = ?$	Técnica: Integración por cambio de variable.	Valor: 30 puntos.
2) $\int sen^4 2x\, dx = ?$	Técnica: Integración del seno y coseno de "m" y "n" potencia.	Valor: 40 puntos.
3) $\int \dfrac{5}{2-x^3}\, dx$	Técnica: Integración por series de potencia.	Valor: 30 puntos.

	NOMBRE DE LA INSTITUCIÓN EDUCATIVA	Número de lista:	
	E X A M E N		
	Cálculo Integral Unidad: 4	Clave:	

1) $\int sen^3 2x \cos^7 2x\, dx$	Técnica: Integración del seno y coseno de "m" y "n" potencia.	Valor: 30 puntos.
2) $\int \dfrac{2dx}{(x^2+4)^{3/2}}$	Técnica: Integración por sustitución trigonométrica.	Valor: 40 puntos.
3) $\int 3\cos \sqrt{x}\, dx$	Técnica: Integración por series de Maclaurin.	Valor: 30 puntos.

	NOMBRE DE LA INSTITUCIÓN EDUCATIVA	Número de lista:	
	E X A M E N		
	Cálculo Integral Unidad: 4	Clave:	

1) $\int 2x \ln x\, dx = ?$	Técnica: de integración por partes.	Valor: 30 puntos.
2) $\int ctg^5 2x\, dx = ?$	Técnica: Integración de la cotangente y cosecante de "m" y "n" potencia.	Valor: 30 puntos.
3) $\int \dfrac{x+2}{2x^2+x}\, dx = ?$	Técnica: Integración de fracciones parciales.	Valor: 40 puntos.

Evaluaciones tipo (B):

NOMBRE DE LA INSTITUCIÓN EDUCATIVA	
Ficha No 1) Unidad: 4. Tema: Técnicas de integración. Materia: Cálculo integral.	
No | **Problema:**	**Indicadores a evaluar:**
1.1) | Técnica: Por cambio de variable $$\int 2x\sqrt{2x+1}\,dx$$	1) Identifica "u" y obtiene las partes. 2) Hace el cambio de variable e Integra. 3) Restituye el valor original de "u". 4) Presentar el resultado final.
1.2)) | Técnica: Seno y coseno de m y n potencia. $$\int\left(4sen^3 2x\right)dx$$	1) Identifica la forma y caso de la integral. 2) Aplica las recomendaciones. 3) Presenta el resultado final.
1.3) | Técnica: Series de potencia. $$\int\frac{x}{1-\sqrt{x}}\,dx$$	1) Acopla la función al modelo $\int\frac{1}{1-f(x)}\,dx$ 2) Identifica el valor de f(x). 3) Sustituye el valor de f(x) en la serie de potencia. 4) Integra y presenta el resultado final.

NOMBRE DE LA INSTITUCIÓN EDUCATIVA	
Ficha No 2) Unidad: 4. Tema: Técnicas de integración Materia: Cálculo integral.	
No | **Problema:**	**Indicadores a evaluar:**
2.1) | Técnica: Por partes. $$\int 4x\cos 2x\,dx$$	1) Identifica la fórmula y obtiene las partes 2) Sustituye las partes en la fórmula. 3) Integrar la nueva integral y presentar el resultado final.
2.2) | Técnica: Fracciones parciales. $$\int\frac{2x-1}{x^2-2x+1}\,dx$$	1) Obtiene los números A. y B. 2) Obtiene la nueva integral. 3) Integra y presenta el resultado final.
2.3) | Técnica: Series de McLaurin. Sí $sen x = \dfrac{x}{1!}-\dfrac{x^3}{3!}+\dfrac{x^5}{5!}-\dfrac{x^7}{7!}\pm\cdots$ $$\int\frac{3\,sen\,x^2}{5}\,dx$$	1) Obtiene la serie de Maclaurin de la función elemental. 2) Obtiene la serie de Maclaurin de la función a integrar 3) Forma la integral en serie de Maclaurin. 4) Integra y presenta el resultado final.

NOMBRE DE LA INSTITUCIÓN EDUCATIVA	
Ficha No 3) Unidad: 4. Tema: Técnicas de integración Materia: Cálculo integral.	
No | **Problema:**	**Indicadores a evaluar:**
3.1) | Técnica: Por partes. $$\int 4x\,sen\,2x\,dx$$	1) Identifica la fórmula y obtiene sus partes. 2) Sustituye las partes en la fórmula. 3) Integra la nueva integral y presenta el resultado final.
3.2) | Técnica: Fracciones parciales. $$\int\frac{2-x}{2x^2+x}\,dx$$	1) Obtiene los números A. y B. 2) Obtiene la nueva integral. 3) Integra y presenta el resultado final.
3.3) | Técnica: Series de potencia. $$\int\frac{\sqrt{x}}{1-x}\,dx$$	1) Acopla la función al modelo $\int\frac{\sqrt{x}}{1-x}\,dx$ 2) Identifica el valor de f(x). 3) Sustituye el valor de f(x) en la serie de potencia. 4) Integra y presenta el resultado final.

Evaluación tipo (C):

NOMBRE DE LA INSTITUCIÓN EDUCATIVA EVALUACIÓN DE CÁLCULO INTEGRAL				Fecha:	Hora:

Unidad: 4.
Tema: Técnicas de integración.

1) _____

Apellido paterno	Apellido materno	Nombre(s)	No. de lista:	Clave:

2) _____

Apellido paterno	Apellido materno	Nombre(s)	No. de lista:	

Alumno	Evaluación	Participaciones	Examen sorpresa	Tareas	Puntualidad y asistencia	Valores	Calificación final De la unidad
(1)							
(2)							

1) Iniciada la evaluación no se permite el uso de celulares, internet, ni intercambiar información o material.
2) Cualquier operación, actitud o intento de fraude será sancionada con la no aprobación del examen.
3) Los resultados estarán disponibles en un tiempo no mayor de 72 horas hábiles.
4) Los indicadores a evaluar son: Resultado y procedimiento.
5) La valoración es: (0 a 1 problema 5 puntos): (2 problemas 10 puntos): (3 problemas 15 puntos): (4 problemas 20 puntos).

Problema 1) Técnica de integración por cambio de variable: $\int 2x\sqrt{2x-1}\,dx$ (Valor: 25 puntos)

Problema 2) Técnica de integración por partes: $\int 2x\,e^{2x}\,dx$ (Valor: 25 puntos)

Problema 3) Técnica de integración de fracciones parciales con factores no repetidos:	$\int \dfrac{x+1}{2x^2-x}\,dx$	Valor: 25 puntos. (contestar en el reverso de la hoja)
Problema 3) Técnica de integración por series de Maclaurin: Dado que: $\cos x = \dfrac{1}{0!} - \dfrac{x^2}{2!} + \dfrac{x^4}{4!} - \dfrac{x^6}{6!} \pm \cdots$ Integrar:	$\int \dfrac{\cos\sqrt{x}}{2}\,dx$	Valor: 25 puntos. (contestar en el reverso de la hoja)

Califique su examen: O Muy fácil   O Fácil   O Regular   O Difícil   O Muy difícil

Formularios: Unidad 4. Técnicas de integración.

Contenido:

1) Técnica de integración por cambio de variable: $\displaystyle\int f(g(x)g'(x))dx = \int f(u)du = F(u)+c$

2) Técnica de integración por partes: $\displaystyle\int udv = uv - \int vdu$

Forman parte de este contenido los siguientes métodos:

3) Método de integración del seno y coseno de m y n potencia.
4) Método de integración de la tangente y secante de m y n potencia.
5 Método de integración de la cotangente y cosecante de m y n potencia.
6 Método de integración por sustitución trigonométrica.
7 Método de integración de fracciones parciales con factores no repetidos.
8 Método de integración de fracciones parciales con factores repetidos.
9 Método de integración indefinida por series de potencia.
10 Método de integración indefinida por series de Maclaurin.
11 Método de integración indefinida por series de Taylor.

La pareja ideal de la verdad es la matemática, porque ambas contienen inferencias que conducen al conocimiento exacto de la existencia humana.

José Santos Valdez Pérez

Lo mejor de la educación orientada a competencias, es haber dejado atrás la percepción incompleta de la enseñanza centrada en el aprendizaje.

José Santos Valdez Pérez

UNIDAD 5. INTEGRACIÓN POR SERIES.

Clase: 5.1 Definición, clasificación y tipos de series.

5.1.1 Definición de una sucesión.	5.1.5 Cálculo de los términos de una serie.
5.1.2 Definición de una serie.	5.1.6 Tipos de series.
5.1.3 Clasificación de las series.	- Ejemplos.
5.1.4 Elementos de una serie.	- Ejercicios.

5.1.1 Definición de una sucesión.

Es un listado de números que generalmente obedecen a una regla de orden.

Ejemplos:

1) $1, 4, 9, 16, \ldots$ es un listado de números que obedece la regla de orden $n^2 \quad \forall \, n \in Z^+$

2) $1, 2, 6, 24$ es un listado de números que obedece la regla de orden $n! \quad \forall \, n \in Z^+ \leq 4$

3) $1, x, x^2, x^3, \cdots$ es un listado de números que obedece la regla de orden $x^n \quad \forall \, n \geq 0 \in Z^+$

Notación: $\{a_n\}_{n=k}^{\alpha} = a_k + a_{k+1} + a_{k+2} + a_{k+3} + \cdots$

Ejemplo: 1) $\{n^2\}_{n=1}^{\alpha} = 1, 4, 9, 16, \ldots$ 2) $\{n!\}_{n=1}^{4} = 1, 2, 6, 24.$ 3) $\{x^n\}_{n=0}^{\alpha} = 1, x, x^2, x^3, \cdots$

5.1.2 Definición de una serie.

Es la sumatoria del listado de números de una sucesión.

Ejemplos:

1) $1 + 4 + 9 + 16 + \cdots = \sum_{n=1}^{\alpha} n^2$ es la sumatoria del listado de números de la sucesión $1, 4, 9, 16, \ldots$

2) $1 + 2 + 6 + 24 = \sum_{n=1}^{24} n!$ es la sumatoria del listado de números de la sucesión $1, 2, 6, 24$.

3) $1 + x + x^2 + x^3 + \cdots = \sum_{n=0}^{\alpha} x^n$ es la sumatoria del listado de números de la sucesión $1, x, x^2, x^3, \cdots$

5.1.3 Clasificación de las series.

Sí el listado de números es ilimitado se dice que la serie es infinita;   Ejemplo: $1 + 4 + 9 + 16 + \cdots = \sum_{n=1}^{\alpha} n^2$

Sí el listado de números es limitado se dice que la serie es finita;   Ejemplo: $1 + 2 + 6 + 24 = \sum_{n=1}^{24} n!$

Para el propósito de nuestro estudio, a partir de aquí y a menos que otra cosa se indique, siempre nos estaremos refiriendo a las series infinitas.

5.1.4. Elementos de una serie:

Notación: $\sum_{n=k}^{\alpha} a_n = a_k + a_{k+1} + a_{k+2} + a_{k+3} + \cdots$

Donde: n Es cualquier número entero positivo o el cero.

k Es el valor de n en qué inicia la serie; donde $n \geq 0 \;\; y \;\; n \in Z^+$.

$\sum_{n=k}^{\alpha}$ Es el símbolo de la sumatoria de a_n desde $n = k$ hasta α.

a_n Es la fórmula del enésimo término o simplemente enésimo término de la serie y representa la regla de orden.

$\displaystyle\sum_{n=k}^{\alpha} a_n$ Es la abreviatura de la sumatoria de los términos de la serie.

a_k, a_{k+1}, a_{k+2}, a_{k+3}, ...   Son los términos de la serie y a menos que otra cosa se indique la serie se presentará con los primeros 4 términos.

a_k Es el primer término de la serie.

a_{k+1} Es el segundo término de la serie.

a_{k+2} Es el tercer término de la serie.

$\cdots$ Nos indican continuidad de la serie.

Para el propósito de nuestro estudio diremos que <u>una serie es completa</u>, si está representada por la sumatoria del enésimo término y los primeros cuatro términos no nulos.

Ejemplo:

En la serie $\displaystyle\sum_{n=1}^{\alpha} \frac{1}{n} = \frac{1}{1} + \frac{1}{2} + \frac{1}{3} + \frac{1}{4} + \cdots$

Identificar:
a) Los términos de la serie.
b) El valor de k.
c) El segundo término.
d) El término a_{k+2} e) El enésimo término.
f) La abreviatura de la sumatoria de los términos de la serie.
g) La serie completa.

Solución: a) $\dfrac{1}{1}, \dfrac{1}{2}, \dfrac{1}{3}, \dfrac{1}{4}, \cdots$ b) $k=1$;   c) $\dfrac{1}{2}$;   d) $a_{k+2} = \dfrac{1}{3}$ e) $a_n = \dfrac{1}{n}$

f) $\displaystyle\sum_{n=1}^{\alpha} \frac{1}{n}$ g) $\displaystyle\sum_{n=1}^{\alpha} \frac{1}{n} = \frac{1}{1} + \frac{1}{2} + \frac{1}{3} + \frac{1}{4} + \cdots$

Ejercicios:

5.1.4.1 En las siguientes series, identificar:
    a) Los términos de la serie; b) El valor de k ; c) El segundo término; d) El término a_{k+2} ;
    e) El enésimo término; y f) La abreviatura de la sumatoria de los términos de la serie; g) La serie completa.

1) $\displaystyle\sum_{n=1}^{\alpha} 2n = 2 + 4 + 6 + 8 + \ldots$

$R = $ a) $2, 4, 6, 8, \cdots$

    b) $k = 1$ c) 4 d) 6

    e) $2n$ f) $\displaystyle\sum_{n=1}^{\alpha} 2n$ g) $\displaystyle\sum_{n=1}^{\alpha} 2n = 2 + 4 + 6 + 8 + \cdots$

3) $\displaystyle\sum_{n=1}^{\alpha} \frac{2^n}{2n-1} = \frac{2}{1} + \frac{4}{3} + \frac{8}{5} + \frac{16}{7} \cdots$

$R = $ a) $\dfrac{2}{1} + \dfrac{4}{3} + \dfrac{8}{5} + \dfrac{16}{7} + \cdots$ b) $k = 1$

    c) $\dfrac{4}{3}$ d) $\dfrac{8}{5}$ e) $\dfrac{2^n}{2n-1}$ f) $\displaystyle\sum_{n=1}^{\alpha} \frac{2^n}{2n-1}$

    g) $\displaystyle\sum_{n=1}^{\alpha} \frac{2^n}{2n-1} = \frac{2}{1} + \frac{4}{3} + \frac{8}{5} + \frac{16}{7} + \cdots$

2) $\displaystyle\sum_{n=1}^{\alpha} (n-1) = 1 + 3 + 5 + 7 + \cdots$

4) $\displaystyle\sum_{n=}^{\alpha} \frac{2^n - 1}{2^n} = \frac{1}{2} + \frac{3}{4} + \frac{7}{8} + \frac{15}{16} \cdots$

5.1.5 Cálculo de los términos de una serie.

Cuando una serie se expresa únicamente por la fórmula del enésimo término, y se hace necesario calcular los términos de la serie, se parte de la siguiente afirmación:

La fórmula del enésimo término de una serie es la fórmula matemática que obedece la siguiente regla:
"Para cualquier valor de $"n"$ el resultado nos muestra el valor del enésimo término".

Nota: Con el propósito de realizar procesos inversos, y a menos que otra cosa se indique; cuando los términos de las series se presentan en cocientes, se tiene que respetar cada elemento del cociente no haciendo las operaciones de división, multiplicación, etc. Para fortalecer el concepto anterior obsérvese que en los términos de la serie: $\sum_{n=1}^{0} \frac{1}{n} = \frac{1}{1} + \frac{1}{2} + \frac{1}{3} + \frac{1}{4} + \cdots$ se presenta el término $\frac{1}{1}$ sin haberse realizado la operación de división que sería uno.

Método de cálculo de los términos de una serie:

1) Sustituya los valores de $"n"$ en la fórmula del enésimo término hasta obtener los primeros cuatro términos no nulos.
2) Hacer los cálculos atendiendo la nota anterior.

Ejemplos:

1) Calcular los términos de la serie; $\sum_{n=0}^{\alpha} \frac{n}{n+1}$

$$\sum_{n=0}^{\alpha} \frac{n}{n+1} = \frac{0}{0+1} + \frac{1}{1+1} + \frac{2}{2+1} + \frac{3}{3+1} + \frac{4}{4+1} + \cdots = \frac{0}{1} + \frac{1}{2} + \frac{2}{3} + \frac{3}{4} + \frac{4}{5} + \cdots$$

2) Calcular los términos de la serie; $\sum_{n=1}^{\alpha} \frac{n}{2^n - 1}$

$$\sum_{n=1}^{\alpha} \frac{n}{2^n - 1} = \frac{1}{2^1 - 1} + \frac{2}{2^2 - 1} + \frac{3}{2^3 - 1} + \frac{4}{2^4 + 1} + \cdots = \frac{1}{1} + \frac{2}{3} + \frac{3}{7} + \frac{4}{15} + \cdots$$

3) Calcular los términos de la serie; $\sum_{n=0}^{\alpha} \frac{x^n}{n!}$

$$\sum_{n=0}^{\alpha} \frac{x^n}{n!} = \frac{x^0}{0!} + \frac{x^1}{1!} + \frac{x^2}{2!} + \frac{x^3}{3!} + \cdots = \frac{1}{1} + \frac{x}{1} + \frac{x^2}{2!} + \frac{x^3}{3!} + \cdots$$

4) Calcular los términos de la serie; $\sum_{n=0}^{\alpha} \frac{3(-1)^n x^{2n}}{(2n)!}$

$$\sum_{n=0}^{\alpha} \frac{3(-1)^n x^{2n}}{(2n)!} = \frac{3(-1)^{(0)} x^{2(0)}}{(2(0))!} + \frac{3(-1)^{(1)} x^{2(1)}}{(2(1))!} + \frac{3(-1)^{(2)} x^{2(2)}}{(2(2))!} + \frac{3(-1)^{(3)} x^{2(3)}}{(2(3))!} + \cdots = \frac{3}{1} - \frac{3x^2}{2!} + \frac{3x^4}{4!} - \frac{x^6}{6!} \pm \cdots$$

Nota: Habrá ocasiones donde sea conveniente evaluar por separado cada uno de los términos de la serie, y al final representar la serie completa; Ejemplo:

5) Calcular los términos de la serie; $\sum_{n=1}^{\alpha} 1 + (-1)^n$

$a_1 = 1 + (-1)^1 = 1 + (-1) = 0$ $a_3 = 1 + (-1)^3 = 1 + (-1) = 0$

$a_2 = 1 + (-1)^2 = 1 + (1) = 2$ $a_4 = 1 + (-1)^4 = 1 + (1) = 2$

$$\sum_{n=1}^{\alpha} \left(1 + (-1)^n\right) = 0 + 2 + 0 + 2 + \cdots$$

6) Calcular los términos de la serie; $\displaystyle\sum_{n=1}^{\alpha}\left(f_n = f_{n+1} + f_{n+2} \quad \forall n \geq 3 \quad y \quad f_1 = 1; f_2 = 1\right)$

Paso 1) $a_1 = f_1 = 1$ $f_1 = 1$; $a_2 = f_2 = 1$; $a_3 = f_3 = f_{3-1} + f_{3-2} = f_2 + f_1 = 1+1 = 2$;

$a_4 = f_4 = f_{4-1} + f_{4-2} = f_3 + f_2 = 2+1 = 3$ $a_5 = f_5 = f_{5-1} + f_{5-2} = f_4 + f_3 = 3+2 = 5$

Paso 2) $\displaystyle\sum_{n=1}^{\alpha}\left(f_n = f_{n+1} + f_{n+2} \quad \forall n \geq 3 \quad y \quad f_1 = 1; f_2 = 1\right) = 1+1+2+3+5+\cdots$

Nota: En el análisis del listado de los términos de la serie se observa, que cada término es la suma de sus dos antecesores (al listado de términos de la serie, se le llama Sucesión de Fibonacci).

Ejercicios:

5.1.5.1 Calcular los términos de las siguientes series:			
1) $\displaystyle\sum_{n=1}^{\alpha} n$ $R = 1+2+3+4+\cdots$	4) $\displaystyle\sum_{n=1}^{\alpha} \frac{n+1}{n^2}$	7) $\displaystyle\sum_{n=1}^{\alpha} \frac{3}{n+2}$ $R = \frac{3}{3} + \frac{3}{4} + \frac{3}{5} + \frac{3}{6} + \cdots$	10) $\displaystyle\sum_{n=1}^{\alpha} \sqrt{n}$
2) $\displaystyle\sum_{n=1}^{\alpha} 2^{\frac{1}{n}}$	5) $\displaystyle\sum_{n=1}^{\alpha} sen\,\frac{n\pi}{3}$ $R = \frac{sen\,\pi}{3} + \frac{sen\,2\pi}{3} + \frac{sen\,3\pi}{3} + \cdots$	8) $\displaystyle\sum_{n=1}^{\alpha} \frac{\ln n^2}{n+1}$	11) $\displaystyle\sum_{n=0}^{\alpha} \frac{(-1)^{2n} x^n}{n+2}$ $R = \frac{1}{2} + \frac{x}{3} + \frac{x^2}{4} + \frac{x^3}{5} + \cdots$
3) $\displaystyle\sum_{n=0}^{\alpha} \frac{1}{n!}$ $R = \frac{1}{1} + \frac{1}{1} + \frac{1}{2} + \frac{1}{6} + \cdots$	6) $\displaystyle\sum_{n=1}^{\alpha} \frac{n^2}{n+1}$	9) $\displaystyle\sum_{n=1}^{\alpha} \frac{n}{e^n}$ $R = \frac{1}{e} + \frac{2}{e^2} + \frac{3}{e^3} + \frac{4}{e^4} + \cdots$	12) $\displaystyle\sum_{n=0}^{\alpha} \frac{2(-1)^n x^{2n+1}}{n!}$

5.1.6 Tipos de series:

Tipo	Caracterización	Ejemplo
p-serie	Familia de series que presentan la forma: $\displaystyle\sum_{n=k}^{\alpha} \frac{1}{n^p} \quad \forall p > 0$	$\displaystyle\sum_{n=1}^{\alpha} \frac{1}{n^2} = \frac{1}{1} + \frac{1}{4} + \frac{1}{9} + \frac{1}{16} + \cdots$
Armónica	Serie del tipo p-serie donde $p = 1$, de tal forma que su estructura final queda: $\displaystyle\sum_{n=k}^{\alpha} \frac{1}{n}$	$\displaystyle\sum_{n=1}^{\alpha} \frac{1}{n} = \frac{1}{1} + \frac{1}{2} + \frac{1}{3} + \frac{1}{4} + \cdots$
Armónica general	Familia de series que presentan la forma: $\displaystyle\sum_{n=k}^{\alpha} \frac{1}{an+b} \quad \forall a > 0$	$\displaystyle\sum_{n=1}^{\alpha} \frac{3}{2n-1} = \frac{3}{1} + \frac{3}{3} + \frac{3}{5} + \frac{3}{7} + \cdots$

Alternantes	Familia de series que presentan sus términos alternativamente en positivos y negativos: $$\sum_{n=k}^{\alpha} a_n (-1)^{n-1}$$	$$\sum_{n=1}^{\alpha} \frac{(-1)^{n-1}}{n} = \frac{1}{1} - \frac{1}{2} + \frac{1}{3} - \frac{1}{4} \pm \cdots$$
Telescópicas:	Familia de series que presentan la forma: $$\sum_{n=k}^{\alpha} (a_n - a_{n+1})$$	$$\sum_{n=1}^{\alpha} \left(\frac{1}{n^2} - \frac{1}{(n+1)^2} \right) = \left(\frac{1}{1} - \frac{1}{4} \right) + \left(\frac{1}{4} - \frac{1}{9} \right) + \left(\frac{1}{9} - \frac{1}{16} \right) + \left(\frac{1}{16} - \frac{1}{25} \right) + \cdots$$
Geométricas	Familia de series que presentan la forma: $$\sum_{n=0}^{\alpha} a r^n \quad \forall a \neq 0 \ y \ r \in R$$ a "r" se le llama la "razón de la serie".	$$\sum_{n=0}^{\alpha} \frac{1}{2^n} = \frac{1}{1} + \frac{1}{2} + \frac{1}{4} + \frac{1}{8} + \cdots$$ Observe que: $\dfrac{1}{2^n} = (1)\left(\dfrac{1}{2} \right)^n \quad \therefore$ $$a = 1 \quad y \quad r = \frac{1}{2}$$
De potencias	familia de series que presentan la forma: $$\sum_{n=0}^{\alpha} a_n x^n \quad \text{donde } x \text{ es una variable.}$$	$$\sum_{n=0}^{\alpha} \frac{x^n}{n!} = \frac{1}{0!} + \frac{x}{1!} + \frac{x^2}{2!} + \frac{x^3}{3!} + \cdots$$ $$= \frac{1}{1} + \frac{x}{1} + \frac{x^2}{2} + \frac{x^3}{6} + \cdots$$

Nota: Para el caso especial donde $x = 1$, se tendría lo siguiente: $$\sum_{n=0}^{\alpha} \frac{1}{n!} = \frac{1}{0!} + \frac{1}{1!} + \frac{1}{2!} + \frac{1}{3!} + \frac{1}{4!} \cdots = 1 + 1 + \frac{1}{2} + \frac{1}{6} + \frac{1}{24} + \cdots = 1 + 1 + 0.5 + 0.1666... + 0.04166... + \cdots = 2.718... = e$$

| De potencias centrada en c | Es una familia de series de potencia que presentan la forma: $$\sum_{n=0}^{\alpha} a_n (x - c)^n \quad \text{donde "c" es una constante.}$$ | $$\sum_{n=0}^{\alpha} \frac{(x-2)^n}{n!} = \frac{1}{0!} + \frac{x-2}{1!} + \frac{(x-2)^2}{2!} + \cdots$$ $$= \frac{1}{1} + \frac{x-2}{1} + \frac{(x-2)^2}{2} + \cdots$$ |

Ejercicios:

5.1.6.1 Dar al menos un ejemplo de los siguientes tipos de series:	
1) Series p-serie. $\quad R = \displaystyle\sum_{n=1}^{\alpha} \frac{2}{3n^2}$	5) Series geométricas. $\quad R = \displaystyle\sum_{n=0}^{\alpha} \frac{2}{3^n}$
2) Serie armónica general.	6) Series de potencias.
3) Series alternantes. $\quad R = \displaystyle\sum_{n=1}^{\alpha} \frac{(-1)^{n-1}}{n!}$	7) Series de potencias centrada en c. $\quad R = \displaystyle\sum_{n=0}^{\alpha} \frac{(x-1)^n}{2n!}$
4) Series telescópicas.	

Clase; 5.2 Generación de la fórmula del enésimo término de una serie.

5.2.1 Estructuras típicas de fórmulas de enésimos términos. — Ejemplos.
5.2.2 Enésimos términos elementales de una serie. — Ejercicios.
5.2.3 Operador de alternancia de una serie.
5.2.4 Tabla: Estructuras típicas de fórmulas de enésimos términos de series.
5.2.5 Generación de la fórmula del enésimo término de una serie.

5.2.1 Estructuras típicas de fórmulas de enésimos términos.

Definición: Son estructuras genéricas de las series, que se transforman en fórmulas de enésimos términos al asignarles los valores específicos a cada una de sus componentes.

Ejemplo: Sea $a_n = n^p - q$ la estructura típica del enésimo término de una serie; Obtener la fórmula del

enésimo término para $p = 2$ y $q = 1$:

Solución: $a_n = n^{(2)} - (1) = n^2 - 1$ ∴ la fórmula del enésimo término es: $a_n = n^2 - 1$

5.2.2 Enésimos términos elementales de una serie.

Son estructuras típicas que contienen "p" ó "n" siendo "p" una constante y se caracterizan porque al observar los términos de las series, directamente se presenta la fórmula del enésimo término.

Ejemplo: $1 + 2 + 3 + 4 + \cdots$ Para $k = 1$ $a_n = n$

5.2.3 Operador de alternancia de una serie.

Es la estructura típica del enésimo término $(-1)^{n \pm p}$ que presenta una serie alternante.

Ejemplo: Obtener la serie completa cuya fórmula del enésimo término es; $\sum_{n=1}^{\alpha} \dfrac{(-1)^{n-1}}{n}$:

Solución: $\sum_{n=1}^{\alpha} \dfrac{(-1)^{n-1}}{n} = \dfrac{1}{1} + \dfrac{-1}{2} + \dfrac{1}{3} + \dfrac{-1}{4} + \cdots = \dfrac{1}{1} - \dfrac{1}{2} + \dfrac{1}{3} - \dfrac{1}{4} \pm \cdots$

5.2.4 Tabla: Estructuras típicas de fórmulas de enésimos términos de series.

A continuación, se presenta una tabla de las estructuras típicas de las fórmulas más comunes, y que a la vez son punto de partida en el aprendizaje para generar fórmulas de enésimos términos de series más complejas.

Tabla: Estructuras típicas de fórmulas de enésimos términos. $\forall\ n, p, q \geq 0\ y \in Z^+$			
Enésimos términos elementales		Estructuras típicas de enésimos términos	
Para: p ó n	Ejemplo:	Para: n y p	Para: n, p y q
1) $a_n = p$	$a_n = 2+2+2+2+\cdots$	1) $a_n = pn$	1) $a_n = pn+q$
2) $a_n = -p$	$a_n = -2-2-2-2-\cdots$	2) $a_n = n^p$	2) $a_n = pn-q$
3) $a_n = n$	$a_n = 1+2+3+4+\cdots$ Para $k=1$	3) $a_n = p^n$	3) $a_n = n^p+q$
4) $a_n = n!$	$a_n = 1+1+2+6+\cdots$ Para $k=0$	4) $a_n = n+p$	4) $a_n = n^p-q$
5) $a_n = n^n$	$a_n = 1+4+27+256+\cdots$ Para $k=1$	5) $a_n = n-p$	5) $a_n = p^n+q$
6) $a_n = (-1)^n$	$a_n = 1-1+1-1\pm\cdots$ Para $k=0$	6) $a_n = p-n$	6) $a_n = p^n-q$

5.2.5 Generación de la fórmula del enésimo término de una serie

Cuando una serie se expresa únicamente por sus términos, se supone que los términos subsecuentes (indicados por los tres puntos ...) obedecen a la regla de orden implícita en los términos que sí están presentes. Es aquí donde se hace necesario generar la fórmula del enésimo término por lo que se ofrece el siguiente método.

Método de investigación para la generación del enésimo término de una serie.

1) Analizar cada estructura típica de enésimos términos de cuerdo a la "Tabla: Prueba de estructuras típicas" que se presenta, hasta encontrar la estructura que cumpla con todos y cada uno de los términos de la serie.

Notas: a) Esto no necesariamente implica que siempre se deban de probar en determinado orden todas las estructuras hasta encontrar la que estamos buscando, sino que una vez que se domina el método se pueden hacer saltos de estructuras típicas de acuerdo a la intuición de cada estudiante.
    b) Cocientes, múltiplos, potencias y operadores de alternancia se analizan por separado.

Ejemplo 1) $\dfrac{1}{1}+\dfrac{2}{2}+\dfrac{3}{6}+\dfrac{4}{24}+\cdots$ Se analizan por separado las series: $\begin{cases} 1+2+3+4+\cdots & y \\ 1+2+6+24+\cdots \end{cases}$

Ejemplo 2) $2x+4x^2+6x^3+8x^4+\cdots$ Se analizan por separado las series: $\begin{cases} 2+4+6+8+\cdots & y \\ 1+2+3+4+\cdots \end{cases}$

2) Identificar la fórmula de la estructura típica del enésimo término.
3) Generar la fórmula del enésimo término.
4) Estructurar la serie completa (con el enésimo término incluido).

Tabla: Prueba de estructuras típicas.							
Estructura típica	Valores		$a_k + a_{k+1} + a_{k+2} + a_{k+3} + \cdots$ para $k=?$				Fórmula enésimo término
	p	q	$n=k$ $\quad$ $a_1=?$ Cumple?	$n=k+1$ $\quad$ $a_2=?$ Cumple?	$n=k+2$ $\quad$ $a_3=?$ Cumple?	$n=k+3$ $\quad$ $a_4=?$ Cumple?	
$a_n = p$							
$a_n = -p$							
$a_n = n$							
$a_n = n^n$							
$\vdots$							
$a_n = p^n - q$							$a_n = ?$

Ejemplo 1)   Sea: $1+2+6+24+\ldots$ Generar la fórmula del enésimo término de la serie para $k=1$.
Paso 1)

Tabla: Prueba de estructuras típicas.							
Estructura típica	Valores		Serie: $\quad 1+2+6+24+\ldots$ $\qquad$ para $k=1$.				Fórmula enésimo término
	p	q	$n=1$ $\quad$ $a_1=1$ Cumple?	$n=2$ $\quad$ $a_2=2$ Cumple?	$n=3$ $\quad$ $a_3=6$ Cumple?	$n=4$ $\quad$ $a_4=24$ Cumple?	
$a_n = p$	1		$a_1=1$ $\quad$ Sí $\quad$ $a_2=1$ $\quad$ No				
$a_n = -p$			$a_1=-1$ $\quad$ No				

$a_n = n$		$a_1 = 1$ Sí $a_2 = 2$ Sí $a_3 = 3$ No	
$a_n = n^n$		$a_1 = 1^1 = 1$ Sí $a_2 = 2^2 = 4$ No	
$a_n = n!$		$a_1 = 1! = 1$ Sí $a_2 = 2! = 2$ Sí $a_3 = 3! = 6$ Sí $a_4 = 4! = 24$ Sí	$a_n = n!$

Paso 2) Fórmula de la estructura típica del enésimo término: $a_n = n!$

Paso 3) Fórmula del enésimo término: $a_n = n!$

Paso 4) Serie completa: $\displaystyle\sum_{n=1}^{\alpha} n! = 1 + 2 + 6 + 24 + \cdots$

Ejemplo 2)   Generar la fórmula del enésimo término de la serie para $k = 0$.

Sea: $1 + x + x^2 + x^3 + \dots$ Observe que $x^0 = 1$ de donde la serie similar sería $x^0 + x^1 + x^2 + x^3 + \dots$

Paso 1)

Tabla: Prueba de estructuras típicas.							
Estructura típica	Valores		Serie: $0 + 1 + 2 + 3 + \dots$ para $k = 0$.				Fórmula enésimo término
	p	q	$n = 0$ $a_1 = 0$ Cumple?	$n = 1$ $a_2 = 1$ Cumple?	$n = 2$ $a_3 = 2$ Cumple?	$n = 3$ $a_4 = 3$ Cumple?	
$a_n = p$ $a_n = -p$	1		$a_1 = 1$ Sí $a_2 = 1$ No No				
$a_n = n$			$a_1 = 0$ Sí	$a_2 = 1$ Sí	$a_3 = 2$ Sí	$a_3 = 3$ Sí	$a_n = n$

Paso 2) Fórmula de la estructura típica del enésimo término: $a_n = x^n$

Paso 3) Fórmula del enésimo término: $a_n = x^n$

Paso 4) Serie completa: $\displaystyle\sum_{n=0}^{\alpha} x^n = 1 + x + x^2 + x^3 + \cdots$

Ejemplo 3) Sea: $\dfrac{2}{1} + \dfrac{4}{3} + \dfrac{8}{5} + \dfrac{16}{7} + \cdots$ Generar la fórmula del enésimo término para de la serie para $k = 1$

Paso 1)

Tabla: Prueba de estructuras típicas.							
Estructura típica	Valores		Serie $2 + 4 + 8 + 16 + \cdots$ Para $k = 1$				Fórmula enésimo término
	p	q	$n = 1$ $a_1 = 2$ Cumple?	$n = 2$ $a_2 = 4$ Cumple?	$n = 3$ $a_3 = 8$ Cumple?	$n = 4$ $a_4 = 16$ Cumple?	
$a_n = n$			$a_1 = 1$ No				
$a_n = n^n$			$a_1 = 1^1 = 1$ No				
$a_n = n!$			$a_1 = 1! = 1$ No				
$a_n = pn$	2		$a_1 = 2.1 = 2$ Sí	$a_2 = 2.2 = 4$ Sí	$a_3 = 2.3 = 6$ No		
$\vdots$							
$a_n = p^n$	2		$a_1 = 2^1 = 2$ Sí	$a_2 = 2^2 = 4$ Sí	$a_3 = 2^3 = 8$ Sí $a_4 = 2^4 = 16$ Sí		$a_n = 2^n$

Estructura típica	Valores		Serie: $1+3+5+7+\cdots$ Para $k=1$				Fórmula enésimo término
	p	q	$n=1$ $a_1=1$ Cumple?	$n=2$ $a_2=3$ Cumple?	$n=3$ $a_3=5$ Cumple?	$n=4$ $a_4=7$ Cumple?	
$a_n=n$			$a_1=1$ Sí	$a_2=2$ No			
$a_n=n^n$			$a_1=1^1=1$ Sí	$a_2=2^2=4$ No			
$a_n=n!$			$a_1=1!=1$ Sí	$a_2=2!=2$ No			
$\vdots$							
$a_n=pn-q$	2	1	$a_1=2.1-1=1$ Sí	$a_2=2.2-1=3$ Sí	$a_3=2.3-1=5$ Sí	$a_1=2.4-1=7$ Sí	$a_n=2n-1$

Paso 2) Fórmula de la estructura típica del enésimo término: $a_n=\dfrac{p^n}{pn-q}$

Paso 3) Fórmula del enésimo término: $a_n=\dfrac{2^n}{2n-1}$

Paso 4) Serie completa: $\displaystyle\sum_{n=1}^{\alpha}\dfrac{2^n}{2n-1}=\dfrac{1}{2}+\dfrac{4}{3}+\dfrac{8}{5}+\dfrac{16}{7}+\cdots$

Ejemplo 4) Sea: $\dfrac{1}{2}+\dfrac{3}{3}+\dfrac{7}{4}+\dfrac{15}{5}+\cdots$ Generar la fórmula del enésimo término de la serie para $k=1$

Paso 1)

Tabla: Prueba de estructuras típicas.							
Estructura típica	Valores		Serie: $1+3+7+15+\cdots$ Para $k=1$				Fórmula enésimo término
	p	q	$n=1$ $a_1=1$ Cumple?	$n=2$ $a_2=3$ Cumple?	$n=3$ $a_3=7$ Cumple?	$n=4$ $a_4=15$ Cumple?	
$a_n=n$			$a_1=1$ Sí	$a_2=2$ No			
$a_n=n^n$			$a_1=1^1=1$ Sí	$a_2=2^2$ No			
$\vdots$							
$c_n=p^n-q$	2	1	$a_1=2^1-1$ $=1$ Sí	$a_2=2^2-1$ $=3$ Sí	$a_3=2^3-1$ $=7$ Sí	$a_4=2^4-1$ $=15$ Sí	$a_n=2^n-1$

Tabla: Prueba de estructuras típicas.							
Estructura típica	Valores		Serie: $2+3+4+5+\cdots$ Para $k=1$				Fórmula enésimo término
	p	q	$n=1$ $a_1=2$ Cumple?	$n=2$ $a_1=3$ Cumple?	$n=3$ $a_1=4$ Cumple?	$n=4$ $a_1=5$ Cumple?	
$a_n=n$			$a_1=1$ Sí	$a_2=2$ No			
$a_n=n^n$			$a_1=1^1=1$ Sí	$a_2=2^2$ No			
$\vdots$							
$a_n=n+1$			$a_1=1+1=2$ Sí	$a_2=2+1=3$ Sí	$a_3=3+1=4$ Sí	$a_4=4+1=5$ Sí	$a_n=n+1$

Paso 2) Formula de la estructura típica del enésimo término: $a_n = \dfrac{p^n - q}{n+1}$

Paso 3) Fórmula de enésimo término: $a_n = \dfrac{2^n - 1}{2^n}$

Paso 4) Serie completa: $\displaystyle\sum_{n=1}^{\alpha} \dfrac{2^n - 1}{2^n} = \dfrac{1}{2} + \dfrac{3}{4} + \dfrac{7}{8} + \dfrac{15}{16} + \cdots$

Ejemplo 5)   Generar la fórmula del enésimo término de la serie para $k = 0$.

Sea: $1 - x + \dfrac{x^2}{2!} - \dfrac{x^3}{3!} \pm \ldots$ Observe que una serie similar es: $\dfrac{x^0}{0!} - \dfrac{x^1}{1!} + \dfrac{x^2}{2!} - \dfrac{x^3}{3!} \pm \cdots$

Paso 1) Observe que los signos cambias de positivo a negativo alternativamente, por lo que $a_n = (-1)^n$

Para la serie $x^0 + x^1 + x^2 + x^3 + \ldots$ el enésimo término es: $a_n = x^n$

Para la serie $0! + 1! + 2! + 3! + \cdots$ el enésimo término es: $a_n = n!$

Paso 2) La fórmula de la estructura típica del enésimo término es: $a_n = \dfrac{(-1)^n x^n}{n!}$

Paso 3) La fórmula del enésimo término es: $a_n = \dfrac{(-1)^n x^n}{n!}$

Paso 4)   La serie completa es: $\displaystyle\sum_{n=0}^{\alpha} \dfrac{(-1)^n x^n}{n!} = 1 - x + \dfrac{x^2}{2!} - \dfrac{x^3}{3!} \pm \cdots$

Ejercicios:

5.2.5.1 Generar el enésimo término de las siguientes series:	
1) $2 + 4 + 6 + 8 + \cdots$ $\forall\, k = 1$ $R = \displaystyle\sum_{n=0}^{\alpha} (2n+2)$	6) $\dfrac{3}{3} + \dfrac{3}{5} + \dfrac{3}{7} + \dfrac{3}{9} + \cdots$ $\forall\, k = 1$
2) $3 - 4 + 5 - 6 \pm \cdots$ $\forall\, k = 1$	7) $\dfrac{1}{1} + \dfrac{1}{1} + \dfrac{1}{2} + \dfrac{1}{6} + \cdots$ $\forall\, k = 1$ $R = \displaystyle\sum_{n=1}^{\alpha} \dfrac{1}{(n-1)!}$
3) $\dfrac{1}{1} + \dfrac{1}{2} + \dfrac{1}{3} + \dfrac{1}{4} + \cdots$ $\forall\, k = 1$ $R = \displaystyle\sum_{n=1}^{\alpha} \dfrac{1}{n}$	8) $x + x^2 + \dfrac{x^3}{2!} + \dfrac{x^4}{3!} + \cdots \forall\, k = 0$
4) $1 - x + \dfrac{x^2}{2!} - \dfrac{x^3}{3!} \pm \cdots$ $\forall\, k = 0$	9) $\dfrac{1}{1!} + \dfrac{x}{1!} + \dfrac{x^2}{2!} + \dfrac{x^3}{3!} \pm \ldots$ $\forall\, k = 0$ $R = \displaystyle\sum_{n=0}^{\alpha} \dfrac{x^n}{n!}$
5) $\dfrac{1}{1} + \dfrac{1}{4} + \dfrac{1}{9} + \dfrac{1}{16} + \cdots$ $\forall\, k = 1$ $R = \displaystyle\sum_{n=1}^{\alpha} \dfrac{1}{n^2}$	10) $\dfrac{1}{1} + \dfrac{1}{2} + \dfrac{1}{4} + \dfrac{1}{8} + \cdots$ $\forall\, k = 1$

Clase: 5.3 Convergencia de series.

5.3.1 Sumas parciales de una serie.
5.3.2 Estrategia para investigar la convergencia de series por definición.
5.3.3 Estrategia para investigar la convergencia de series por el criterio de la raíz.
5.3.4 Estrategia para investigar la convergencia de series por el criterio del cociente.

- Ejemplos.
- Ejercicios.

5.3.1 Sumas parciales de una serie:

Sí se tiene una serie: $\sum_{n=k}^{\alpha} a_n = a_k + a_{k+1} + a_{k+2} + a_{k+3} + \cdots$ entonces las sumas parciales de la serie infinita son:

$s_1 = a_k$

$s_2 = a_k + a_{k+1}$

$s_3 = a_k + a_{k+1} + a_{k+2}$

$\vdots$

$s_n = a_k + a_{k+1} + a_{k+2} + \ldots$ llamada enésima suma parcial de la serie infinita $\sum a_n$

Sí a las sumas parciales le asociamos una serie de sumas parciales entonces tenemos:

$$S = \sum_{n=k}^{\alpha} s_n = s_1 + s_2 + s_3 + s_4 + \cdots \qquad \sum_{n=k}^{\alpha} S = s_1 + s_2 + s_3 + s_4 + \cdots \qquad \text{De donde podemos inferir que:}$$

La suma "S" de la serie infinita $\sum_{n=k}^{\alpha} a_n$ es el límite del enésimo término de la serie de sumas parciales, siempre y cuando el límite exista, o sea:

$$S = \lim_{n \to \alpha} s_n \quad \forall \; \lim_{n \to \alpha} s_n \in R$$

5.3.2 Estrategia para investigar la convergencia de series por definición.

La definición de convergencia de una serie afirma que: Una serie es convergentes, si el límite del enésimo término de la serie de sumas parciales existe, o bien es divergente si el límite no existe.

Método para investigar la convergencia de series por la definición:

1) Calcular los términos de la serie
2) Calcular las sumas parciales.
3) Estructurar la serie de sumas parciales.
4) Obtener el enésimo término de la serie de sumas parciales o determinar por observación directa de los términos la existencia o no del límite
5) Obtener el límite del enésimo término de las sumas parciales.
6) Declarar aplicando la definición si la serie es convergente o divergente.

Ejemplo 1) Investigar por la definición la convergencia de la serie: $\sum_{n=1}^{\alpha} \left[(-1)^n + 1 \right]$

Paso 1) $\sum_{n=1}^{\alpha} \left[(-1)^n + 1 \right] = 0 + 2 + 0 + 2 + \cdots$

Paso 2) $S_1 = 0$; $S_2 = 0 + 2 = 2$; $S_3 = 0 + 2 + 0 = 2$; $S_4 = 0 + 2 + 0 + 2 = 4$ $\{S\} = 0, 2, 2, 4, \cdots$

Paso 3) $\sum_{n=1}^{\alpha} S = 0 + 2 + 2 + 4 + \cdots$

Paso 4)   Por observación directa se declara que no hay límite.
Paso 5)   No hay límite.
Paso 6)   La serie es divergente.

Ejemplo 2) Investigar por la definición la convergencia de la serie: $\displaystyle\sum_{n=1}^{\alpha}\left(\frac{1}{2}\right)^{n}$

Paso 1) $\displaystyle\sum_{n=1}^{\alpha}\left(\frac{1}{2}\right)^{n}=\frac{1}{1}+\frac{1}{2}+\frac{1}{4}+\frac{1}{8}+\frac{1}{16}+\cdots$

Paso 2) $S_{1}=\dfrac{1}{2}$; $S_{2}=\dfrac{1}{2}+\dfrac{1}{4}=\dfrac{3}{4}$; $S_{3}=\dfrac{1}{2}+\dfrac{1}{4}+\dfrac{1}{8}=\dfrac{3}{4}+\dfrac{1}{8}=\dfrac{7}{8}$; $S_{4}=\dfrac{1}{2}+\dfrac{1}{4}+\dfrac{1}{8}+\dfrac{1}{16}=\dfrac{7}{8}+\dfrac{1}{16}=\dfrac{15}{16}$

Paso 3) $\displaystyle\sum_{n=1}^{\alpha}S=\frac{1}{2}+\frac{3}{4}+\frac{7}{8}+\frac{15}{16}+\cdots$

Paso 4) $\dfrac{2^{n}-1}{2^{n}}$ ya resuelto en el apartado: "Generación del enésimos término de una serie".

Paso 5) $\displaystyle\lim_{n\to\alpha}\frac{2^{n}-1}{2^{n}}=\lim_{n\to\alpha}\left(1-\frac{1}{2n}\right)=1$ por lo tanto el límite existe.

Paso 6) La serie es convergente.

Es de observarse que:

$$S=\sum_{n=1}^{\alpha}\left(\frac{1}{2}\right)^{n}=\frac{1}{2}+\frac{1}{4}+\frac{1}{8}+\frac{1}{16}+\frac{1}{32}+\frac{1}{64}+\frac{1}{128}+\cdots=0.992188+\cdots=\lim_{n\to\alpha}\sum_{n=1}^{\alpha}\left(\frac{1}{2}\right)^{n}=1$$

Ejercicios:

5.3.2.1 Investigar por definición la convergencia de las siguientes series:		
1) $\displaystyle\sum_{n=1}^{\alpha}2n$ $R=$ *Es divergente*	2) $\displaystyle\sum_{n=1}^{\alpha}\frac{n}{n+1}$	3) $\displaystyle\sum_{n=0}^{\alpha}\frac{2}{3^{n}}$ $R=$ *Es convergente*

5.3.3 Estrategia para investigar la convergencia de series por el criterio de la raíz.

El criterio establece que si se tiene una serie $\displaystyle\sum a_{n}$ entonces se puede afirmar lo siguiente:

1°. $\displaystyle\sum a_{n}$ es convergente si $\displaystyle\lim_{n\to\alpha}\sqrt[n]{|a_{n}|}<1$

2°. $\displaystyle\sum a_{n}$ es divergente si $\displaystyle\lim_{n\to\alpha}\sqrt[n]{|a_{n}|}>1$

3°. El criterio no decide si $\displaystyle\lim_{n\to\alpha}\sqrt[n]{|a_{n}|}=1$

Ejemplo: Investigar por el criterio de la raíz la convergencia o divergencia de la serie $\displaystyle\sum_{n=1}^{\alpha}\frac{2^{n}}{n^{2n}}$:

$$\lim_{n\to\alpha}\sqrt[n]{\left|\frac{2^{n}}{n^{2n}}\right|}=\sqrt[n]{\left|\lim_{n\to\alpha}\frac{2^{n}}{n^{2n}}\right|}=\sqrt[n]{\left|\lim_{n\to\alpha}\left(\frac{2}{n^{2}}\right)^{n}\right|}=\sqrt[n]{\left|\left(\frac{2}{\alpha}\right)^{\alpha}\right|}=\sqrt[n]{0^{\alpha}}=\sqrt[n]{0}=0$$

Como $\displaystyle\lim_{n\to\alpha}\sqrt[n]{|a_{n}|}<1$ $\therefore$ se concluye que la serie es convergente.

Ejercicios:

5.3.3.1 Investigar por el criterio de la raíz la convergencia de las siguientes series:		
1) $\displaystyle\sum_{n=0}^{\alpha} \frac{5}{2^n}$ $\quad R = \; Es\; convergente$	2) $\displaystyle\sum_{n=0}^{\alpha} \frac{2}{\sqrt[n]{2}}$	3) $\displaystyle\sum_{n=1}^{\alpha} \frac{2^n}{3^n+1}$ $\quad R = \; Es\; convergente$

5.3.4 Estrategia para investigar la convergencia de series por el criterio del cociente.

El criterio establece que si se tiene una serie $\sum a_n$ con términos no nulos, entonces se puede afirmar:

1°)   Sí $\displaystyle\lim_{n\to\alpha}\left|\frac{a_{n+1}}{a_n}\right| < 1$ La serie converge.

2°)   Sí $\displaystyle\lim_{n\to\alpha}\left|\frac{a_{n+1}}{a_n}\right| > 1$ La serie converge.

3o)   Sí $\displaystyle\lim_{n\to\alpha}\left|\frac{a_{n+1}}{a_n}\right| = 1$ El criterio no decide.

Método para investigar la convergencia de series por el criterio del cociente:

1. Obtener los términos de la serie $\sum a_n$ y verificar que sus términos sean no nulos.

2. A partir de $\sum a_n$ obtenga $\sum a_{n+1}$

3. Obtenga el $\displaystyle\lim_{n\to\alpha}\left|\frac{a_{n+1}}{a_n}\right|$

4. Aplique el criterio del cociente.

Ejemplo: Investigar por el criterio del cociente la convergencia de la serie $\displaystyle\sum_{n=0}^{\alpha}\frac{2^n}{n!}$:

Paso 1) Análisis: $\displaystyle\sum_{n=0}^{\alpha}\frac{2^n}{n!} = \frac{1}{1} + \frac{2}{1} + \frac{4}{2} + \frac{8}{6} + \cdots$ $\therefore$ se concluye que $\displaystyle\sum_{n=0}^{\alpha}\frac{2^n}{n!}$ no tiene términos no nulos.

Paso 2) Análisis: si $a_n = \displaystyle\sum_{n=0}^{\alpha}\frac{2^n}{n!}$ $\therefore$ $a_{n-1} = \displaystyle\sum_{n=0}^{\alpha}\frac{2^{n+1}}{(n+1)!}$

Paso 3) $\displaystyle\lim_{n\to\alpha}\left|\frac{a_{n+1}}{a_n}\right| = \lim_{n\to\alpha}\left|\frac{\frac{2^{n+1}}{(n+1)!}}{\frac{2^n}{n!}}\right| = \lim_{n\to\alpha}\left|\frac{2^{n+1}\,n!}{2^n(n+1)!}\right| = \lim_{n\to\alpha}\left|\frac{2}{n+1}\right| = \left|\frac{2}{\alpha+1}\right| = 0$

Paso 4) $\displaystyle\lim_{n\to\alpha}\left|\frac{a_{n+1}}{a_n}\right| < 1$ $\therefore$ se concluye que la serie es convergente.

Ejercicios:

5.3.4.1 Investigar por el criterio del cociente la convergencia de las siguientes series:		
1) $\displaystyle\sum_{n=0}^{\alpha}\frac{2^n}{5}$ $\quad R = Es\; divergente$	2) $\displaystyle\sum_{n=1}^{\alpha}\frac{3^n+1}{2!}$	3) $\displaystyle\sum_{n=0}^{\alpha}\frac{e^n}{n!}$ $\quad R = Es\; convergente$

Clase: 5.4 Intervalo y radio de convergencia de series de potencias.
5.4.1 Intervalo y radio de convergencia de series de potencias.
- Ejemplos.
- Ejercicios.

5.4.1 Intervalo y radio de convergencia de series de potencias:

El intervalo de convergencia es el conjunto de valores donde la serie converge.

El teorema de convergencias de una serie de potencias centrada en "c" afirma que:
"Existe un número real $R > 0$ ($"R"$ es el radio de convergencia) en la serie $\sum_{n=0}^{\alpha} a_n (x-c)^n$ en la cual:

1°. Sí la serie converge, para toda "x"; entonces $R = \alpha$ y su intervalo de convergencia es: $(-\alpha, \alpha)$

2°. Sí la serie converge, solo cuando $x = c$; entonces (por convención) $R = 0$ y su intervalo de convergencia consta de un solo punto y es el punto "c"; o sea: $(c, \ c)$

3°. Sí la serie converge, para $|x - c| < R$; entonces $x_1 = c - R$ y $x_2 = c + R$ son sus puntos extremos y su intervalo de convergencia tiene cuatro posibilidades: $(x_1, \ x_2); \ (x_1, \ x_2]; \ [x_1, \ x_2); \ y \ [x_1, \ x_2]$

Método para investigar el intervalo y el radio de convergencia de una serie de potencia:

1.- Seleccione alguna estrategia para investigar la convergencia de la serie.
2.- Identificar el radio de convergencia.
3.- Investigar el intervalo de convergencia.

Ejemplo 1) Investigar el radio e intervalo de convergencia de la serie; $\sum_{n=0}^{\alpha} \dfrac{(-1)^n x^{n+1}}{n!}$

Paso 1. La estrategia seleccionada es "Criterio del cociente".

Paso 1.1. $\sum_{n=0}^{\alpha} \dfrac{(-1)^n x^{n+1}}{n!} = \dfrac{x}{0!} + \dfrac{-x^2}{1!} + \dfrac{x^3}{3!} + \dfrac{-x^4}{4!} \pm \cdots$ No tiene términos nulos.

Paso 1.2. $a_n = \dfrac{(-1)^n x^{n+1}}{n!}$ $a_{n+1} = \dfrac{(-1)^{n+1} x^{n+2}}{(n+1)!}$

Paso 1.3. $\lim\limits_{n \to \alpha} \left| \dfrac{a_{n+1}}{a_n} \right| = \lim\limits_{n \to \alpha} \left| \dfrac{\frac{(-1)^{n+1} x^{n+2}}{(n+1)!}}{\frac{(-1)^n x^{n+1}}{n!}} \right| = \lim\limits_{n \to \alpha} \left| \dfrac{n!(-1)^{n+1} x^{n+2}}{(n+1)!(-1)^n x^{n+1}} \right| = \lim\limits_{n \to \alpha} \left| \dfrac{-x}{n+1} \right| = \left| \dfrac{-x}{\alpha+1} \right| = 0$

Paso 1.4.   La serie converge para toda "x"; según el criterio del cociente.

Paso 2.   El radio de convergencia es: $R = \alpha$

Paso 3.   El intervalo de convergencia es: $(-\alpha, \ \alpha)$

Ejemplo 2) Investigar el radio e intervalo de convergencia de la serie; $\displaystyle\sum_{n=1}^{\alpha} \frac{x^n}{2n}$

Paso 1. La estrategia seleccionada es "Criterio del cociente".

Paso 1.1. $\displaystyle\sum_{n=1}^{\alpha} \frac{x^n}{2n} = \frac{x}{2} + \frac{x^2}{4} + \frac{x^3}{6} + \frac{x^4}{8} + \cdots$ No tiene términos nulos.

Paso 1.2. $a_n = \dfrac{x^n}{2n} \qquad a_{n+1} = \dfrac{x^{n+1}}{2(n+1)}$

Paso 1.3. $\displaystyle\lim_{n\to\alpha} \left| \frac{a_{n+1}}{a_n} \right| = \lim_{n\to\alpha} \left| \frac{\frac{x^{n+1}}{2(n+1)}}{\frac{x^n}{2n}} \right| = \lim_{n\to\alpha} \left| \frac{2n\,x^{n+1}}{2(n+1)\,x^n} \right| = \lim_{n\to\alpha} \left| \frac{nx}{n+1} \right| = \lim_{n\to\alpha} \left| \frac{\frac{nx}{n}}{\frac{n}{n} + \frac{1}{n}} \right| = \lim_{n\to\alpha} \left| \frac{x}{1 + \frac{1}{n}} \right| = \left| \frac{x}{1+0} \right| = |x|$

Paso 1.4.   La serie converge para $|x| < 1$ según el criterio del cociente.

Paso 2. El radio de convergencia es: $R = 1$

Paso 3. Sí la serie es convergente en $|x| < 1$ entonces los puntos extremos de $"x"$ Son: $x = -1$ y $x = 1$

Para $x = -1$ $\displaystyle\sum_{n=1}^{\alpha} \frac{(-1)^n}{n} = \frac{-1}{1} + \frac{1}{2} + \frac{-1}{3} + \frac{1}{4} \mp \cdots$ la serie converge; y por lo tanto su intervalo es cerrado.

Para $x = 1$ $\displaystyle\sum_{n=1}^{\alpha} \frac{(1)^n}{n} = \frac{1}{1} + \frac{1}{2} + \frac{1}{3} + \frac{1}{4} + \cdots$ la serie diverge; y por lo tanto su intervalo es abierto.

Conclusión: El intervalo de convergencia es: $[-1, \ 1)$

Ejemplo 3) Investigar el radio de convergencia de la serie; $\displaystyle\sum_{n=0}^{\alpha} (x-2)^n$

Paso 1) La estrategia seleccionada es "Criterio del cociente".

Paso 1.1. $\displaystyle\sum_{n=0}^{\alpha} (x-2)^n = (x-2)^0 + (x-2)^1 + (x-2)^2 + (x-2)^3 + \cdots$ donde se observa que no tiene

términos nulos en $(x-2)$, excepto para $x = 2$ de donde para $x \neq 2$ el criterio es aplicable.

Paso 1.2. $a_n = \displaystyle\sum_{n=0}^{\alpha} (x-2)^n \qquad a_{n+1} = \displaystyle\sum_{n=0}^{\alpha} (x-2)^{n+1}$

Paso 1.3 $\displaystyle\lim_{n\to\alpha} \left| \frac{a_{n+1}}{a_n} \right| = \lim_{n\to\alpha} \left| \frac{\sum_{n=0}^{\alpha} (x-2)^{n+1}}{(x-2)^n} \right| = \left| \lim_{n\to\alpha} (x-2) \right| = |x-2|$

Paso 1.4. se concluye que la serie es convergente en $|x-2| < 1 \quad \forall\, x \neq 2$

Paso 2) Se concluye que: $R = 1$ según el criterio del cociente. de $"x"$

Paso 3) Sí la serie es convergente en $|x-2| < 1 \,\forall\, x \neq 2$ entonces los puntos extremos son: $x = 1 \, y \, x = 3$

Para $x = 1$ $\displaystyle\sum_{n=0}^{\alpha} (1-2)^n = 1 - 1 + 1 - 1 \pm \cdots$ la serie diverge; y su intervalo es abierto.

Para $x = 3$ $\displaystyle\sum_{n=0}^{\alpha} (3-2)^n = 1 + 1 + 1 + 1 + \cdots$ la serie converge; y su intervalo es cerrado.

Por lo tanto, el intervalo de convergencia es: $(1, \ 3] \quad \forall\, x \neq 2$

Ejemplo 4) Investigar el radio e intervalo de convergencia de la serie; $\displaystyle\sum_{n=0}^{\alpha}\frac{(-1)^n x^{n+2}}{n+1}$

Paso 1. La estrategia seleccionada es "Criterio del cociente".

Paso 1.1. $\displaystyle\sum_{n=0}^{\alpha}\frac{(-1)^n x^{n+2}}{n+1}=\frac{x^2}{1}+\frac{x^3}{2}+\frac{x^4}{3}+\frac{x^5}{4}+\cdots$ No tiene términos nulos.

Paso 1.2. $\displaystyle a_n=\frac{(-1)^n x^{n+2}}{n+1}\qquad a_{n+1}=\frac{(-1)^{n+1} x^{n+3}}{n+2}$

Paso 1.3.

$$\lim_{n\to\alpha}\left|\frac{a_{n+1}}{a_n}\right|=\lim_{n\to\alpha}\left|\frac{\frac{(-1)^{n+1} x^{n+3}}{n+2}}{\frac{(-1)^n x^{n+2}}{n+1}}\right|=\lim_{n\to\alpha}\left|\frac{(n+1)(-1)^{n+1} x^{n+3}}{(n+2)(-1)^n x^{n+2}}\right|=\lim_{n\to\alpha}\left|\frac{-(n+1)x}{n+2}\right|=\lim_{n\to\alpha}\left|-x\left(1-\frac{1}{n+2}\right)\right|=\left|-x\right|$$

Paso 1.4.   La serie converge para $\left|-x\right|<1$ según el criterio del cociente.

Paso 2.   El radio de convergencia es: $R=1$

Paso 3.   Sí $\left|-x\right|<1$ entonces los puntos extremos son -1 y 1.

Para $x=-1$ $\displaystyle\sum_{n=0}^{\alpha}\frac{(-1)^n(-1)^{n+2}}{n+1}=\frac{1}{1}+\frac{1}{2}+\frac{1}{3}+\frac{1}{4}+\cdots$ la serie diverge; y su intervalo es abierto.

Para $x=1$ $\displaystyle\sum_{n=0}^{\alpha}\frac{(-1)^n(1)^{n+2}}{n+1}=\frac{1}{1}+\frac{-1}{2}+\frac{1}{3}+\frac{-1}{4}+\cdots$ la serie converge; y su intervalo es cerrado.

Por lo tanto, se concluye que; el intervalo de convergencia es: $\left(-1,1\right]$

Ejercicios:

5.4.1.1 Investigar el radio e intervalo de convergencia de las siguientes series:			
1) $\displaystyle\sum_{n=0}^{\alpha}\frac{(-1)^n x^n}{n+1}$ $Respuesta:\ R=1\ \left(-1,1\right]$	2) $\displaystyle\sum_{n=0}^{\alpha}\frac{(3x)^n}{n!}$	3) $\displaystyle\sum_{n=0}^{\alpha}\frac{(-1)^{n+1} x^n}{2n}$ $Respuesta:\ R=\alpha\ \left(-\alpha,\alpha\right)$	4) $\displaystyle\sum_{n=0}^{\alpha}\frac{3x^n}{2n!}$

Clase: 5.5 Derivación e integración indefinida de series de potencia.
5.5.1 Derivación e integración indefinida de series de potencias.
- Ejemplos.
- Ejercicios.

5.5.1 Derivación e integración indefinida de funciones por series de potencias:

Sí f es una función que tiene una representación en la serie de potencia, entonces:

$$f(x) = \sum_{n=0}^{\alpha} a_n x^n = a_0 + a_1 x + a_2 x^2 + a_3 x^3 + \cdots$$ y si f es derivable e integrable, se infiere que:

$$f'(x) = \sum_{n=0}^{\alpha} n a_n x^{n-1} = a_1 + 2a_2 x + 3a_3 x^2 + 4a_4 x^3 + \cdots$$ es decir, el proceso se lleva a cabo derivando cada término de la serie.

$$\int f(x)dx = c + a_0 x + a_1 \frac{x^2}{2} + a_2 \frac{x^3}{3} + \cdots$$ o sea, el proceso se lleva a cabo integrando cada término de la serie.

Método de derivación e integración indefinida de series de potencia:

1. Obtenga los primeros cuatro términos no nulos de la serie.
2. Derive la serie.
3. Integre la serie.

Ejemplo 1) Derivar e integrar la serie; $f(x) = \sum_{n=0}^{\alpha} x^n$ Paso 1) $\sum_{n=0}^{\alpha} x^n = 1 + x + x^2 + x^3 + \cdots$

Paso 2) $f'(x) = 1 + 2x + 3x^2 + 4x^3 + \cdots$ Paso 3) $\int x^n dx = x + \frac{x^2}{2} + \frac{x^3}{3} + \frac{x^4}{4} + \cdots + c$

Ejemplo 2) Derivar e integrar la serie; $f(x) = \sum_{n=0}^{\alpha} \frac{x^n}{n}$ $\sum_{n=1}^{\alpha} \frac{x^n}{n} = x + \frac{x^2}{2} + \frac{x^3}{3} + \frac{x^4}{4} + \cdots$

$$f'(x) = \sum_{n=1}^{\alpha} x^{n-1} = 1 + x + x^2 + x^4 + \cdots$$ $$\int \frac{x^n}{n} dx = \frac{x^2}{2} + \frac{x^3}{6} + \frac{x^4}{12} + \frac{x^5}{20} + \cdots + c$$

Ejemplo 3) Derivar e integrar la serie; $f(x) = \sum_{n=0}^{\alpha} \frac{x^{2n}}{(3n)!}$ $\sum_{n=0}^{\alpha} \frac{x^{2n}}{(3n)!} = \frac{1}{0!} + \frac{x^2}{3!} + \frac{x^4}{6!} + \frac{x^6}{9!} + \cdots$

$$f'(x) = \sum_{n=0}^{\alpha} \frac{2n x^{2n-1}}{(3n)!} = \frac{2x}{3!} + \frac{4x^3}{6!} + \frac{6x^5}{9!} + \frac{8x^7}{12!} + \cdots$$ $$\int \frac{x^{2n}}{(3n)!} dx = \frac{x}{1(0!)} + \frac{x^3}{3(3!)} + \frac{x^5}{5(6!)} + \cdots + c$$

Ejercicios:

5.5.1.1 Obtener la derivada y la integral indefinida de las siguientes series de potencia:		
1) $\sum_{n=0}^{\alpha} (2x)^n$	$R = f'(x) = 2 + (2)(4)x + (8)(3)x^2 + (16)(4)x^3 + \cdots$ $\int (2x)^n dx = x + \frac{2x^2}{2} + \frac{(4)x^3}{3} + \frac{(8)x^4}{4} + \cdots + c$	2) $\sum_{n=0}^{\alpha} \frac{x^{2n}}{n!}$
3) $\sum_{n=1}^{\alpha} \frac{(-1)^{n+1} x^n}{2n}$	$R = f'(x) = \frac{1}{(2)(1)} - \frac{2x}{(2)(2)} + \frac{3x^2}{(2)(3)} - \frac{4x^3}{(2)(4)} \pm \cdots$ $\int \sum_{n=1}^{\alpha} \frac{(-1)^{n+1} x^n}{2n} = \frac{x^2}{(2)(1)(2)} - \frac{x^3}{(2)(2)3} + \frac{x^4}{(2)(3)(4)} - \frac{x^5}{(2)(4)(5)} \pm \cdots + c$	4) $\sum_{n=0}^{\alpha} \frac{(3x)! 5 x^n}{2!}$

Clase: 5.6 Integración definida de funciones por series de potencias.

5.6.1 Integración definida de funciones por series de potencias.   - Ejemplos.
                                                                                 - Ejercicios.

5.6.1 Integración definida de funciones por series de potencia:

Introducción: Es una técnica que se utiliza para integrar funciones del tipo $y = \dfrac{1}{1-f(x)}$

Fundamentos: Sí $y = \dfrac{1}{1-x}$ y $\dfrac{1}{1-x} = 1 + x + x^2 + x^3 + \cdots = \displaystyle\sum_{n=0}^{\alpha} x^n$ $\forall (-1, 1)$

$$\therefore \int_a^b \frac{1}{1-x}dx = \int_a^b \left(1 + x + x^2 + x^3 + \cdots\right)dx \quad \forall (a > -1, b < 1)$$

Que resulta ser válido para procesos más complejos como:

$$\therefore \int_a^b \frac{1}{1-f(x)}dx = \int_a^b \left(1 + f(x) + \left(f(x)\right)^2 + \left(f(x)\right)^3 + \cdots\right)dx \quad \forall (a, b)$$

Método de integración definida de funciones por series de potencia:

1) Acople la función a integrar en el modelo $\frac{1}{1-f(x)}$.

2) Identifique el valor de $"f(x)"$.

3) Sustituya el valor de $"f(x)"$ en la serie quedando: $1 + f(x) + \left(f(x)\right)^2 + \left(f(x)\right)^3 + \cdots$ hasta 4 términos no nulos

4) Integre.
5) Evalúe.

Ejemplos:

1. $\displaystyle\int_0^{0.5} \frac{2}{1+x^2}dx = 2\int_0^{0.5} \frac{1}{1-(-x^2)}dx = \left\langle \begin{array}{c} \text{el valor de} \\ f(x)\ es\ (-x)^2 \end{array} \right\rangle = 2\int_0^{0.5}\left(1 + \left(-x^2\right) + \left(-x^2\right)^2 + \left(-x^2\right)^3\right)dx$

$$= 2\int_0^{0.5}\left(1 - x^2 + x^4 - x^6\right)dx = 2\left(x - \frac{x^3}{3} + \frac{x^5}{5} - \frac{x^7}{7}\right)\Bigg]_0^{0.5} = 0.9269$$

2) $\displaystyle\int_0^{0.5} \frac{5x^3}{3-2x}dx = \frac{5}{2}\int_0^{0.5} x^3 \frac{1}{\frac{3}{2}-x}dx = \frac{5}{(2)\left(\frac{3}{2}\right)}\int_0^{0.5} x^3 \frac{1}{1-\left(\frac{2x}{3}\right)}dx = \frac{5}{3}\int_0^{0.5} x^3\left(1 + \frac{2x}{3} + \left(\frac{2x}{3}\right)^2 + \left(\frac{2x}{3}\right)^3\right)dx$

$$\frac{5}{3}\int_0^{0.5}\left(x^3 + \frac{2x^4}{3} + \frac{4x^5}{9} + \frac{8x^6}{27}\right)dx = \frac{5}{3}\left(\frac{x^4}{4} + \frac{2x^5}{(5)(3)} + \frac{4x^6}{(6)(9)} + \frac{8x^7}{(7)(27)}\right)\Bigg]_0^{0.5} \approx 0.0356$$

3) $\displaystyle\int_0^{0.5} \frac{1}{1+x^3}dx = \int_0^{0.5} \frac{1}{1-(-x^3)}dx = \int_0^{0.5}\left(1 + (-x^3) + (-x^3)^2 + (-x^3)^3\right)dx = \int_0^{0.5}\left(1 - x^3 + x^6 - x^9\right)dx$

$$= x - \frac{x^4}{4} + \frac{x^7}{7} - \frac{x^{10}}{10}\Bigg]_0^{0.5} \approx 0.4853$$

Ejercicios:

5.6.1.1 Integrar las siguientes funciones:		
1) $\displaystyle\int_0^{0.5} \frac{4}{x+2}dx$ $R = 0.8925$	2) $\displaystyle\int_0^{0.5} \frac{10}{1+x^3}dx$	3) $\displaystyle\int_0^{0.1} \frac{1+2x}{1-4x^2}dx$ $R = 0.1115$

Clase: 5.7 Integración definida de funciones por series de Maclaurin y series de Taylor.

5.7.1 Introducción.   - Ejemplos.
5.7.2 Fundamentación de las integrales definidas por series de Maclaurin.   - Ejercicios.
5.7.3 Fundamentación de las integrales definidas por series de Taylor.
5.7.4 Integración definida de funciones por series de Maclaurin y series de Taylor.

5.7.1 Introducción:

Un interés de las integrales definidas por series de Maclaurin y de Taylor es la posibilidad de evaluar integrales de funciones que no han sido posible ser calculadas por los métodos hasta ahora conocidos, por lo que se convierte en una técnica de integración de mucha ayuda.

5.7.2 Fundamentación de las integrales definidas por series de Maclaurin:

$$\text{Sí } y = f(x) \quad \text{y es definido} \quad \therefore \quad \int_a^b f(x)\,dx = \int_a^b \left(\frac{f(0)}{0!} + \frac{f'(0)x}{1!} + \frac{f''(0)}{2!} + \frac{f'''(0)}{3!} + \cdots \right) dx$$

5.7.3 Fundamentación de las integrales definidas por las series de Taylor:

$$\text{Sí } y = f(x) \text{ y } f(0) \text{ es indefinido} \quad \therefore \quad \int_a^b f(x)\,dx = \int_a^b \left(\frac{f(c)}{0!} + \frac{f'(c)(x-c)}{1!} + \frac{f''(c)(x-c)^2}{2!} + \frac{f'''(c)(x-c)^3}{3!} + \cdots \right) dx$$

5.7.4 Integración definida de funciones por series de Maclaurin y series de Taylor.

Por el método presentado en la Unidad 2 en las técnicas de integración indefinida por series de Maclaurin y de Taylor se obtiene una lista básica de representaciones de funciones elementales en series de Maclaurin o de Taylor con su intervalo de convergencia, cuya utilidad hace más amigable al cálculo integral y por lo mismo a continuación se hace su presentación:

Tabla: Lista básica de funciones representadas en series de Maclaurin o de Taylor.

Función	Intervalo de convergencia
1) $\dfrac{1}{1+x} = \sum\limits_{n=0}^{\alpha} (-1)^n x^n = 1 - x + x^2 - x^3 \pm \cdots$	$(-1, 1)$
2) $e^x = \sum\limits_{n=0}^{\alpha} \dfrac{x^n}{n!} = 1 + x + \dfrac{x^2}{2!} + \dfrac{x^3}{3!} + \cdots$	$(-\alpha, \alpha)$
3) $\ln x = \sum\limits_{n=0}^{\alpha} \dfrac{(-1)^{n-1}(x-1)^n}{n} = (x-1) - \dfrac{(x-1)^2}{2} + \dfrac{(x-1)^3}{3} - \dfrac{(x-1)^4}{4} \pm \cdots$	$(0, 2]$
4) $\ln(x+1) = \sum\limits_{n=0}^{\alpha} \dfrac{(-1)^n x^{n+1}}{n+1} = x - \dfrac{x^2}{2} + \dfrac{x^3}{3} - \dfrac{x^4}{4} \pm \cdots$	$(-1, 1]$
5) $\mathrm{sen}\, x = \sum\limits_{n=0}^{\alpha} \dfrac{(-1)^n x^{2n+1}}{(2n+1)!} = x - \dfrac{x^3}{3!} + \dfrac{x^5}{5!} - \dfrac{x^7}{7!} \pm \cdots$	$(-\alpha, \alpha)$
6) $\cos x = \sum\limits_{n=0}^{\alpha} \dfrac{(-1)^n x^{2n}}{(2n)!} = 1 - \dfrac{x^2}{2!} + \dfrac{x^4}{4!} - \dfrac{x^6}{6!} \pm \cdots$	$(-\alpha, \alpha)$
7) $\mathrm{arcsen}\, x = \sum\limits_{n=0}^{\alpha} \dfrac{(2n)!\, x^{2n+1}}{(2^n n!)^2 (2n+1)} = x + \dfrac{x^3}{(2)(3)} + \dfrac{(1)(3)x^5}{(2)(4)(5)} + \dfrac{(1)(3)(5)x^7}{(2)(4)(6)(7)} + \cdots$	$[-1, 1]$

8) $\arctan x = \sum_{n=0}^{\alpha} \frac{(-1)^n x^{2n+1}}{2n+1} = x - \frac{x^3}{3} + \frac{x^5}{5} - \frac{x^7}{7} \pm \cdots$		$[-1, 1]$
9) $senh x = \sum_{n=0}^{\alpha} \frac{x^{2n+1}}{(2n+1)!} = x + \frac{x^3}{3!} + \frac{x^5}{5!} + \frac{x^7}{7!} + \cdots$		$(-\alpha, \alpha)$
10) $\cosh x = \sum_{n=0}^{\alpha} \frac{x^{2n}}{(2n)!} = 1 + \frac{x^2}{2!} + \frac{x^4}{4!} + \frac{x^6}{6!} + \cdots$		$(-\alpha, \alpha)$
11) $(1+x)^k = \sum_{n=0}^{\alpha} \frac{k(k-1)\cdots(k-n+1)x^n}{n!} = 1 + kx + \frac{k(k-1)x^2}{2!} + \frac{k(k-1)(k-2)x^3}{3!} + \cdots$		$(-1, 1) \forall k \neq Z$ $(-\alpha, \alpha) \forall k = Z$
12) $(1+x)^{-k} = \sum_{n=0}^{\alpha} \frac{(-1)^n k(k+1)\cdots k(k+n-1)x^n}{n!} = 1 - kx + \frac{k(k+1)x^2}{2!} - \frac{k(k+1)(k+2)x^3}{3!} \pm \cdots$		$(-1, 1) \forall k \neq Z$ $(-\alpha, \alpha) \forall k = Z$

Método de integración definida por series de Maclaurin y series de Taylor por tablas:

1) Identifique la función elemental en la tabla:
   "Lista básica de funciones representadas en series de Maclaurin y de Taylor".

2) Identifique el valor de "$f(x)$" en la función a calcular.

3) Sustituya el valor identificado "$f(x)$" en la serie de la función elemental.

4. Integre.

5. Evalúe.

Ejemplo 1) Por el método de integración por serie de Maclaurin calcular:

$$\int_0^1 e^{\sqrt{x}} dx \text{ con precisión de los primeros 4 términos y 4 cifras.}$$

Paso 1) $e^x = \sum_{n=0}^{\alpha} \frac{x^n}{n!} = 1 + x + \frac{x^2}{2!} + \frac{x^3}{3!} + \cdots$

Paso 2) $f(x) = \sqrt{x}$

Paso 3) $\int_0^1 e^{\sqrt{x}} dx = \int_0^1 \left(1 + \left(\sqrt{x}\right) + \frac{\left(\sqrt{x}\right)^2}{2!} + \frac{\left(\sqrt{x}\right)^3}{3!} + \cdots \right) dx = \int_0^1 \left(1 + \sqrt{x} + \frac{x}{2!} + \frac{\sqrt{x^3}}{3!} + \cdots \right) dx$

$\langle Paso\ 4 \rangle = x + \frac{2x^{\frac{3}{2}}}{3} + \frac{x^2}{(2)(2!)} + \frac{2x^{\frac{5}{2}}}{(3)(3!)} + \frac{x^3}{(3)(4!)} + \cdots \Bigg]_0^1 = \langle Paso\ 5 \rangle = 1.9833$

Ejemplo 2) Por el método de integración por serie de Taylor calcular:

$$\int_1^2 \ln \sqrt[3]{x}\, dx \quad \text{con precisión de los primeros 4 términos y 4 cifras.}$$

Paso 1) $\ln x = \sum_{n=0}^{\alpha} \frac{(-1)^{n-1}(x-1)^n}{n} = (x-1) - \frac{(x-1)^2}{2} + \frac{(x-1)^3}{3} - \frac{(x-1)^4}{4} \pm \cdots$

Paso 2) $f(x) = \sqrt{x}$

Paso 3) $\int_1^2 \ln \sqrt[3]{x}\, dx = \int_1^2 \left(\left(\sqrt[3]{x} - 1\right) - \frac{\left(\sqrt[3]{x} - 1\right)^2}{2} + \frac{\left(\sqrt[3]{x} - 1\right)^3}{3} - \frac{\left(\sqrt[3]{x} - 1\right)^4}{4} \pm \cdots \right) dx = \left\langle \begin{array}{l} Paso\ 4) \\ y\ Paso\ 5) \end{array} \right\rangle \approx 0.0360$

Ejemplo 3) Por el método de integración por serie de Maclaurin calcular:

$$\int_0^1 sen\, x^2 dx \text{ con precisión de los primeros 4 términos y 4 cifras}$$

$$\int_0^1 sen\, x^2 dx = \left\langle \begin{array}{l} Paso\,1)\quad sen\, x = \sum_{n=0}^{\alpha} \frac{(-1)^n x^{2n+1}}{(2n+1)!} = x - \frac{x^3}{3!} + \frac{x^5}{5!} - \frac{x^7}{7!} \pm \cdots \\[4mm] Paso\,2)\quad f(x) = x^2 \end{array} \right\rangle$$

$$= \langle Paso\,3 \rangle = \int_0^1 \left(x^2 - \frac{(x^2)^3}{3!} + \frac{(x^2)^5}{5!} - \frac{(x^2)^7}{7!} \pm \cdots \right) dx = \int_0^1 \left(x^2 - \frac{x^6}{3!} + \frac{x^{10}}{5!} - \frac{x^{14}}{7!} \pm \cdots \right) dx$$

$$= \langle Paso\,4 \rangle = \frac{x^3}{3} - \frac{x^7}{7(3!)} + \frac{x^{11}}{11(5!)} - \frac{x^{15}}{15(7!)} \left.\right]_0^1 = \langle Paso\,5 \rangle \approx 0.3102$$

Ejemplo 4) Por el método de integración por serie de Maclaurin calcular:

$$\int_0^2 \cos\sqrt{x}\, dx \text{ con precisión de los primeros 4 términos y 4 cifras.}$$

$$\int_0^2 \cos\sqrt{x}\, dx = \left\langle \begin{array}{l} Paso\,1)\ \cos x = \sum_{n=0}^{\alpha} \frac{(-1)^n x^{2n}}{(2n)!} = 1 - \frac{x^2}{2!} + \frac{x^4}{4!} - \frac{x^6}{6!} \pm \cdots \\[4mm] Paso\,2)\ f(x) = \sqrt{x} \end{array} \right\rangle$$

$$= \langle Paso\,3 \rangle = \int_0^2 \left(1 - \frac{(\sqrt{x})^2}{2!} + \frac{(\sqrt{x})^4}{4!} - \frac{(\sqrt{x})^6}{6!} \pm \cdots \right) dx = \int_0^2 \left(1 - \frac{x}{2!} + \frac{x^2}{4!} - \frac{x^3}{6!} \pm \cdots \right) dx$$

$$= \langle Paso\,4 \rangle = x - \frac{x^2}{(2)(2!)} + \frac{x^3}{(3)(4!)} - \frac{x^4}{(4)(6!)} \pm \cdots \left.\right]_0^2 = \langle Paso\,5 \rangle \approx 1.1057$$

Ejemplo 5) Por el método de integración por serie de Maclaurin calcular:

$$\int_{-2}^2 (1+2x)^2 dx \text{ con precisión de los primeros 4 términos y 4 cifras.}$$

$$Paso\,1)\quad (1+x)^k = \sum_{n=0}^{\alpha} \frac{k(k-1)\cdots(k-n+1)x^n}{n!} = 1 + k\,x + \frac{k(k-1)x^2}{2!} + \frac{k(k-1)(k-2)x^3}{3!} + \cdots$$

$$Paso\,2)\quad f(x) = 2x \quad y \quad k = 2$$

$$Paso\,3)\quad \int_{-2}^2 (1+2x)^2 dx = \int_{-2}^2 \left(1 + (2)(2x) + \frac{(2)(2-1)(2x)^2}{2!} \right) dx = \int_{-2}^2 (1 + 4x + 4x^2) dx$$

$$Paso\,4)\quad = x + \frac{4x^2}{2} + \frac{4x^3}{3} \left.\right]_{-2}^2 = \langle Paso\,5 \rangle \approx 25.3333$$

Ejercicios:

5.7.4.1 Por el método de integración por serie de Maclaurin o series de Taylor calcular:			
1) $\int_{0.1}^1 2e^{\sqrt{x^3}} dx$ R = 2.9222	2) $\int_0^{0.5} 5\arctan\sqrt{x}\, dx$	3) $\int_1^2 5\ln\sqrt[3]{x}\, dx$ R = 0.6438	4) $\int_0^2 \cosh x^2 dx$

Evaluaciones tipo: Unidad 5. Integración por series.

Evaluación tipo (A):

	NOMBRE DE LA INSTITUCIÓN EDUCATIVA		Número de lista:	
	E X A M E N			
	Cálculo Integral	Unidad: 5		
			Clave:	

1) Calcular los primeros cuatro términos no nulos de la serie: $\displaystyle\sum_{n=0}^{\alpha} \frac{5(-1)^n x^{2n}}{(2n)!}$	Indicadores a evaluar: - Desarrollo. - Resultado.	Valor: 30 puntos.
2) Calcular por series de potencia: $\displaystyle\int_0^{0.25} \frac{2}{1+x^3}\,dx$	Indicadores a evaluar - Desarrollo. - Resultado.	Valor: 40 puntos.
3) Calcular por series de Maclaurin: $\displaystyle\int_0^1 \cos x^2\,dx$	Indicadores a evaluar: - Desarrollo. - Resultado.	Valor: 30 puntos.

	NOMBRE DE LA INSTITUCIÓN EDUCATIVA		Número de lista:	
	E X A M E N			
	Cálculo Integral	Unidad: 5		
			Clave:	

1) Obtener el enésimo término de la serie: $2 - 2x^2 + \dfrac{2x^4}{2!} - \dfrac{2x^6}{3!} \pm \cdots$	Indicadores a evaluar: - Desarrollo. - Resultado.	Valor: 30 puntos.
2) Demostrar por series de Maclaurin que: $\cosh x = 1 + \dfrac{x^2}{2!} + \dfrac{x^4}{4!} + \dfrac{x^6}{6!} + \cdots$	Indicadores a evaluar: - Desarrollo. - Resultado.	Valor: 30 puntos.
3) Calcular por series de Taylor: $\displaystyle\int_1^2 \ln\sqrt{x}\,dx$	Indicadores a evaluar: - Desarrollo. - Resultado.	Valor: 40 puntos.

	NOMBRE DE LA INSTITUCIÓN EDUCATIVA		Número de lista:	
	E X A M E N			
	Cálculo Integral	Unidad: 5		
			Clave:	

1) Calcular los primeros cuatro términos no nulos de la serie: $\displaystyle\sum_{n=0}^{\alpha} \frac{2(-1)^n (x-1)^n}{2^{n+1}}$	Indicadores a evaluar: - Desarrollo. - Resultado.	Valor: 30 puntos.
2) Obtener el enésimo término de la serie: $5 - 5(x-2) + \dfrac{5(x-2)}{2!} - \dfrac{5(x-2)^2}{3!} \pm \cdots$	Indicadores a evaluar: - Desarrollo. - Resultado.	Valor: 30 puntos.
3) Calcular por serie de Maclaurin: $\displaystyle\int_0^{0.5} 4\,arcsen\sqrt{x}\,dx$	Indicadores a evaluar: - Desarrollo. - Resultado.	Valor: 40 puntos.

Formularios: Unidad 5. Integración por series.

Tipos de series:

Tipo	Caracterización	Tipo	Caracterización
p-serie	$\displaystyle\sum_{n=k}^{\alpha} \frac{1}{n^p} \quad \forall\, p > 0$	Telescópicas:	$\displaystyle\sum_{n=k}^{\alpha} (a_n - a_{n+1})$
Armónica	$\displaystyle\sum_{n=k}^{\alpha} \frac{1}{n}$	Geométricas	$\displaystyle\sum_{n=0}^{\alpha} a r^n \quad \forall\, a \neq 0 \; y \; r \in R$
Armónica general	$\displaystyle\sum_{n=k}^{\alpha} \frac{1}{an+b} \quad \forall\, a > 0$	De potencias	$\displaystyle\sum_{n=0}^{\alpha} a_n x^n$
Alternantes	$\displaystyle\sum_{n=k}^{\alpha} a_n (-1)^{n-1}$	De potencias centrada en c	$\displaystyle\sum_{n=0}^{\alpha} a_n (x-c)^n$

Tabla: Estructuras típicas de fórmulas de enésimos términos. $\forall\, n, p, q \geq 0 \; y \in Z^+$

Enésimos términos elementales		Estructuras típicas de enésimos términos	
Para: p ó n	Ejemplo:	Para: n y p	Para: n, p y q
1) $a_n = p$	$a_n = 2+2+2+2+\cdots$	1) $a_n = pn$	1) $a_n = pn + q$
2) $a_n = -p$	$a_n = -2-2-2-2-\cdots$	2) $a_n = n^p$	2) $a_n = pn - q$
3) $a_n = n$	$a_n = 1+2+3+4+\cdots$ Para $k=1$	3) $a_n = p^n$	3) $a_n = n^p + q$
4) $a_n = n!$	$a_n = 1+1+2+6+\cdots$ Para $k=0$	4) $a_n = n+p$	4) $a_n = n^p - q$
5) $a_n = n^n$	$a_n = 1+4+27+256+\cdots$ Para $k=1$	5) $a_n = n-p$	5) $a_n = p^n + q$
6) $a_n = (-1)^n$	$a_n = 1-1+1-1\pm\cdots$ Para $k=0$	6) $a_n = p-n$	6) $a_n = p^n - q$

Serie de Maclaurin:

$$f(x) = \sum_{n=0}^{\alpha} \frac{f^{(n)}(0) x^n}{n!} = \frac{f(0)}{0!} + \frac{f'(0) x}{1!} + \frac{f''(0) x^2}{2!} + \frac{f'''(0) x^3}{3!} + \cdots$$

Serie de Taylor:

$$f(x) = \sum_{n=0}^{\alpha} \frac{f^{(n)}(c)(x-c)^n}{n!} = \frac{f(c)}{0!} + \frac{f'(c)(x-c)}{1!} + \frac{f''(c)(x-c)^2}{2!} + \frac{f'''(c)(x-c)^3}{3!} + \cdots$$

Forma parte de este formulario: Las tablas: Lista básica de funciones representadas en series.

Decía un gran amigo: "Tanta fuerza tiene la verdad como la mentira". ¡Admiro a las matemáticas   porque encuentro imposible ser víctima de un engaño ¡.

José Santos Valdez Pérez

ANEXOS:

Anexo A. FUNDAMENTOS COGNITIVOS DEL CÁLCULO INTEGRAL.

Anexo: A1. Propiedades de los exponentes:

1) $a^0 = 1$	3) $(ab)^x = a^x b^x$	5) $\left(a^x\right)^y = a^{xy}$	$e^{\ln x} = x$
2) $\dfrac{a^x}{a^y} = a^{x-y}$	4) $a^x a^y = a^{x+y}$	6) $\left(\dfrac{a}{b}\right)^x = \dfrac{a^x}{b^x}$	$a^{\log_a x} = x \quad \forall\, a > 0 \neq 1$

Anexo: A2. Propiedades de los logaritmos:

Logaritmos de base $"a"$; $Sí\ \ a, b > 1$

1) $\log_a 1 = 0$	4) $\log_a\left(\dfrac{x}{y}\right) = \log_a x - \log_a y$	7) $\log_a b = \dfrac{1}{\log_b a}$
2) $\log_a a = 1$	5) $\log_a(x^n) = n \log_a x$	8) $\log_a a^x = x \quad \forall\, a > 0 \neq 1$
3) $\log_a(xy) = \log_a x + \log_a y$	6) $\log_a x = \dfrac{\log_b x}{\log_b a}$	

Logaritmos de base $"e"$; $Sí\ \ a > 1$

1) $\ln 1 = 0$	4) $\ln\left(\dfrac{x}{y}\right) = \ln x - \ln y$	7) $\ln a = \dfrac{1}{\log_a e}$
2) $\ln e = 1$	5) $\ln(x^n) = n \ln x$	8) $\ln\left(e^x\right) = x$
3) $\ln(xy) = \ln x + \ln y$	6) $\ln x = \dfrac{\log_a x}{\log_a e}$	

Anexo: A3. Funciones trigonométricas:

Función	Nombre	Función	Nombre	Gráfico
1) $y = \operatorname{sen} x = \dfrac{B}{C}$	Seno	4) $y = \cot x = \dfrac{A}{B}$	Cotangente	
2) $y = \cos x = \dfrac{A}{C}$	Coseno	5) $y = \sec x = \dfrac{C}{A}$	Secante	
3) $y = \tan x = \dfrac{B}{A}$	Tangente	6) $y = \csc x = \dfrac{C}{B}$	Cosecante	

Anexo: A4. Identidades de funciones trigonométricas:

Seno:	1) $senx = \dfrac{1}{\csc x}$		5) $senx\cos x = \dfrac{1}{2}sen2x$		7) $sen^2 x = 1 - \cos^2 x$	
	2) $sen(-x) = -senx$		6) $\dfrac{senx}{\cos x} = \tan x$		8) $sen^2 x = \dfrac{1}{2} - \dfrac{1}{2}\cos 2x$	
	3) $\dfrac{1}{senx} = \csc x$				9) $sen^2\dfrac{1}{2}x = \dfrac{1}{2} - \dfrac{1}{2}\cos x$	
	4) $sen2x = 2senx\cos x$				10) $sen^2 x + \cos^2 x = 1$	

Coseno:	1) $\cos x = \dfrac{1}{Secx}$	5) $\cos 2x = 1 - 2sen^2 x$	9) $\cos^2 x = 1 - sen^2 x$
	2) $\cos(-x) = \cos x$	6) $\cos 2x = \cos^2 x - Sen^2 x$	10) $\cos^2 x = \dfrac{1}{2} + \dfrac{1}{2}\cos 2x$
	3) $\dfrac{1}{\cos x} = \sec x$	7) $senx\cos x = \dfrac{1}{2}sen2x$	11) $\cos^2\dfrac{1}{2}x = \dfrac{1}{2} + \dfrac{1}{2}\cos x$
	4) $\cos 2x = 2\cos^2 x - 1$	8) $\dfrac{senx}{\cos x} = \tan x$	12) $sen^2 x + \cos^2 x = 1$

Tangente:	1) $\tan x = \dfrac{1}{\cot x}$	4) $\tan x = \dfrac{senx}{\cos x}$	5) $\tan^2 x = \sec^2 x - 1$
	2) $\tan(-x) = -\tan x$		6) $\sec^2 x - \tan^2 x = 1$
	3) $\dfrac{1}{\tan x} = \cot x$		

Cotangente:	1) $\cot x = \dfrac{1}{\tan x}$	3) $\dfrac{1}{\cot x} = \tan x$	6) $\cot^2 x = \csc^2 x - 1$
	2) $\cot(-x) = -\cot x$	5) $\cot x = \dfrac{\cos x}{senx}$	7) $\csc^2 u - \cot^2 u = 1$
	4) $\tan 2x = \dfrac{2\tan x}{1 - \tan^2 x}$		

Secante:	1) $\sec x = \dfrac{1}{\cos x}$	3) $\dfrac{1}{\sec x} = \cos x$	4) $\sec^2 x = 1 + \tan^2 x$
	2) $\sec(-x) = \sec x$		5) $\sec^2 x - \tan^2 x = 1$

Cosecante:	1) $\csc x = \dfrac{1}{senx}$	3) $\dfrac{1}{\csc x} = senx$	4) $\csc^2 x = 1 + \cot^2 x$
	2) $\csc(-x) = -\csc x$		5) $\csc^2 u - \cot^2 u = 1$

Anexo: A5. Funciones hiperbólicas:

Función		Nombre	Función		Nombre
1)	$y = senh\,x = \dfrac{e^x - e^{-x}}{2}$	Seno hiperbólico	4)	$y = \coth x = \dfrac{1}{tgh\,x} = \dfrac{e^x + e^{-x}}{e^x - e^{-x}}$	Cotangente hiperbólica
2)	$y = \cosh x = \dfrac{e^x + e^{-x}}{2}$	Coseno hiperbólico	5)	$y = \sec h\,x = \dfrac{1}{\cosh x} = \dfrac{2}{e^x + e^{-x}}$	Secante hiperbólica
3)	$y = \tanh x = \dfrac{senh\,x}{\cosh x} = \dfrac{e^x - e^{-x}}{e^x + e^{-x}}$	Tangente hiperbólica	6)	$y = \csc h\,x = \dfrac{1}{senh\,x} = \dfrac{2}{e^x - e^{-x}}$	Cosecante hiperbólica

Anexo: A6. Identidades de funciones hiperbólicas:

Seno hiperbólico	1) $senh(-x) = -senh\,x$ 2) $senh\,2x = 2\,senh\,x\,\cosh x$ 3) $senh\,2x = \dfrac{1}{2}(\cosh 2x - 1)$	4) $senh^2 x = \dfrac{-1 + \cosh 2x}{2}$ 5) $\cosh^2 x - senh^2 x = 1$
Coseno hiperbólico	1) $\cosh(-x) = \cosh x$ 2) $\cosh 2x = \cosh^2 x + senh^2 x$ 3) $\cosh 2x = \dfrac{1}{2}(\cosh 2x + 1)$	4) $\cosh^2 x = \dfrac{1 + \cosh 2x}{2}$ 5) $\cosh^2 x - senh^2 x = 1$
Tangente hiperbólica	1) $\tanh x = \dfrac{senh\,x}{\cosh x}$	2) $\tanh^2 x + \sec h^2 x = 1$
Cotangente hiperbólica	1) $\coth x = \dfrac{\cosh x}{senh\,x}$	2) $\coth^2 x - \csc h^2 x = 1$
Secante hiperbólica	1) $\sec h\,x = \dfrac{1}{\cosh x}$	2) $\tanh^2 x + \sec h^2 x = 1$
Cosecante hiperbólica	1) $\csc h\,x = \dfrac{1}{senh\,x}$	2) $\coth^2 x - \csc h^2 x = 1$

Anexos: B. INSTRUMENTACIÓN DIDÁCTICA.

B1. Identificación.
B2. Caracterización de la asignatura.
B3. Competencias a desarrollar:
B4. Análisis del tiempo para el avance programático.
B5. Avance programático.
B6. Actividades de enseñanza y aprendizaje.
B7. Apoyos didácticos.
B8. Bibliografía.
B9. Calendario de evaluaciones.
B10. Corresponsabilidades.

Anexo: B1. Identificación:

Asignatura: Cálculo integral Descripción: Cálculo integral. Clave: Sin.	Carrera: Todas las ingenierías. Horas teóricas: 3 Horas prácticas: 2 Unidades: 5	Versión: Agosto del año 2010.

Anexo: B2. Caracterización de la asignatura:

- Esta asignatura contribuye a desarrollar un pensamiento lógico, heurístico y algorítmico al modelar fenómenos y resolver problemas en los que interviene la variación.
- Hay una diversidad de problemas en la ingeniería que son modelados y resueltos a través de una integral, por lo que resulta importante que el ingeniero domine el Cálculo integral.

Anexo: B3. Competencias a desarrollar:

Competencia específicas del cálculo integral:

1) Contextualizar el concepto de Integral.
2) Discernir método más adecuado para resolver una integral dada y resolverla usándolo.
3) Resolver problemas de cálculo de longitud de arco, áreas, volúmenes de sólidos de revolución, y centroides.
4) Reconocer el potencial del cálculo integral en la ingeniería.

Competencias genéricas del cálculo integral:

1) Reconocer y representar conceptos y datos en diferentes formas.
2) Modelar matemáticamente fenómenos y situaciones.
3) Comunicar ideas en el lenguaje matemático en forma oral y escrita.
4) Desarrollar el pensamiento lógico, algorítmico, heurístico, analítico y sintético.
5) Potenciar las habilidades para el uso de tecnologías de información.
6) Discernir sobre métodos para resolver un problema.
7) Resolver problemas y optimizar soluciones.
8) Toma de decisiones.
9) Reconocer principios integradores y establecer generalizaciones.
10) Transferir el conocimiento adquirido a otros campos de aplicación.

Anexo: B4. Análisis del tiempo para el avance programático.

No	Indicador	Evento	Hrs.	Hrs.
1	Horas programadas por semestre	16 Semanas programadas por 5 horas/semana	80	
		Subtotal		+80
2	Horas no impartidas:	Suspensiones de ley (promedio)	- 4	
		Eventos institucionales	- 3	
		Faltas del maestro	- 3	
		Juntas de academia	- 2	
		Juntas departamentales	- 2	
		Juntas sindicales	- 2	
		Subtotal	-16	
3	Horas reales		-64	
4		Total	-80	+80

Anexo: B5. Avance programático:

UNIDAD: 1. LA INTEGRAL INDEFINIDA.		Avance programático		
Clase	Tema	T/h	T/h/a	%
0.0	Presentación del programa de estudio, la bibliografía, los lineamientos en que se desarrollará el curso y los criterios de evaluación.	1	1	2
1.1	Funciones.	1	2	3
1.2	Diferenciales.	1	3	5
1.3	Diferenciación de funciones elementales.	2	5	8
1.4	Diferenciación de funciones algebraicas que contienen "x^n".	1	6	9
1.5	Diferenciación de funciones que contienen "u".	2	8	13
1.6	La antiderivada e integración indefinida de funciones elementales.	2	10	16
1.7	Integración indefinida de funciones algebraicas que contienen "x^n".	1	11	17
1.8	Integración indefinida de funciones que contiene "u".	2	13	20
1.9	integración de funciones que contienen las formas: $u^2 \pm a^2$.	1	14	22
	Evaluación de la unidad.	1	15	23
	Subtotal:	15		

UNIDAD: 3. LA INTEGRAL DEFINIDA.		Avance programático		
Clase	Tema	T/h	T/h/a	%
2.1	Principios de graficación de funciones.	3	18	28
2.2	La integral definida.	1	19	30
2.3	Teoremas de cálculo integral.	1	20	31
2.4	Integración definida de funciones elementales.	2	22	34
2.5	Integración definida de funciones algebraicas que contienen "x^n".	1	23	36
2.6	Integración definida de funciones que contienen "u".	2	25	39
2.7	Integración definida de funciones que contienen las formas: $u^2 \pm a^2$	1	26	41
2.8	Integrales impropias.	2	28	44
	Evaluación de la unidad.	1	29	45
	Subtotal:	14		

UNIDAD: 3. TEMA: APLICACIONES DE LA INTEGRAL.		Avance programático		
Clase	Tema	T/h	T/h/a	%
3.1	Cálculo de longitud de curvas.	1	30	47
3.2	Cálculo de áreas.	2	32	50
3.3	Cálculo de volúmenes.	2	34	53
3.4	Cálculo de momentos y centros de masa.	2	36	56
3.5	Cálculo del trabajo.	2	38	59
	Evaluación de La unidad.	1	39	61
	Subtotal:	10		

UNIDAD: 4. TÉCNICAS DE INTEGRACIÓN.		Avance programático		
Clase	Tema	T/h	T/h/a	%
4.1	Técnica de integración por cambio de variable.	1	40	63
4.2	Técnica de integración por partes.	1	41	64
4.3	Técnica de integración del seno y coseno de m y n potencia.	2	43	67
4.4	Técnica de integración de la tangente y secante de m y n potencia.	1	44	69
4.5	Técnica de integración de la cotangente y cosecante de m y n potencia.	1	45	70
4.6	Técnica de integración por sustitución trigonométrica.	2	47	73
4.7	Técnica de integración de fracciones parciales con factores no repetidos.	1	48	75
4.8	Técnica de integración de fracciones parciales con factores repetidos.	1	49	77
4.9	Técnica de integración por series de potencia.	1	50	78
4.10	Técnica de integración por series de Maclaurin.	1	51	80
4.11	Técnica de integración por series de Taylor.	1	52	81
	Evaluación de la unidad.	1	53	83
	Subtotal:	14		

UNIDAD: 5. TEMA: INTEGRACIÓN POR SERIES.		Avance programático		
Clase	Tema	T/h	T/h/a	%
5.1	Definición, clasificación y tipos de series.	1	54	84
5.2	Generación del enésimo término de una serie.	2	56	88
5.3	Convergencia de series.	1	57	89
5.4	Intervalo y radio de convergencia por series de potencias.	1	58	91
5.5	Derivación e integración indefinida por series de potencia.	1	59	92
5.6	Integración definida de funciones por series de potencia.	1	60	94
5.7	Integración definida de funciones por series de Maclaurin y series de Taylor.	2	62	97
0.0	Evaluación y clausura del curso.	1	63	98
	Evaluación de la unidad.	1	64	100
	Subtotal:	11		

Anexo: B6. Actividades de enseñanza y aprendizaje.

Identificación:	Competencias específicas:	Criterios de evaluación:
No. de unidad: 1. Tema: La integral.	- Solución de las diferenciales necesarias para el cálculo de integrales. - Discernir sobre métodos más adecuados para resolver una integral. - Solucionar las integrales indefinidas como apoyo para el cálculo de las integrales definidas.	- Solución de problemas. - Participaciones. - Tareas. - Disciplina; Actitud; Valores.

Cla se	Actividades de enseñanza		Actividades de aprendizaje	Competencias genéricas	hrs %
	Descripción	N			
0.0	- Con la dinámica de presentación, promover la identificación del grupo.	C2	Participar en la dinámica de presentación.	- Comunicar ideas.	1 1 2
	- Por el método globalizado y con la técnica expositiva; presentar el programa de estudio, la bibliografía, los lineamientos en que se desarrollará el curso y los criterios de evaluación.	C2	Participar haciendo preguntas, comentarios y aclarando dudas.	- Interpretar conceptos. - Establecer generalizaciones. - Pensar lógica, algorítmica, heurística, analítica y sintéticamente.	
	- Coordinar la formación de equipos que participarán en la exposición de temas y elaboración de tareas.	C2	Formar equipos de investigación para la elaboración de tareas y presentación de exposiciones.	- Tomar decisiones.	
	- Por el método psicológico y con la técnica de la comisión, asignar a los equipos los temas sujetos a investigación y presentación ante el grupo.	C2	Tomar notas y participar haciendo preguntas, comentarios y aclarando dudas.	- Interpretar conceptos. - Establecer generalizaciones. - Tomar decisiones.	
1.1	Por el método inductivo y con la técnica expositiva presentar el tema "Funciones". A continuación, se forman parejas que por la técnica de cuchicheo discuten la solución a problemas planteados. Por el método activo resolver ejemplos y asignar ejercicios.	C2	Haber investigado el tema "Funciones"; y participar haciendo preguntas y aclarando dudas. Participar en la resolución de ejemplos y solucionar ejercicios.	- Interpretar y procesar datos. - Modelar matemáticamente fenómenos y situaciones. - Transferir el conocimiento adquirido a otros campos de aplicación. - Comunicar ideas en el lenguaje matemático.	1 2 3
1.2	Por el método inductivo y con la técnica expositiva presentar el tema "Diferenciales". A continuación, se forman parejas que por la técnica de cuchicheo discuten la solución a problemas planteados. Por el método activo resolver ejemplos y asignar ejercicios.	C2	Haber investigado el tema "Diferenciales"; y participar haciendo preguntas y aclarando dudas. Participar en la resolución de ejemplos y solucionar ejercicios.	- Interpretar y procesar datos. - Modelar matemáticamente fenómenos y situaciones. - Transferir el conocimiento adquirido a otros campos de aplicación. - Comunicar ideas en el lenguaje matemático.	1 3 5

1.3	Por el método heurístico y con la técnica expositiva presentar el tema "Diferenciación de funciones elementales". A continuación, se forman parejas que por la técnica de cuchicheo discuten la solución a problemas planteados. Por el método activo resolver ejemplos y asignar ejercicios.	C3	Haber investigado el tema "Diferenciación de funciones elementales"; y participar haciendo preguntas y aclarando dudas. Participar en la resolución de ejemplos y solucionar ejercicios.	- Interpretar y procesar datos. - Modelar matemáticamente fenómenos y situaciones. - Analizar la factibilidad de las soluciones. - Resolver problemas.	2 5 8
1.4	Por el método analógico hacer una introducción al tema "Diferenciación de funciones algebraicas que contienen x^n". A continuación, se hace la presentación del equipo que por la técnica de la comisión hará una exposición del tema. Por el método activo resolver ejemplos y asignar ejercicios.	C3	El equipo participante presenta el tema "Diferenciación de funciones algebraicas que contienen x^n". El resto del grupo haber investigado el tema y participar haciendo preguntas y aclarando dudas. Participar en la resolución de ejemplos y solucionar ejercicios.	- Interpretar y procesar datos. - Modelar matemáticamente fenómenos y situaciones. - Analizar la factibilidad de las soluciones. - Resolver problemas. - Establecer generalizaciones.	1 6 9
1.5	Por el método analógico hacer una introducción al tema "Diferenciación de funciones que contienen u". A continuación, se hace la presentación del equipo que por la técnica de la comisión hará una exposición del tema. Por el método activo resolver ejemplos y asignar ejercicios.	C3	El equipo participante presenta el tema "Diferenciación de funciones que contienen u". El resto del grupo haber investigado el tema y participar haciendo preguntas y aclarando dudas. Participar en la resolución de ejemplos y solucionar ejercicios.	- Interpretar y procesar datos. - Analizar la factibilidad de las soluciones. - Resolver problemas. - Establecer generalizaciones.	2 8 13
1.6	Por el método activo y con la técnica expositiva presentar el tema "La antiderivada e integración indefinida de funciones elementales". Por el método activo resolver ejemplos y asignar ejercicios.	C4	Haber investigado el tema "La antiderivada e integración indefinida de funciones elementales"; y participar haciendo preguntas y aclarando dudas. Participar en la resolución de ejemplos y solucionar ejercicios.	- Interpretar y procesar datos. - Modelar matemáticamente fenómenos y situaciones. - Resolver problemas. - Comunicar ideas en el lenguaje matemático.	2 10 16
1.7	Por el método psicológico hacer una introducción al tema "Integración indefinida de funciones algebraicas que contienen x^n". A continuación, se organiza al grupo en discusión circular, luego se hace la presentación de los equipos que por la técnica del seminario presentan el tema. Por el método activo resolver ejemplos y asignar ejercicios.	C3	Los equipos participantes presentan el tema "Integración indefinida de funciones algebraicas que contienen x^n". El resto del grupo haber investigado el tema y organizado en discusión circular participan haciendo preguntas y aclarando dudas. Participar en la resolución de ejemplos y solucionar ejercicios.	- Interpretar y procesar datos. - Modelar matemáticamente fenómenos y situaciones. - Resolver problemas. - Establecer generalizaciones. - Comunicar ideas en el lenguaje matemático.	1 11 17

Cla	Actividades de enseñanza		Actividades de aprendizaje	Competencias genéricas	hrs %

1.8	Por el método sistematizado y por la técnica de la exposición presentar el tema "Integración indefinida de funciones que contienen u". Por el método activo resolver ejemplos y asignar ejercicios.	C4	Haber investigado el tema "Integración indefinida de funciones que contienen u"; y participar haciendo preguntas y aclarando dudas. Participar en la resolución de ejemplos y solucionar ejercicios.	- Interpretar y procesar datos. - Analizar la factibilidad de las soluciones. - Resolver problemas. - Establecer generalizaciones. - Potenciar las habilidades para el uso de tecnologías de la información.	2 13 20
1.9	Por el método analógico hacer una introducción al tema "Integración de funciones que contienen las formas $u^2 \pm a^{2}$". A continuación, por el método de investigación se dan los temas sujetos de investigación y los lineamientos de presentación del informe.	C3	El grupo participa haciendo preguntas y aclarando dudas sobre la investigación y la presentación del informe sobre el tema "Integración de funciones que contienen las formas $u^2 \pm a^{2}$". Realizan la investigación y entregan el informe.	- Interpretar y procesar datos. - Pensar lógica, algorítmica, heurística, analítica y sintéticamente. - Resolver problemas. - Establecer generalizaciones.	1 14 22
	Evaluación de la unidad.		Participar presentando exámenes.	- Resolver problemas. - Comunicar ideas. - Tomar decisiones.	1 15 23

Identificación: No. de unidad: 2. Tema: La integral definida.	Competencias específicas: - Discernir sobre métodos más adecuado para resolver una integral definida y aplicarlo. - Evaluar las integrales definidas como dominio previo a las aplicaciones en la solución de problemas prácticas del campo de la ingeniería.	Criterios de evaluación: - Solución de problemas. - Participaciones. - Tareas. - Disciplina; Actitud; Valores.

Clase	Actividades de enseñanza		Actividades de aprendizaje	Competencias genéricas	hrs %
	Descripción	N			
2.1	Por el método inductivo y con la técnica expositiva presentar el tema "Principios de graficación de funciones". Por el método activo resolver ejemplos y asignar ejercicios.	C2	Haber investigado el tema "Principios de graficación de funciones"; y participar haciendo preguntas y aclarando dudas. Participar en la resolución de ejemplos y solucionar ejercicios.	- Interpretar y procesar datos. - Modelar matemáticamente fenómenos y situaciones. - Comunicar ideas en el lenguaje matemático.	3 18 28
2.2	Por el método inductivo y con la técnica expositiva presentar el tema "La integral definida". Por el método activo resolver ejemplos y asignar ejercicios.	C3	Haber investigado el tema "La integral definida"; y participar haciendo preguntas y aclarando dudas. Participar en la resolución de ejemplos y solucionar ejercicios.	- Pensar lógica, algorítmica, heurística, analítica y sintéticamente. - Transferir el conocimiento adquirido a otros campos de aplicación. - Comunicar ideas en el lenguaje matemático.	1 19 30
2.3	Por el método analógico hacer una introducción al tema "Teoremas de cálculo integral". A continuación, por el método de investigación se dan los temas sujetos de investigación y los lineamientos de presentación del informe.	C3	El grupo participa haciendo preguntas y aclarando dudas sobre la investigación y la presentación del informe sobre el tema "Teoremas de cálculo integral". Realizan la investigación y entregan el informe.	- Interpretar y procesar datos. - Pensar lógica, algorítmica, heurística, analítica y sintéticamente. - Comunicar ideas en el lenguaje matemático.	1 20 31

2.4	Empleando el método lógico y con la técnica expositiva presentar el tema "Integración definida de funciones elementales". A continuación, se forman equipos quienes por la técnica de corrillos discuten la solución a problemas planteados. Por el método activo resolver ejemplos y asignar ejercicios.	C4	Haber investigado el tema "Integración definida de funciones elementales", y formar equipos para la discusión a problemas planteados y exponer sus soluciones. Participar en la resolución de ejemplos y solucionar ejercicios.	- Interpretar y procesar datos. - Modelar matemáticamente fenómenos y situaciones. - Analizar la factibilidad de las soluciones. - Resolver problemas.	2 22 34
2.5	Por el método deductivo y con la técnica expositiva presentar el tema "Integración definida de funciones algebraicas que contienen x^n". A continuación, se forman parejas de alumnos que por la técnica de cuchicheo discuten la solución a problemas planteados. Por el método activo resolver ejemplos y asignar ejercicios.	C4	Haber investigado el tema "Integración definida de funciones algebraicas que contienen x^n", y formar parejas de alumnos para la discusión a problemas planteados y exponer sus soluciones. Participar en la resolución de ejemplos y solucionar ejercicios.	- Interpretar y procesar datos. - Modelar matemáticamente fenómenos y situaciones. - Analizar la factibilidad de las soluciones. - Resolver problemas.	1 23 36
2.6	Por el método activo y por la técnica expositiva se presenta el tema "Integración definida de funciones que contienen u". A continuación, se forman equipos que por la técnica de corrillos discuten la solución a problemas planteados. Por el método activo resolver ejemplos y asignar ejercicios.	C4	Haber investigado el tema "Integración definida de funciones que contienen u", y formar equipos para la discusión a problemas planteados y exponer sus soluciones. Participar en la resolución de ejemplos y solucionar ejercicios.	- Interpretar y procesar datos. - Modelar matemáticamente fenómenos y situaciones. - Analizar la factibilidad de las soluciones. - Resolver problemas.	2 25 39
2.7	Por el método activo y por la técnica expositiva se presenta el tema "Integración definida de funciones que contienen las forma $u^2 \pm a^2$". A continuación, se forman equipos que por la técnica de corrillos discuten la solución a problemas planteados. Por el método activo resolver ejemplos y asignar ejercicios.	C4	Haber investigado el tema "Integración definida de funciones que contienen las formas $u^2 \pm a^2$" y formar equipos para la discusión a problemas planteados y exponer sus soluciones. Participar en la resolución de ejemplos y solucionar ejercicios.	- Interpretar y procesar datos. - Modelar matemáticamente fenómenos y situaciones. - Analizar la factibilidad de las soluciones. - Resolver problemas.	1 26 41
2.8	Por el método inductivo y con la técnica expositiva presentar el tema "Integrales impropias". Por el método activo resolver ejemplos y asignar ejercicios.	C3	Haber investigado el tema "Integrales impropias"; y participar haciendo preguntas y aclarando dudas. Participar en la resolución de ejemplos y solucionar ejercicios.	- Interpretar y procesar datos. - Modelar matemáticamente fenómenos y situaciones. - Resolver problemas. - Potenciar las habilidades para el uso de software.	2 28 44
	Evaluación de la unidad.		Participar presentando exámenes.	- Resolver problemas. - Comunicar ideas. - Tomar decisiones.	1 29 45

Identificación:	Competencias específicas:		Criterios de evaluación:
No. de unidad: 3. Tema: Aplicaciones de la integral	- Discernir sobre métodos más adecuado para resolver problemas prácticos del campo de la ingeniería. - Solucionar problemas específicos del campo de la ingeniería.		- Solución de problemas. - Participaciones. - Tareas. - Disciplina; Actitud; Valores.

Clase	Actividades de enseñanza		Actividades de aprendizaje	Competencias genéricas	hrs %
3.1	Por el método especializado hacer una introducción al tema "Cálculo de la longitud de curvas". A continuación, se hace la presentación del equipo que por la técnica del simposio hará una exposición del tema. Por el método activo resolver ejemplos y asignar ejercicios.	C 2	El equipo participante presenta el tema "Cálculo de la longitud de curvas". El resto del grupo haber investigado el tema y participar preguntando y aclarando dudas. Participar en la resolución de ejemplos y solucionar ejercicios.	- Interpretar y procesar datos. - Modelar matemáticamente fenómenos y situaciones. - Discernir sobre métodos más adecuado para resolver un problema y aplicarlo. - Resolver problemas.	1 30 47
3.2	Por el método analógico y por la técnica expositiva se presenta el tema "Cálculo de áreas". A continuación, por la técnica de problemas se plantean los mismos para que los alumnos den soluciones. Por el método activo resolver ejemplos y asignar ejercicios.	C 3	Haber investigado el tema "Cálculo de áreas", y sugerir soluciones a problemas planteados. Participar en la resolución de ejemplos y solucionar ejercicios.	- Interpretar y procesar datos. - Modelar matemáticamente fenómenos y situaciones. - Discernir sobre métodos más adecuado para resolver un problema y aplicarlo. - Resolver problemas.	2 32 50
3.3	Por el método inductivo y por la técnica expositiva se presenta el tema "Cálculo de volúmenes". A continuación, por la técnica de problemas se plantean los mismos para que los alumnos sugieran soluciones. Por el método activo resolver ejemplos y asignar ejercicios.	C 3	Haber investigado el tema "Cálculo de volúmenes", y sugerir soluciones a problemas planteados. Participar en la resolución de ejemplos y solucionar ejercicios.	- Interpretar y procesar datos. - Modelar matemáticamente fenómenos y situaciones. - Discernir sobre métodos más adecuado para resolver un problema y aplicarlo. - Resolver problemas.	2 34 53
3.4	Por el método especializado y por la técnica expositiva se presenta el tema "Cálculo de la masa, momentos y centros de masa". A continuación, por la técnica de problemas se plantean los mismos para que los alumnos den soluciones. Por el método activo resolver ejemplos y asignar ejercicios.	C 3	Haber investigado el tema "Cálculo de la masa, momentos y centros de masa", y sugerir soluciones a problemas planteados. Participar en la resolución de ejemplos y solucionar ejercicios.	- Interpretar y procesar datos. - Modelar matemáticamente fenómenos y situaciones. - Discernir sobre métodos más adecuado para resolver un problema y aplicarlo. - Resolver problemas. - Potenciar las habilidades para el uso de software.	2 36 56

| 3.5 | Por el método analógico y por la técnica expositiva se presenta el tema "Cálculo del trabajo". A continuación, por la técnica de problemas se plantean los mismos para que los alumnos den soluciones.

Por el método activo resolver ejemplos y asignar ejercicios. | C 4 | Haber investigado el tema "Cálculo del trabajo", y sugerir soluciones a problemas planteados.

Participar en la resolución de ejemplos y solucionar ejercicios. | - Interpretar y procesar datos.

- Modelar matemáticamente fenómenos y situaciones.

- Discernir sobre métodos más adecuado para resolver un problema y aplicarlo.

- Resolver problemas. | 2
38
59 |
| | Evaluación de la unidad. | | Participar presentando exámenes. | - Resolver problemas.
- Comunicar ideas.
- Tomar decisiones. | 1
39
61 |

Identificación: No. de unidad: 4. Tema: Técnicas de integración.	Competencias específicas: - Discernir sobre métodos más adecuados para resolver una integral dada y aplicarlo. - Solucionar las integrales indefinidas de cierto grado de dificultad como apoyo para el cálculo de las integrales definidas.	Criterios de evaluación: - Solución de problemas. - Participaciones. - Tareas. - Disciplina; Actitud; Valores.

Cla se	Actividades de enseñanza		Actividades de aprendizaje	Competencias genéricas	hr s %
	Descripción	N			
4.1	Por el método sistematizado hacer una introducción al tema "Técnica de integración por cambio de variable". A continuación, se hace la presentación del equipo que por la técnica de la comisión hace una exposición del tema. Por el método activo resolver ejemplos y asignar ejercicios.	C4	El equipo participante presenta el tema "Técnica de integración por cambio de variable". El resto del grupo haber investigado el tema y participar haciendo preguntas y aclarando dudas. Participar en la resolución de ejemplos y solucionar ejercicios.	- Interpretar y procesar datos. - Pensar lógica, algorítmica, heurística, analítica y sintéticamente. - Resolver problemas. - Establecer generalizaciones.	1 40 63
4.2	Por el método intuitivo y por la técnica de presentación se expone el tema "Técnica de integración por partes". A continuación, se forman parejas que por la técnica de cuchicheo discuten la solución a problemas planteados. Por el método activo resolver ejemplos y asignar ejercicios.	C4	Haber investigado el tema "Técnica de integración por partes", y formar parejas para la discusión a problemas planteados y exponer sus soluciones. Participar en la resolución de ejemplos y solucionar ejercicios.	- Interpretar y procesar datos. - Pensar lógica, algorítmica, heurística, analítica y sintéticamente. - Resolver problemas. - Establecer generalizaciones.	1 41 64

4.3	Por el método intuitivo y por la técnica de presentación se expone el tema "Técnica de integración del seno y coseno de m y n potencia". A continuación, se forman equipos que por la técnica de corrillos discuten la solución a problemas planteados. Por el método activo resolver ejemplos y asignar ejercicios.	C4	Haber investigado el tema "Técnica de integración del seno y coseno de m y n potencia", y formar equipos para la discusión a problemas planteados y exponer sus soluciones. Participar en la resolución de ejemplos y solucionar ejercicios.	- Interpretar y procesar datos. - Pensar lógica, algorítmica, heurística, analítica y sintéticamente. - Resolver problemas. - Establecer generalizaciones.	2 43 67
4.4	Por el método intuitivo y por la técnica de presentación se expone el tema "Técnica de integración de la tangente y secante de m y n potencia"; y por la técnica de la caja de entrada a continuación se plantea al grupo problemas a los que tiene que dar solución. Por el método activo resolver ejemplos y asignar ejercicios.	C4	Haber investigado el tema "Técnica de integración de la tangente y secante de m y n potencia", y dar solución y exponer problemas planteados. Participar en la resolución de ejemplos y solucionar ejercicios.	- Interpretar y procesar datos. - Pensar lógica, algorítmica, heurística, analítica y sintéticamente. - Resolver problemas. - Establecer generalizaciones.	1 44 69
4.5	Por el método inductivo hacer una introducción al tema "Técnica de integración de la cotangente y cosecante de m y n potencia". A continuación, se hace la presentación de los equipos que por la técnica del seminario presentan el tema. Por el método activo resolver ejemplos y asignar ejercicios.	C4	Los equipos participantes presentan el tema "Técnica de integración de la cotangente y cosecante de m y n potencia". El resto del grupo haber investigado el tema y participan haciendo preguntas y aclarando dudas. Participar en la resolución de ejemplos y solucionar ejercicios.	- Interpretar y procesar datos. - Pensar lógica, algorítmica, heurística, analítica y sintéticamente. - Resolver problemas. - Establecer generalizaciones.	1 45 70
4.6	Por el método intuitivo y por la técnica de presentación hacer una introducción al tema "Técnica de integración por sustitución trigonométrica"; y por la técnica de la comisión un equipo presenta el tema. Por el método activo resolver ejemplos y asignar ejercicios.	C4	El equipo comisionado presenta el tema "Técnica de integración por sustitución trigonométrica". El resto del grupo haber investigado el tema y participan haciendo preguntas y aclarando dudas. Participar en la resolución de ejemplos y solucionar ejercicios.	- Interpretar y procesar datos. - Pensar lógica, algorítmica, heurística, analítica y sintéticamente. - Resolver problemas. - Establecer generalizaciones.	1 47 73
4.7	Por el método heurístico y por la técnica de presentación se expone el tema "Técnica de integración de fracciones parciales con factores no repetidos". A continuación, se forman grupos que por la técnica de corrillos analizan problemas propuestos. Por el método activo resolver ejemplos y asignar ejercicios.	C4	Haber investigado el tema "Técnica de integración de fracciones parciales", y formar equipos para la discusión a problemas planteados y exponer sus soluciones. Participar en la resolución de ejemplos y solucionar ejercicios.	- Interpretar y procesar datos. - Pensar lógica, algorítmica, heurística, analítica y sintéticamente. - Resolver problemas. - Establecer generalizaciones.	1 48 75

4.8	Por el método heurístico y por la técnica de presentación se expone el tema "Técnica de integración de fracciones parciales con factores repetidos". A continuación, se forman grupos que por la técnica de corrillos analizan problemas propuestos. Por el método activo resolver ejemplos y asignar ejercicios.	C4	Haber investigado el tema "Técnica de integración de fracciones parciales con factores repetidos", y formar equipos para la discusión a problemas planteados y exponer sus soluciones. Participar en la resolución de ejemplos y solucionar ejercicios.	- Interpretar y procesar datos. - Pensar lógica, algorítmica, heurística, analítica y sintéticamente. - Resolver problemas. - Establecer generalizaciones.	1 49 77
4.9	Por el método heurístico y por la técnica de presentación se expone el tema "Técnica de integración por series de potencia". A continuación, se forman grupos que por la técnica de corrillos analizan problemas propuestos. Por el método activo resolver ejemplos y asignar ejercicios.	C4	Haber investigado el tema "Técnica de integración por series de potencia", y formar equipos para la discusión a problemas planteados y exponer sus soluciones. Participar en la resolución de ejemplos y solucionar ejercicios.	- Interpretar y procesar datos. - Pensar lógica, algorítmica, heurística, analítica y sintéticamente. - Resolver problemas. - Establecer generalizaciones.	1 50 78
4.10	Por el método analógico y por la técnica de presentación se expone el tema "Técnica de integración por series de Maclaurin". A continuación, se forman grupos que por la técnica de corrillos analizan problemas propuestos. Por el método activo resolver ejemplos y asignar ejercicios.	C4	Haber investigado el tema "Técnica de integración por series de Maclaurin", y formar equipos para la discusión a problemas planteados y exponer sus soluciones. Participar en la resolución de ejemplos y solucionar ejercicios.	- Interpretar y procesar datos. - Pensar lógica, algorítmica, heurística, analítica y sintéticamente. - Resolver problemas. - Establecer generalizaciones. - Potenciar las habilidades para el uso de tecnologías de la información.	1 51 80
4.11	Por el método analógico y por la técnica de presentación se expone el tema "Técnica de integración por series de Taylor". A continuación, se forman grupos que por la técnica de corrillos analizan problemas propuestos. Por el método activo resolver ejemplos y asignar ejercicios.	C4	Haber investigado el tema "Técnica de integración por series de Taylor", y formar equipos para la discusión a problemas planteados y exponer sus soluciones. Participar en la resolución de ejemplos y solucionar ejercicios.	- Interpretar y procesar datos. - Pensar lógica, algorítmica, heurística, analítica y sintéticamente. - Resolver problemas. - Establecer generalizaciones. - Potenciar las habilidades para el uso de tecnologías de la información.	1 52 81
	Evaluación de la unidad.		Participar presentando exámenes.	- Resolver problemas. - Comunicar ideas. - Tomar decisiones.	1 53 83

Identificación:	Competencias específicas:	Criterios de evaluación:
No. de unidad: 5. Tema: Integración por series.	- Discernir sobre métodos para resolver problemas. - Evaluar las integrales definidas por series como dominio previo a las aplicaciones en la solución de problemas prácticas del campo de la ingeniería.	- Solución de problemas. - Participaciones. - Tareas. - Disciplina; Actitud; Valores.

Cla se	Actividades de enseñanza		Actividades de aprendizaje	Competencias genéricas	hr s %
5.1	Por el método especializado hacer una introducción al tema "Definición, clasificación y tipos de series". A continuación, se hace la presentación del equipo que por la técnica del simposio hará una exposición del tema. Por el método activo resolver ejemplos y asignar ejercicios.	C 3	El equipo participante presenta el tema "Definición, clasificación y tipos de series". El resto del grupo haber investigado el tema y participar preguntando y aclarando dudas. Participar en la resolución de ejemplos y solucionar ejercicios.	- Interpretar y procesar datos. - Pensar lógica, algorítmica, heurística, analítica y sintéticamente. - Resolver problemas. - Establecer generalizaciones.	1 54 84
5.2	Por el método analógico y por la técnica expositiva se presenta el tema "Generación del enésimo término de una serie". A continuación, por la técnica de problemas se plantean los mismos para que los alumnos den soluciones. Por el método activo resolver ejemplos y asignar ejercicios.	C 3	Haber investigado el tema "Generación del enésimo término de una serie", y sugerir soluciones a problemas planteados. Participar en la resolución de ejemplos y solucionar ejercicios.	- Interpretar y procesar datos. - Pensar lógica, algorítmica, heurística, analítica y sintéticamente. - Resolver problemas. - Establecer generalizaciones.	2 56 88
5.3	Por el método inductivo y por la técnica expositiva se presenta el tema "Convergencia de series". A continuación, por la técnica de problemas se plantean los mismos para que los alumnos sugieran soluciones. Por el método activo resolver ejemplos y asignar ejercicios.	C 3	Haber investigado el tema "Convergencia de series", y sugerir soluciones a problemas planteados. Participar en la resolución de ejemplos y solucionar ejercicios.	- Interpretar y procesar datos. - Analizar la factibilidad de las soluciones. - Resolver problemas. - Establecer generalizaciones.	1 57 89
5.4	Por el método especializado y por la técnica expositiva se presenta el tema "Intervalo y radio de convergencia de una serie de potencia". A continuación, por la técnica de problemas se plantean los mismos para que los alumnos den soluciones. Por el método activo resolver ejemplos y asignar ejercicios.	C 4	Haber investigado el tema "Intervalo y radio de convergencia de una serie de potencia", y sugerir soluciones a problemas planteados. Participar en la resolución de ejemplos y solucionar ejercicios.	- Interpretar y procesar datos. - Analizar la factibilidad de las soluciones. - Resolver problemas. - Establecer generalizaciones.	1 58 91

5.5	Por el método analógico y por la técnica expositiva se presenta el tema "Derivación e integración indefinida de series de potencia". A continuación, por la técnica de problemas se plantean los mismos para que los alumnos den soluciones. Por el método activo resolver ejemplos y asignar ejercicios.		Haber investigado el tema "Derivación e integración indefinida de series de potencia", y sugerir soluciones a problemas planteados. Participar en la resolución de ejemplos y solucionar ejercicios.	- Interpretar y procesar datos. - Analizar la factibilidad de las soluciones. - Resolver problemas. - Establecer generalizaciones.	1 59 92
5.6	Por el método especializado y por la técnica expositiva se presenta el tema "Integración definida por series de potencia". A continuación, por la técnica de problemas se plantean los mismos para que los alumnos den soluciones. Por el método activo resolver ejemplos y asignar ejercicios.	C 4	Haber investigado el tema "Integración definida por series de potencia", y sugerir soluciones a problemas planteados. Participar en la resolución de ejemplos y solucionar ejercicios.	- Interpretar y procesar datos. - Analizar la factibilidad de las Soluciones y resolver problemas. - Establecer generalizaciones. - Potenciar las habilidades para el uso de software.	1 60 94
5.7	Por el método analógico y por la técnica expositiva se presenta el tema "Integración definida por series de Maclaurin y series de Taylor". A continuación, por la técnica de problemas se plantean los mismos para que los alumnos den soluciones. Por el método activo resolver ejemplos y asignar ejercicios.	C 4	Haber investigado el tema "Integración definida por series de Maclaurin y series de Taylor", y sugerir soluciones a problemas planteados. Participar en la resolución de ejemplos y solucionar ejercicios.	- Interpretar y procesar datos. - Resolver problemas. - Establecer generalizaciones. - Comunicar ideas en el lenguaje Matemático. - Potenciar las habilidades para el uso de software.	2 62 97
0.0	Evaluación y clausura del curso.		Participar haciendo comentarios.	- Comunicar ideas. - Tomar decisiones.	1 63 98
	Evaluación de la unidad.		Participar presentando exámenes	- Resolver problemas. - Comunicar ideas. - Tomar decisiones.	1 64 100

Anexo: B7. Apoyos didácticos:

- Aula básica. - Cañón electrónico	- Bibliografía. - Laptop	- Software

Anexo: B8. Bibliografía:

Clave	AUTOR	TÍTULO	EDITORIAL
Bibliografía del Maestro:			
BM/1	José Santos Valdez y Cristina Pérez	Metodología para el Aprendizaje del Cálculo Integral (cuarta edición)	Trafford, 2014.
BM/2.	Wolfram Research, Inc	Software Mathematica (última versión)	
BM/3.	José Santos Valdez Pérez	Metodología para el Aprendizaje del Cálculo Diferencial: Versión 2008	Trafford, 2008.
Bibliografía del programa de estudio:			
BP/1	Stewart, James B.	Cálculo con una variable.	Thomson
BP/2	Larson, Ron.	Matemáticas 2 (Cálculo integral)	McGraw-Hill, 2009.
BP/3.	Swokowski Earl W.	Cálculo con Geometría Analítica.	Iberoamérica, 2009
BP/4.	Leithold Louis.	El Cálculo con Geometría Analítica	Oxford University Press, 2009.
BP/5.	Purcell, Edwing J.	Cálculo	Pearson, 2007.
BP/6.	Ayres, Frank.	Cálculo	McGraw-Hill, 2005
BP/7.	Hasser, Norman B.	Análisis matemático Vol 1.	Trillas, 2009.
BP/8.	Courant, Richard.	Introducción al cálculo y Análisis matemático Vol 1.	Limusa, 2008.

Anexo: B9. Calendario de evaluaciones:

Semana	1	2	3	4	5	6	7	8	9	10	11	12	13	14	15	16	17	18
Tiempo Planeado	Ed				Eu1			Eu2			Eu3			Eu4		Eu5	Eo2	Eo2
Tiempo Real																		

Anexo: B10. Corresponsabilidades:

Responsabilidad	Acción	Nombre	Fecha	Firma
Autor	Elabora			
Docente	Aplica			
Presidente de academia	Vo. Bo	.		
Jefe del Departamento	Autoriza			

Anexos: C. SIMBOLOGÍA:

C1. Simbología de caracteres.
C2. Simbología de letras.
C3. Simbología de funciones.

C1. Simbología de caracteres:

SÍMBOLO	SIGNIFICADO	SÍMBOLO	SIGNIFICADO
$\approx$	Aproximadamente	$[b,\infty)$	Intervalo infinito y cerrado por la izquierda
$\cong$	Aproximadamente o igual	$[a,b)$	Intervalo semiabierto por la derecha
β	Beta	$(a,b]$	Intervalo semiabierto por la izquierda
ρ_l	Densidad laminar	$+$	Más; Signo de suma
ρ_m	Densidad de masa	$\pm$	Más o menos
$\neq$	Diferente	$>$	Mayor que
$\div$	Entre; Signo de división	$\leq$	Menor o igual que
$\in$	Es, está, existe, pertenece	$<$	Menor que
$=$	Igual	$\geq$	Mayor o igual que
$\rightarrow$	Implica; tiende a	$-$	Menos, Menor que; Signo de resta
Δ	Incremento, delta	$-\alpha$	Menos infinito
Δx	Incremento de "x"	$\notin$	No existe, no pertenece
Δy	Incremento de "y"	$\forall$	Para todo
α	Infinito, alfa	$\perp$	Perpendicular
$\int$	Integral indefinida	π	Pi ≈ 3.1416
$\int_a^b$	Integral definida	$\times$	Por; Signo de multiplicación
$¿$	Interrogación (apertura).	$\cdot$	Por; Signo de multiplicación
$?$	Interrogación (cierre).	$\therefore$	Por lo tanto; de donde
$\cap$	Intersección	$\sqrt{\ }$	Raíz cuadrada
$[a,b]$	Intervalo cerrado	$\sqrt[n]{\ }$	Raíz enésima
$(-\infty,\infty)$	Intervalo infinito	$\Leftrightarrow$	Sí y sólo sí
$(-\infty,a)$	Intervalo infinito y abierto por la derecha	$\sum$	Sumatoria
(b,∞)	Intervalo infinito y abierto por la izquierda	$\sum_a^b$	Sumatoria que inicia en "a" y termina en "b".
$(-\infty,a]$	Intervalo infinito y cerrado por la derecha	$\cup$	Unión
		$|a|$	Valor absoluto de a

C2. Simbología de letras:

SÍMBOLO	SIGNIFICADO	SÍMBOLO	SIGNIFICADO
a	Límite inferior de la integral definida	NA	No aprueba
A	Área	p	Punto " p ", Presión
b	Límite superior de la integral definida	$PM\overline{ab}$	Punto medio entre $"a"\ y\ "b"$
c	Punto "c"; Punto límite "c"; Constante de integración	P(x, y)	Punto "P"
cm	Centímetros	$p(x)$	Polinomio de variable "x"
c.m.	Centro de masa	Q	Punto "Q"
du	Diferencial de "u"	r	Radio
dv	Diferencial de "v"	R^+	Números reales positivos
dy	Diferencial de "y"	R^2	Plano cartesiano
d	Distancia	s	Espacio
e	Número $"e"\ \vert\ e \approx 2.71828$	t	Tiempo
f	Función;	T	Recta tangente
F	Fuerza	T_0	Tarea evaluada con cero puntos
ft	Pies	T_1	Tarea evaluada con cinco puntos
h	Altura	T_2	Tarea evaluada con diez puntos
I	Intervalo;	T_3	Tarea evaluada con quince puntos
k	Constante; Constante de proporcionalidad	T_4	Tarea evaluada con veinte puntos
lb	Libras	u	Cualquier función; Unidades
$lím$	Límite	v	Cualquier función; Velocidad
ln	Logaritmo natural	V	Volumen
lt	Litro	W	Trabajo
L	Límite; Longitud de arco	x	Coordenada "x" o abscisa
L^-	Límite lateral izquierdo	X	Recta horizontal; Eje de las "x$_s$"
L^+	Límite lateral derecho	x→c	"x" tiende a "c"
m	Pendiente; masa; eme	x→c⁺	"x" tiende a "c" por la derecha
m_T	Pendiente de la recta tangente	x→c⁻	"x" tiende a "c" por la izquierda
m_S	Pendiente de la recta secante	(x, y)	Pareja ordenada "x" e "y"; Punto en R^2
M_x	Momento con respecto a "x"	y	Coordenada "y" ú ordenada
M_y	Momento con respecto a "y"	Y	Eje de las "Y$_s$"
$"n"$	Ene potencia	Z	Números enteros
$n!$	n factorial	Z⁻	Números enteros negativos
N	Números naturales	Z⁺	Números enteros positivos

C3. Simbología de funciones:

SÍMBOLO	SIGNIFICADO	SÍMBOLO	SIGNIFICADO
f	Función;	$y = \cos x$	Función coseno
$f(x)$	Función f de variable "x"	$y = \cosh x$	Función coseno hiperbólico
f'	Primera derivada de la función f	$y = \csc x$	Función cosecante
f''	Segunda derivada de la función f	$y = \cot x$	Función cotangente
f^n	Enésima derivada de la función f	$y = \coth x$	Función cotangente hiperbólica
$f'(x)$	Derivada de la función $y = f(x)$	$y = \csc h x$	Función cosecante hiperbólica
$f''(x)$	Segunda derivada de la función f	$y = f\,trig\,x$	Función elemental trigonométrica
$f^n(x)$	Enésima derivada de la función f	$y = f\,hiper\,p(x)$	Función hiperbólica
$f(kx)$	Función múltiplo escalar	$y = f\,hiper\,x$	Función elemental hiperbólica
$(fg)(x)$	Función producto	$y = f\log p(x)$	Función logarítmica de $p(x)$
$(f/g)(x)$	Función cociente	$y = f\log x$	Función elemental logarítmica
$(f \circ g)(x)$	Función composición	$y = f\,trig\,p(x)$	Función trigonométrica
$g(x)$	Función g de variable "x"	$y = f\exp p(x)$	Función exponencial
u	Cualquier función; Unidades	$y = f\exp x$	Función elemental exponencial
v	Cualquier función; Velocidad	$y = f(x)$	Función
$y = a^x$	Función elemental exponencial de base "a"	$y = \sec h x$	Función secante hiperbólica
$y = a^{p(x)}$	Función exponencial de base "a".	$y = sen x$	Función seno
$y = arc\cos x$	Función inversa del coseno	$y = \ln p(x)$	Función logaritmo natural de $p(x)$
$y = arc\cosh x$	Función inversa del coseno hiperbólico	$y = \ln x$	Función logaritmo natural de x
$y = arc\coth x$	Función inversa de la cotangente hiperbólica	$y = \log_a p(x)$	Función logaritmo de base "a"
$y = arc\csc x$	Función inversa de la cosecante	$y = \log_a x$	Función elemental logaritmo de base "a"
$y = arc\csc h x$	Función inversa de la cosecante hiperbólica	$y = sen h x$	Función seno hiperbólico
$y = arc\sec x$	Función inversa de la secante	$y = \tan x$	Función tangente
$y = arc\sec h x$	Función inversa de la secante hiperbólica	$y = tgh\,x$	Función tangente hiperbólica
$y = arc\,sen x$	Función inversa del seno	$y = \log_{10} p(x)$	Función logaritmo común base "10"
$y = arc\,sen h x$	Función inversa del seno hiperbólico	$y = \log_{10} x$	Función elemental logaritmo común de base "10"
$y = arc\tan x$	Función inversa de la tangente	$y = \sec x$	Función secante
$y = arc\tanh x$	Función inversa de la tangente hiperbólica		

| Anexo D. Formato de registro escolar. | **NOMBRE DE LA INSTITUCIÓN EDUCATIVA**
Registro escolar
C á l c u l o   I n t e g r a l | No. de lista: _____
Fecha: ___/___/___
Hora de clase: _____/_____
Años cumplidos: _____ |

Alumno: _____ _____ _____

      Apellido Paterno   Apellido Materno   Nombre (s)

Sexo: M O F O

Recursando: Si O No O

1. INFORMACIÓN ESCOLAR:

Semestre que cursas: ___ Especialidad:_____ Correo electrónico semestral:;;;

Si estas recursando la materia, con qué Maestro la reprobaste?_____

Cuáles consideras las tres causas de reprobación:1ª_____ 2ª_____ 3ª_____

Es la especialidad que tu elegiste ? Si O No O Si la respuesta es no entonces cuál te gustaría cursar?_____

Trabajas?: SÍ O No O Si la respuesta es sí donde y en qué?_____

Realizas otros estudios: Si O No O Si la respuesta es sí donde y qué?_____

Lugar de nacimiento: Población:_____ Estado:_____

Estudios de bachillerato: Nombre de la escuela:_____

                   Población:_____Estado:_____

                   Especialidad del bachillerato:_____

1. Tiene un método para estudiar:	Si O Más o menos O No O	8. Tienes Internet en tu casa: Si O No O
2. Tienes un horario de estudio:	Si O Más o menos O No O	9. Tienes correo electrónico: Si O No O
3. Sabes estudiar en libros:	Si O Más o menos O No O	10. Tiene calculadora científica: Si O No O
4. Sabes estudiar en computadora:	Si O Más o menos O No O	11. Tienes calculadora integradora: Si O No O
5. Sabes estudiar en equipo:	Si O Más o menos O No O	12. Tienes computadora personal: Si O No O
6. Tienes cuarto de estudio:	Si O No O	13. Tienes laptop: Si O No O
7. Tienes un lugar de estudio:	Si O No O	14. Tienes mini laptop: Si O No O

Tu elegiste al Maestro de matemáticas? Si O No O   Si la respuesta es sí ¿por qué?_____

2.- EXPECTATIVAS:

¿Qué esperas del curso?   ¿Qué esperas del Maestro?:

1. _____   1. _____

2. _____   2. _____

3. _____   3. _____

3. INFORMACIÓN ACADÉMICA:

En el bachillerato cursaste cálculo integral ?:____ Qué calificación esperas:____

Promedio de matemáticas en el bachillerato:____ Con que Maestro cursaste Cálculo diferencial ?

Materias cursadas en el tecnológico

		Habilidades tecnológicas: Sabes ?	
1. _____	Cal___	1. Usar internet:	Si O Más o menos O No O
2. _____	Cal___	2. Usar la calculadora científica:	Si O Más o menos O No O
3. _____	Cal___	3. Usar una calculadora graficadora:	Si O Más o menos O No O
4. _____	Cal___	4. Obtener una derivada con calculadora:	Si O Más o menos O No O
5. _____	Cal___	5. Obtener un límite con software de matemáticas:	Si O Más o menos O No O
6. _____	Cal___	6. Obtener una derivada con software de matemáticas:	Si O Más o menos O No O
7. _____	Cal___	7. Usar algún software: Mathematica; Maple; Matlab; Etc.	Si O Más o menos O No O

Conoces lo siguiente:

1. Números reales:	Si O Más o menos O No O	7. Derivadas básicas:	Si O Más o menos O No O
2. Factorización:	Si O Más o menos O No O	8. Derivadas (productos y cocientes):	Si O Más o menos O No O
3. Funciones:	Si O Más o menos O No O	9. Integral indefinida:	Si O Más o menos O No O
4. Límites:	Si O Más o menos O No O	10. Integral definida:	Si O Más o menos O No O
5. Graficación básica:	Si O Más o menos O No O	11. Calcular áreas con cálculo integral:	Si O Más o menos O No O
6. Reglas de graficar	Si O Más o menos O No O	12. Calcular volúmenes con integrales	Si O Más o menos O No O

4.- DEPORTE Y/O CULTURA:

Practicas deporte: Sí O No O Cual? _____ Para tu institución? Sí O No O Nivel: Inicial O Medio: O Selección: O

Practicas cultura: Sí O No O Que? _____ Para tu institución? Sí O No O Nivel: Inicial O Medio: O Avanzado: O

5.- Algún comentario o recomendación que quieras hacer:_____

Anexo: E. FORMATOS DE EXÁMEN.

NOMBRE DE LA INSTITUCIÓN EDUCATIVA EXÁMEN DE CALCULO INTEGRAL			Unidad:	Tema:			
				Oportunidad: 1a.O 2a.O			
_____ Apellido paterno	_____ Apellido materno	_____ Nombre(s)		Fecha:		Hora:	No. de lista
Examen de unidad	Participaciones	Examen sorpresa	Tareas	Asistencia	Valores	Calificación final	

NOMBRE DE LA INSTITUCIÓN EDUCATIVA EXÁMEN DE CÁLCULO INTEGRAL				Fecha:		Hora:
				Unidad: No. Tema:		
1) _____ Apellido paterno	_____ Apellido materno	_____ Nombre(s)	No. de lista:	Clave:		
2) _____ Apellido paterno	_____ Apellido materno	_____ Nombre(s)	No. de lista:			
Alumno	No lista	Evaluación	Participaciones	Tareas	Ex. sorpresa	Asistencia	Valores	Calificación final
(1)								
(2)								

Anexo: F. FORMATO DE LISTA DE ALUMNOS.

NOMBRE DE LA INSTITUCIÓN EDUCATIVA
LISTA DE ALUMNOS

Materia: Cálculo integral
Semestre: Hora: Aula: Maestro:

ALUMNO		Op	Esp	EVALUACIÓN DE UNIDADES					Calificación final
No	Nombre			1	2	3	4	Promedio	
1									
2									
3									
4									
5									
6									
7									
8									
9									
10									
..									
..									
..									

CLAVES:

O 1a oportunidad	A Asistencia	NP1 No presentó 1a oportunidad	**Especialidad**
□ 2a oportunidad	F Falta	NP2 No presentó 2a oportunidad	Eli Eléctrica Mat Materiales
● Participación	T Tarea		Elo Electrónica Mec Mecánica
Op Oportunidad	H Honores a la Bandera		Gem Gestión Empr Met Mecatrónica
Esp Especialidad	C Conferencia		Ind Industrial Sis Sistemas
			Inf Informática

ANEXO G. BIBLIOGRAFÍA.   (Vea Anexo B8)

ANEXO H. INDICE:

Printed in the United States
By Bookmasters